普通高等教育软件工程专业教材

UML 系统建模及系统分析与设计
（第二版）

王欣　张毅　编著

中国水利水电出版社
www.waterpub.com.cn
·北京·

内 容 提 要

本书系统地介绍了面向对象技术的基本概念、方法和统一建模语言 UML 2.5。本书在全面介绍 UML 发展历史、UML 构成、UML 模型图、视图的基础上，重点介绍 UML 各种模型的建模技术、方法和应用，详细介绍了 Rational Rose 软件的使用方法。本书通过大量的例子和案例详细阐述了以面向对象系统分析和设计方法为主线的软件工程关键技术，并介绍了模型驱动开发、软件复用和软件构件等最新技术。

本书共 9 章：第 1 章为软件工程与面向对象开发方法、统一建模语言（UML）、UML 模型图、面向对象系统分析、面向对象系统设计、系统体系结构建模、信息系统开发实例、UML 建模工具——Rational Rose、软件复用与软件架构技术。本书通过一个贯穿全书的案例对面向对象的软件开发过程和用例图、类图、交互图、活动图、状态机图、构件图与部署图的绘制方法与建模技术进行了具体的讲解，最后结合应用案例对软件开发与 UML 建模进行详细阐述，使学生掌握软件开发方法和 UML 建模技术及其应用。

本书提供了大量应用实例，每章均有复习思考题。本书将理论与实际紧密结合，案例丰富、图文并茂、讲解详细、实践性强，可作为高等院校计算机专业、软件工程专业和管理类相关专业本科生、研究生的教材或教学参考书，也可作为有一定实际开发经验的软件人员和对 UML 感兴趣的广大计算机用户的参考用书。

图书在版编目（C I P）数据

UML系统建模及系统分析与设计 / 王欣，张毅编著
. -- 2版. -- 北京 : 中国水利水电出版社，2020.4
普通高等教育软件工程专业教材
ISBN 978-7-5170-8461-7

Ⅰ. ①U… Ⅱ. ①王… ②张… Ⅲ. ①面向对象语言－程序设计－高等学校－教材 Ⅳ. ①TP312.8

中国版本图书馆CIP数据核字(2020)第044148号

策划编辑：石永峰　　责任编辑：张玉玲　　加工编辑：孙　丹　　封面设计：李　佳

书　　名	普通高等教育软件工程专业教材 UML 系统建模及系统分析与设计（第二版） UML XITONG JIANMO JI XITONG FENXI YU SHEJI
作　　者	王欣　张毅　编著
出版发行	中国水利水电出版社 （北京市海淀区玉渊潭南路 1 号 D 座　100038） 网址：www.waterpub.com.cn E-mail: mchannel@263.net（万水） 　　　　sales@waterpub.com.cn 电话：(010) 68367658（营销中心）、82562819（万水）
经　　售	全国各地新华书店和相关出版物销售网点
排　　版	北京万水电子信息有限公司
印　　刷	三河市鑫金马印装有限公司
规　　格	184mm×260mm　16 开本　21.25 印张　521 千字
版　　次	2013 年 9 月第 1 版　2013 年 9 月第 1 次印刷 2020 年 4 月第 2 版　2020 年 4 月第 1 次印刷
印　　数	0001—3000 册
定　　价	54.00 元

第二版前言

本书以软件工程的基本概念、原理为出发点，研究了软件开发的过程和方法。软件开发方法很多，面向对象技术以其显著的优势成为计算机软件领域的主流技术。UML 不仅统一了 Booch、Rumbaugh 和 Jacobson 的表示方法，而且可为软件开发的所有阶段提供模型化和可视化支持。学术界和产业界不断完善 UML，它被 OMG 和 ISO 采纳为标准。UML 已经成为面向对象技术领域占主导地位的标准建模语言。

软件工程大师 James Rumbaugh 认为："UML 的最大贡献是在设计与建模上。有了 UML 标准，最大的好处是大家愿意在建模上发挥自己的能力，把软件开发从原来的写程序'拉'到结构良好的建模上来，这是软件最应该发展的方向，也是 UML 的最大意义。"他还认为："UML 就像一本很厚的书，一下子把每个章节、每一页都看完相对来讲是不容易的。学习 UML 的最好用、最基础、最根本的方式，是从图像化的东西开始学习，把握一个要点，当你要扩展更多功能时再从原来的基础向那个方向扩展学习的内容。不要想一次读完书中所有的内容，这样会让你在吸收时产生困扰。"本书就是从 UML 的基本符号开始介绍，然后讲述图形，再通过实例详细介绍各种模型的建模技术。本书由浅入深，逐步展开，便于读者更好地理解概念、图形和建模技术。

本书以 UML 2.5 为基础，对与 UML 1.x 版本的不同进行了介绍，使读者对 UML 2.x 与 UML 1.x 的不同有更深刻的理解，对 UML 2.x 的新特征有更进一步的了解。

本书在系统地介绍面向对象技术基本概念和方法的基础上，重点介绍了 UML 模型及其建模技术、UML 建模工具与应用，以及目前热门的软件复用和软件构件技术。本书是编者多年进行软件工程和管理信息系统教学以及软件系统开发实践的经验总结，书中的许多实际问题和应用案例都取自编者的科研项目和软件系统开发实践，并根据学习的难易程度、教材的实用性等对实际案例进行了内容的取舍。案例展示的内容相对简单，并没有把所有的细节描述出来，但对于提高软件系统分析与设计教学的实践性和实用性具有较好的示范作用。

本书共 9 章，内容概括如下：

第 1 章为软件工程与面向对象开发方法，重点介绍了面向对象系统分析与设计、典型的面向对象方法等，目的是通过对不同的面向对象方法的介绍，使读者了解面向对象方法存在的问题。

第 2 章为统一建模语言（UML），介绍了 UML 的发展历史、UML 的构成，UML 中的视图、图、关系、公共机制和 UML 工具等。

第 3 章为 UML 模型图，基于 UML 2.5 标准介绍了 UML 模型图。本章从结构图和行为图两个方面进行介绍，并详细介绍了每种图使用的符号和关系等。

第 4 章为面向对象系统分析，介绍了软件需求分析方法，并以实例阐述业务用例建模、类与对象建模、用例描述工具以及活动图构建技术。

第 5 章为面向对象系统设计，介绍了软件系统设计的方法和模型构建。本章通过实例详细讲述了用例模型、交互模型和状态机图的构建技术。

第 6 章为系统体系结构建模，通过实例讲述了与体系结构相关的架构建模基础知识、方法和技巧。本章通过案例重点介绍了构架建模的步骤。

第 7 章为信息系统开发实例，通过一个较完整的实际案例剖析，展现对软件系统进行面向对象分析与设计的具体应用过程，使读者加深对 UML 建模语言的理解，体会如何将理论知识应用于开发实际，以便更好地在面向对象分析与设计中理解和使用 UML 建模语言。

第 8 章为 UML 建模工具——Rational Rose，对 Rational Rose 的安装、使用以及如何绘制 UML 各种图形、正向工程和逆向工程进行了详细的介绍。

第 9 章为软件复用与软件构件技术，重点介绍了软件复用技术、可复用软件的生产和使用、软件构件技术和软件再工程等理论，使读者更好地了解现代的软件开发技术。

本书深入浅出、图文并茂、案例丰富、通俗易懂、实用性强。每种图均配有示例，每章均有工程实践中的案例分析，最后还有一个较完整的 UML 建模案例。本书以案例引导为主，不介绍过多的理论。

本书第 1～5 章由王欣编写，第 6～9 章由张毅编写，全书由王欣统稿。本书在校稿过程中得到了朱智勇、王亚欣、谢文华和曲睿鑫的大力支持。本书的再版得到了中国水利水电出版社万水分社石永峰总编辑的鼓励和支持，得到了东北电力大学经济管理学院众多教师的支持，在此表示衷心的感谢！

在本书的编写过程中，编者参阅了大量国内外相关文献，在此对所有文献的编著者表示衷心的感谢！

由于本书涉及的内容面广，加之作者的水平有限，书中难免有疏漏、谬误及欠妥之处，敬请广大读者和同行批评指正。

编 者
2020 年 2 月

第一版前言

编者多年来一直为本科生和研究生讲授"管理信息系统和软件工程"课程，在讲授的过程中，对软件工程的基本理论进行了较深入的研究，并在实际开发过程中，深感明确一些基本概念、树立系统工程的开发思想是很重要的。

随着 UML 的广泛使用，编者发现使用 UML 2.0 进行讲解的教材不多，而且目前出版的教材欠缺系统性，缺少案例，因此，编者萌生了编著《UML 系统建模及系统分析与设计》的念头。从目前的系统开发方法发展来看，比较著名的有结构化方法、原型化方法和面向对象方法。编者在本书中对结构化开发方法进行了详细的阐述。本书以软件工程和面向对象技术的基本理论框架为基础，全面系统地讲述了软件工程的概念、原理，典型的软件开发方法学以及系统体系架构和软件复用理论，重点讲述了基于 UML 的面向对象开发方法。对于创建对象系统来说，面向对象语言和 UML 是必要的，但重要的是"对象的思想"，"对象的思想"是本书的重点和难点。本书重点介绍了在国内外广泛流行的面向对象方法及 UML 语言。编者总结多年的教学与实践经验，认为只讲 UML 语言不行，重要的是要讲清楚面向对象的思想。

本书特色：围绕案例逐步展开教学，在一些主要的章节介绍理论后，通过案例将知识点串联起来，使读者能够做到融会贯通；通过一个大型的综合案例，将本书所讲的主要内容应用于实践，提高读者的应用能力；每章开头都列出了本章的学习目标，便于学生掌握本章的重点、难点。本书附有制作精良的配套教学课件，读者可以免费到中国水利水电出版社和万水书苑网站上下载。

本书共 9 章，第 1～5 章由王欣编写，第 6～9 章由张毅编写，全书由王欣统稿。本书在校稿过程中得到了吴言杰、刘泓利、刘宇航和李萍萍的大力帮助，并获得东北电力大学"优质教材"编写资助，同时本书的完成离不开石永峰先生的热情鼓励，在此致以最诚挚的谢意！最后向中国水利水电出版社的广大员工致以深深的感谢！感谢他们对本书的大力支持！

本书参考了许多同行的著作，书后只列出了部分参考文献，在此对所有文献的编著者一并表示感谢！

由于本人水平有限，再加上编写时间仓促，书中一定有不妥之处，敬请读者批评斧正。

编　者
2013 年 6 月

目　　录

第1章 软件工程与面向对象开发方法

学习目标

知识目标	技能目标
（1）了解软件的概念。 （2）了解软件危机产生的原因。 （3）掌握软件工程的概念和基本原理。 （4）了解软件开发模型与方法。 （5）掌握面向对象的基本概念。 （6）了解面向对象的典型开发方法。 （7）了解可行性分析的内容。 （8）了解可行性研究报告的书写格式。	（1）能够进行系统可行性分析。 （2）能够撰写可行性研究报告。

知识结构

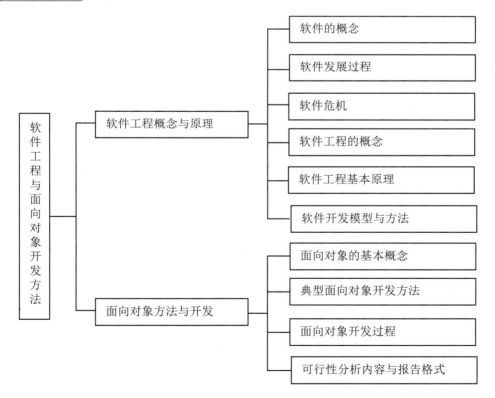

20世纪60年代中期爆发了众所周知的软件危机。为了克服该危机，1968年召开的著名

的北大西洋公约组织首脑会议提出了"软件工程"术语，并在以后不断发展、完善。与此同时，软件研究人员也在不断探索新的软件开发方法，至今已形成众多软件开发方法。本章主要介绍软件、软件工程、软件过程、软件工程基本原理和软件开发方法，重点介绍面向对象开发方法。

1.1　软件发展与软件工程

软件（software）是一种特别的产品，是计算机系统中与硬件（hardware）相互依存的另一部分，是一系列按照特定顺序组织的计算机数据和指令的集合。软件包括程序（program）、相关数据（data）及其说明文档（document）。其中程序是按照事先设计的功能和性能要求执行的指令序列；数据是程序能正常操纵信息的数据结构；文档是与程序开发维护和使用有关的各种图文资料。软件是一种逻辑实体，而不是具体的物理实体。软件的生产与硬件不同，在软件的运行和使用期间，没有硬件那样的机械磨损、老化问题。一般来讲，软件可划分为系统软件、应用软件和介于这两者之间的中间件，是客观世界中问题空间与解空间的具体描述。

1.1.1　软件的发展与特征

第一个写软件的人是 Ada（Augusta Ada Lovelace），在 19 世纪 60 年代他尝试为 Babbage（Charles Babbage）的机械式计算机写软件。尽管他的努力失败了，但他的名字永远载入了计算机发展的史册。20 世纪 50 年代，软件伴随着第一台电子计算机的问世诞生了。以写软件为职业的人也开始出现，他们多是经过训练的数学家和电子工程师。20 世纪 60 年代，美国大学里开始出现计算机专业，教人们写软件。早期的软件开发没有什么系统的方法可以遵循，软件设计是在某人的头脑中完成的一个隐藏的过程。而且，除了源代码，往往没有软件说明书等文档。随着计算机的应用领域进一步扩大，对软件系统的需求和软件自身的复杂度急剧上升，传统的开发方法无法适应用户在质量、效率等方面对软件的需求。微处理器的出现与应用使个人计算机发展迅速，软件系统的规模增大、复杂性增强，促进了软件开发过程管理的发展及工程化。Internet 技术的迅速发展使得软件系统从封闭走向开放，Web 应用成为人们在 Internet 上的最主要的应用模式，异构环境下分布式软件的开发成为一种主流需求，以网格技术和 Web 服务为代表的分布式计算日趋成熟。软件发展阶段与特征见表 1.1。

表 1.1　软件发展阶段与特征

发展阶段	第一阶段 （程序设计）	第二阶段 （软件设计）	第三阶段 （传统软件工程）	第四阶段 （现代软件工程）
时间	20 世纪 60 年代	20 世纪 70 年代	20 世纪 80 年代	20 世纪 90 年代
生产方式	小作坊	软件作坊	工程化、工业化	群体化、智能化
研究热点	软件危机	程序设计方法学	软件开发方法学	软件复用和构件技术
特征	（1）程序设计——面向批处理。 （2）个体手工生产方式——自定义软件。	（1）注重程序结构研究——多用户。 （2）小组软件作坊——软件产品。	（1）计算机辅助软件工程（CASE）工具和环境的研制成为热点。	（1）Web 成为主要应用。 （2）异构环境下的分布式软件应用。

发展阶段	第一阶段 （程序设计）	第二阶段 （软件设计）	第三阶段 （传统软件工程）	第四阶段 （现代软件工程）
特征	（3）主要是汇编语言和机器语言。 （4）无文档资料（除程序清单外），主要用于科学计算。 （5）软件工程被正式提出，注重程序结构的研究。	（3）程序设计语言和编译系统得到了广泛的应用。 （4）实时系统和DBMS出现。 （5）出现了结构化分析与设计方法。	（2）出现软件公司——分布式系统。 （3）结构化程序设计，软件产品化、标准化。 （4）面向对象技术开始出现并流行。 （5）软件开发度量受到重视。	（3）软件复用和软件构件技术应用。 （4）软件技术成熟，人机物融合。 （5）基于构件的软件开发方法成为主流技术之一。

1.1.2　软件危机与软件工程

软件工程的方法就是基于软件危机的问题提出来的。大型的、复杂的软件系统开发是一项工程，必须按工程学的方法组织软件的生产和管理，必须经过系统的分析、设计、实现、测试、维护等一系列的软件生命周期阶段。该认识促使了软件工程学的诞生。

1. 软件危机

虽然软件开发的工具越来越先进，人们的经验也越来越丰富，但是需要解决的问题越来越复杂。软件危机是指在计算机软件开发、使用与维护过程中遇到的一系列严重问题和难题。如软件的规模越来越大，结构越来越复杂；软件需求不明确，软件存在重大缺陷；软件开发管理困难；软件系统常常出现开发周期长、费用超过预算的现象；软件开发技术、生产方式和开发工具落后等，这导致了软件危机。软件危机产生的原因，一方面与软件本身的特点有关，另一方面与软件开发和维护的方法不正确有关。统计数据表明，大多数软件开发项目的失败，并不是由于软件开发技术方面的原因，而是由不适当的管理造成的。遗憾的是，尽管人们对软件项目管理的重要性认识有所提高，但在软件管理方面的进步远比在设计方法学和实现方法学上的进步小。由于软件具有复杂性、易变性和不可见性，软件开发周期长、代价高和质量低的问题依然存在。IEEE 在 2002 年发表的报告中指出，即使是 IT 产业最发达的美国，其 2001 年本土公司开发的软件产品中，平均每 1000 行代码中就有 0.37 个 bug，对于美国之外的其他国家，这个比例更高。

软件开发是一项需要良好组织、严密管理且各方人员配合协作的复杂工作。解决软件危机的途径是组织管理和采取技术措施，即使用工程项目管理的方法，采用先进的软件开发方法、技术和工具开发与管理软件。

2. 软件工程的概念

1968 年秋季，北大西洋公约组织（North Atlantic Treaty Organization，NATO）的科技委员会召集了近 50 名一流的编程人员、计算机科学家和工业巨头开会讨论并制定摆脱"软件危机"的对策，即"软件工程大会"。该会议就软件工程与社会、软件设计、产品、服务、教育、定价等问题进行了探讨。"软件工程"大会是软件工程学科诞生的标志。

软件工程是一门研究如何用系统化、规范化、数量化等工程原则和方法开发和维护软件的学科，是应用计算机科学、数学、逻辑学、管理科学等原理开发软件的工程。软件工程是指用工程、科学和数学的原则与方法开发、维护计算机软件的有关技术和管理方法。软件工程包括两方面内容：软件开发技术和软件项目管理。软件开发技术包括软件开发方法学、软件工具和软件工程环境。软件项目管理包括软件度量、项目估算、进度控制、人员组织、配置管理、项目计划等。软件工程涵盖了软件生命周期的所有阶段，并提供了一整套工程化的方法来指导软件人员的开发工作。软件工程的三要素是方法、过程和工具。软件工程借鉴传统工程的原则、方法，以提高质量、降低成本和改进算法。其中，计算机科学、数学用于构建模型与算法；工程科学用于制定规范、设计范型、评估成本及确定权衡；管理科学用于计划、资源、质量、成本等的管理。

3. 中国软件工程发展历程

为了满足中国软件产业的发展需求，中国自 1980 年启动了软件工程研究与实践，其发展过程和成果与国际发展趋势一致。中国软件工程发展历程见表 1.2。

表 1.2　中国软件工程发展历程

发展阶段	20 世纪 80 年代	20 世纪 90 年代	21 世纪初	21 世纪 10 年代以后
技术与环境	开展软件开发方法学研究； 计算机辅助软件工程（CASE）工具和环境的研发	以构件技术为主线开展前沿研究； 建立较全面的软件工程环境	提出布局网构软件技术研究体系； 建设软件构件库体系； 建立标准，加强人才培养	发展网构软件技术； 高可信度软件技术； 智能化开发技术
生产方式	开发方式停留在手工作坊，软件产业开始起步	软件企业开始使用软件工具	软件企业开始尝试工业化生产技术	软件企业开发规模和技术开始出现领先势头

注　摘自杨芙清院士报告《中国软件工程历程与发展》（2018.11）。

早期的代表性研究工作和成果有南京大学徐家福教授团队研究的软件自动化系统、中国科学院康稚松院士团队研究的 XYZ 系统、中国科学院董韫美教授团队研究的 MLIRF 系统、北京大学牵头研究的青鸟工程和网构软件工程学等，实现了软件工程技术从引进、跟踪到进入先进行列的跨越式发展，实现了中国的软件产业从手工作坊向工业化生产方式的变革。随着信息技术创新日新月异，数字化、网络化和智能化不断深入发展，新应用和新模式不断涌现。

4. 软件工程的框架

软件工程的框架由软件工程目标、软件工程活动和软件工程原则三个方面的内容构成，如图 1.1 所示。

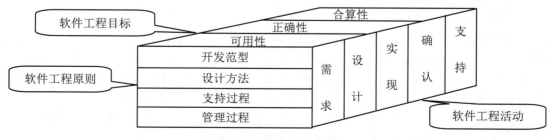

图 1.1　软件工程的框架

软件工程目标是开发与生产出具有良好的软件质量和费用合算的产品，即生产出具有正确性、可用性、费用合算的软件产品。正确性是指软件产品达到预期功能的程度；可用性是指软件基本结构、实现及文档为用户可用的程度；费用合算是指软件开发运行的整个开销能满足用户要求的程度。软件质量是指该软件能满足明确的和隐含的需求能力的有关特征和特性的总和。可用六个特性来评价软件质量，即功能性、可靠性、易使用性、效率、维护性、易移植性。软件的目标决定了软件过程、过程模型和工程方法的选择。

软件工程活动包括需求、设计、实现、确认和支持。需求包括问题分析和需求分析。问题分析包括需求获取和定义，又称软件需求规约。需求分析包括生成软件功能规约。设计包括概要设计和详细设计。概要设计就是建立整个软件的体系结构，包括子系统、模块及相关层次的说明、每个模块的接口定义等。详细设计是产生程序员可用的模块说明，包括每个模块的数据结构说明及加工描述。实现就是把设计结果转换为可执行的程序代码。确认贯穿整个开发过程，对完成的结果进行确认，保证产品满足用户的要求。支持是修改和完善活动。

软件工程原则是指围绕工程设计、工程支持及工程管理在软件开发过程中必须遵循的原则。软件工程有以下四项基本原则：

（1）选取适宜的开发范型。该原则与系统设计有关，在系统设计中，软件需求、硬件需求及其他因素之间是相互制约、相互影响的，经常需要权衡。因此，必须认识需求定义的易变性，采用适宜的开发范型予以控制，以保证软件产品满足用户的要求。

（2）采用合适的设计方法。在软件设计中，通常要考虑软件的模块化、抽象与信息隐蔽、局部化、一致性、适应性等特征。合适的设计方法有助于实现这些特征，以达到软件工程的目标。

（3）提供高质量的工程支持。"工欲善其事，必先利其器。"在软件工程中，软件工具与环境对软件过程的支持颇为重要。软件工程项目的质量与开销直接取决于对软件工程提供的支撑质量和效用。

（4）重视开发过程的管理。软件工程的管理直接影响可用资源的有效利用、生产满足目标的软件产品和提高软件组织的生产能力等。因此，仅当软件过程得以有效管理时，才能实现有效的软件工程。

软件工程的框架告诉我们，软件工程目标是正确性、可用性和费用合算；软件工程活动主要包括需求、设计、实现、确认和支持等活动，每个活动可根据特定的软件工程，采用合适的开发范型、设计方法、支持过程及管理过程。根据该框架，软件工程学科的主要研究内容包括软件开发范型、软件开发方法、软件过程、软件工具、软件开发环境、计算机辅助软件工程及软件经济学等。

5. 软件工程知识体系

软件工程知识体系（Software Engineering Body of Knowledge，SWEBOK）是 IEEE 计算机协会与国际计算机学会（ACM）于 2001 年联合推出的软件工程教育标准。该体系的建立极大地推动了软件工程的理论研究、工程实践和教育发展，国内大多数软件工程专业在制定本科培养方案时都参考了该体系。2001 年推出了 SWEBOK 指南第 1 版，2004 年推出了 SWEBOK 指南第 2 版，2014 年 2 月 20 日推出了 SWEBOK 指南第 3 版。SWEBOK 指南第 2 版将软件工程界定为 10 个知识域（knowledge areas），即软件需求、软件设计、软件构建、软件测试、软件维护、软件配置管理、软件工程管理、软件工程过程、软件工程工具和方法、软件质量，每个知识领域还包括很多知识点。SWEBOK 第 3 版更新了所有的知识域内容，把软件工程细分为"软件工程教育基础"和

"软件工程实践"两大类，共 15 个知识域，共计 102 个知识点。其中"软件工程教育基础"包含 4 个知识域，"软件工程实践"包含 11 个知识域，还有 7 个辅助学科。主要变化如下：在软件设计和软件测试中新增了人机界面的内容；把软件工具的内容从原先的"软件工程工具和方法"中移到其他各知识域中，并将该知识域重命名为"软件工程模型和方法"；更突出了架构设计和详细设计的不同；在软件设计中增加了硬件问题的新主题和面向方面设计的讨论；新增了软件重构、迁移和退役新主题；在多个知识域增加了对保密安全性的考虑，具体见表 1.3。

表 1.3   软件工程知识体系指南（2014）

知识类别	知识域	知识点
软件工程教育基础（The Educational Requirements of Software Engineering）	工程经济基础学（Engineering Economy Foundations）	软件工程经济学基础、生命周期经济学、风险和不确定性、经济学分析方法、实践考虑
	计算基础（Computing Foundations）	问题解决技术、抽象、编程基础、编程语言基础、调试工具与技术、数据结构与表达、算法和复杂度、信息系统的基本概念、计算机组成、编译基础、操作系统基础、数据库基础与数据管理、网络通信基础、并行与分布式计算、基本的用户人为因素、基本的开发者人为因素、安全软件开发和维护
	数学基础（Mathematical Foundations）	集合、关系和函数，基本的逻辑（命题逻辑和谓词逻辑），证明的技术（直接证明、反证法、归纳法），基本的计数，图和树，离散概率，有限状态机，数值精度、准确度和误差，数论，代数结构
	工程基础（Engineering Foundations）	经验方法和实验技术，统计分析，测量，工程设计，建模、仿真和原型，标准，工具与平台选择，根本原因分析
软件工程实践（The Practice of Software Engineering）	软件需求（Software Requirements）	软件需求基础、需求过程、需求获取、需求分析、需求规格说明、需求确认和实践考虑、软件需求工具
	软件设计（Software Design）	软件设计基础、软件设计关键问题、软件结构与体系结构、用户界面设计、软件设计质量的分析与评价、软件设计符号、软件设计的策略与方法、软件设计工具
	软件构造（Software Construction）	软件构造基础、管理构造、实践考虑、构造技术、软件构造工具
	软件测试（Software Testing）	软件测试基础和测试级别、测试技术、相关测试措施、测试过程、软件测试工具
	软件维护（Software Maintenance）	软件维护基础、软件维护的关键问题、维护过程、维护技术、维护工具
	软件配置管理（Software Configuration Management）	软件配置过程管理、软件配置标识、软件配置控制、软件配置状态统计、软件配置审查、软件版本管理和交付、软件配置管理工具
	软件工程管理（Software Engineering Management）	启动和范围定义、软件项目计划、软件项目实施、评审与评价、项目终止、软件工程度量、软件工程管理工具

续表

知识类别	知识域	知识点
软件工程实践（The Practice of Software Engineering）	软件工程过程（Software Engineering Process）	软件过程定义、软件生命周期、关键过程评估和改进、软件度量、软件工程过程工具
	软件工程模型与方法（Software Engineering Models and Methods）	建模、建模类型、模型分析、软件工程方法（启发式、形式化和原型方法）
	软件质量（Software Quality）	软件质量基础、软件质量管理过程、实践考虑、软件质量工具
	软件工程职业实践（Software Engineering Professional Practice）	职业化、团体动力和心理、沟通技巧

与 SEWBOK 相关的学科有七个：计算机工程、计算机科学、管理学、数学、项目管理、质量管理和系统工程。

6. 软件工程的基本原则

自从 1968 年提出"软件工程"术语以来，研究软件工程的专家学者们陆续提出了 100 多条关于软件工程的准则或信条。美国著名软件工程专家巴利·W.玻姆（Barry W.Boehm）综合这些专家的意见，并总结了美国天合汽车集团多年的开发软件的经验，于 1983 年提出软件工程的七条基本原则，也是软件项目管理应该遵循的原则。巴利·玻姆认为这七条基本原则是确保软件产品质量和开发效率的原则的最小集合，而且它们是相互独立、缺一不可的最小集合；同时，它们是相当完备的。

（1）用分阶段的生命周期计划严格管理。统计表明，不成功的软件项目中约有一半源自计划不周。本原则意味着，应该把软件生命周期划分成若干阶段，相应地制订出切实可行的计划，然后严格按照计划对软件的开发与维护工作进行管理。巴利·玻姆认为，在软件的整个生命周期中应该制订并严格执行六类计划，即项目概要计划、里程碑计划、项目控制计划、产品控制计划、验证计划、运行维护计划。不同层次的管理人员必须严格按照计划各尽其职地管理软件开发与维护工作，绝不能受顾客或上级人员的影响而擅自背离预定计划。

（2）坚持进行阶段评审。软件的质量保证工作不能等到编码阶段结束之后再进行，其理由如下：第一，大约 63% 的错误始于编码之前；第二，错误的发现与修改时间越晚，需要付出的代价就越高。因此，本原则意味着，在软件开发的每个阶段都应该进行严格的评审，以便尽早发现软件开发过程中的错误。

（3）实行严格的产品控制。软件开发过程中不应随意改变需求，因为改变一项需求往往需要付出较高的代价。但实践告诉我们，需求的改动往往是不可避免的。这就要求我们要采用科学的产品控制技术来顺应这种要求。当改变需求时，为了保持软件各个配置成分的一致性，必须实行严格的产品控制，其中主要是实行基准配置管理。基准配置又称基线配置，是经过阶段评审后的软件配置成分（各个阶段产生的文档或程序代码）。基准配置管理也称变更控制，一切有关修改软件的建议，特别是涉及对基准配置的修改建议，都必须按照严格的规程进行评审，获得批准以后才能实施修改，要避免开发人员对软件进行随意修改。

（4）采用现代程序设计技术。从提出软件工程的概念开始，人们一直把主要精力用于研究各种新的程序设计技术。从 20 世纪 60 年代末提出的结构程序设计技术到如今的面向对象技术，人们不断创造先进的程序设计技术。实践表明，采用先进的技术既可提高软件开发的效率，又可提高软件维护的效率。

（5）开发小组的人员应该少而精。开发小组人员的素质和数量是影响软件产品质量和开发效率的重要因素。素质高的人员的开发效率比素质低的人员的开发效率可能高几倍至几十倍，而且素质高的人员所开的发软件中的错误明显少于素质低的人员所开发的软件中的错误。此外，随着开发小组人员的增加，因交流情况和讨论问题而造成的通信开销也急剧增加。当开发小组人员数为 N 时，可能的通信路径有 $N(N-1)/2$ 条，可见随着 N 的增大，通信开销明显增加。因此，在开发进程中，切忌中途加人。

（6）应能清楚地审查结果。与其他有形产品不同，软件是看不见、摸不着的逻辑产品。软件开发人员的工作进展情况可见性差，难以准确度量，从而使得软件产品的开发过程比一般产品的开发过程更难以评价和管理。为了提高软件开发过程的可见性，更好地进行管理，应该根据软件开发项目的总目标及完成期限，规定开发组织的责任和产品标准，从而使所得到的结果能够得到清楚的审查，而且应该对每个阶段进行评审，阶段审查图如图 1.2 所示。

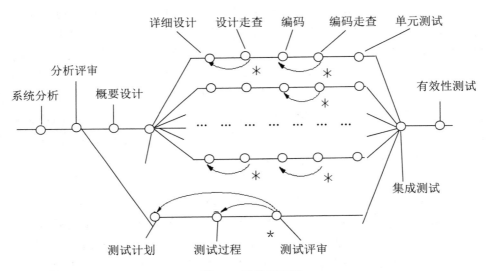

图 1.2　阶段审查图

（7）承认不断改进软件工程实践的必要性。遵循上述六条基本原则，就能够按照当代软件工程基本原则实现软件的工程化生产，但是，仅遵循上述六条原则并不能保证软件开发与维护过程赶上时代前进的步伐和技术的不断进步。因此，巴利·玻姆提出应把承认不断改进软件工程实践的必要性作为软件工程的第七条基本原则。按照这条原则，不仅要积极主动地采纳新的软件技术，而且要注意不断总结经验。

1.2　软件开发模型与方法

1.2.1　软件开发模型

软件开发模型是指软件开发中的所有过程、活动和任务的结构框架，它能清晰、明确地表达软件开发的全过程。对于不同的软件系统，可以采用不同的软件开发过程和方法、不同的软件工具和软件工程环境、不同的管理方法和手段来实现软件项目的跟踪和把控。软件开发通常包括需求、设计、实现、确认、支持等阶段。常见的软件过程模型有瀑布模型、快速原型模型、增量模型、螺旋模型、喷泉模型、智能模型、V 模型等。由于下面讲述的模型不是针对某个特定的项目，因此使用"通用的"阶段划分方法。

1. 瀑布模型

1970 年温斯顿•罗伊斯（Winston Royce）提出了著名的瀑布模型（waterfall model），也称传统生命周期模型或线性顺序过程模型。20 世纪 80 年代之前，它一直是唯一被广泛采用的软件开发模型，现在它仍然是软件工程中应用最广泛的过程模型之一。瀑布模型将软件生命周期划分为可行性分析、需求分析、系统设计、软件编码、软件测试和运行维护六个基本活动，并且规定了它们自上而下、相互衔接的固定次序，如同瀑布流水，逐级下落。瀑布模型如图1.3 所示。在瀑布模型中，软件开发的各项活动严格按照线性方式进行，只有前一项活动的任务完成才能进行下一项活动，前一项活动的工作结果是后一项工作的依据。前一项活动的工作结果需要进行验证，验证通过的结果作为下一项活动的输入，继续进行下一项活动，否则返回修改。

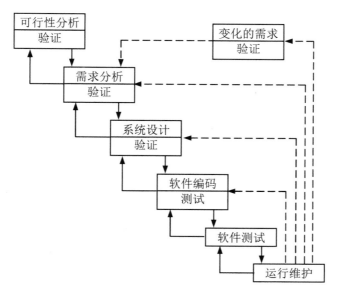

图 1.3　瀑布模型

瀑布模型强调文档的作用，并要求仔细验证每个阶段。瀑布模型的优点如下：

（1）阶段间具有顺序性和依赖性。使用瀑布模型时，只有前一项活动完成之后，才能进入后一项活动。前一项活动的输出文档是后一项活动的输入文档，只有前一项活动的输出文档正确，后一项活动才能正确。应为项目提供按活动划分的检查点。每项活动交出的产品必须经过质量保证小组的仔细验证，这样可以保证软件的开发质量。

（2）推迟实现的观点。实践表明，对于规模较大的项目开发，往往编码开始得越早，最终完成开发工作需要的时间反而越长。这是因为前面的分析和设计工作没有做好，过早地进行程序的实现，往往会导致大量的返工，有时甚至产生无法弥补的错误，导致项目开发失败。

（3）质量保证的观点。瀑布模型在实现之前无法了解项目的实际情况，只有实现了才知道。因此，为了保证所开发软件的质量，在使用瀑布模型开发时需要注意两点。一是每项活动结束前，必须完成规定的文档，没有交出合格的文档，就是没有完成该项活动的任务。二是每项活动结束前必须对所完成的文档进行评审，以便尽早地发现问题，并及时改正。因为最早潜入的错误是最晚暴露出来的，暴露出来的时间越晚，改正错误所付出的代价越高。所以，及时验证是保证软件质量、降低软件成本的重要措施。

瀑布模型的缺点如下：

（1）各个阶段的划分完全固定，阶段之间产生大量的文档，极大地增加了工作量。

（2）由于开发模型是线性的，用户只有等到整个过程的末期才能看到开发成果，从而增大了开发的风险。

（3）早期的错误可能要等到开发后期的测试阶段才能发现，进而带来严重的后果。

瀑布模型是线性的，"线性"是人们最容易掌握并能熟练应用的思想方法。当人们碰到一个复杂的"非线性"问题时，总是千方百计地将其分解或转化为一系列简单的线性问题，然后逐个解决。一个软件系统的整体可能是复杂的，而单个子程序总是简单的，可以用线性的方式来实现。例如增量模型实际上就是分段的线性模型，螺旋模型则是连接的弯曲了的线性模型，在其他模型中也能够找到线性模型的影子。

2．快速原型模型

快速原型模型（rapid prototype model）的第一步就是根据用户提出的需求，由用户与开发者共同确定系统的基本要求和主要功能，并在较短时间内建立一个实验性的、简单的小型系统，称作"快速原型"。第二步就是将原型交给用户使用，用户在使用原型的过程中会产生新的需求，开发人员依据用户提出的评价意见对快速原型进行不断的修改、补充和完善。如此不断地迭代，直至开发出令客户满意的软件产品。快速原型模型如图 1.4 所示。

图 1.4　快速原型模型

显然，快速原型克服了瀑布模型的缺点，减少了由于软件需求不明确带来的开发风险，具有显著的效果。

快速原型的关键在于尽可能快速地建造出软件原型，一旦确定了客户的真正需求，所建造的原型可能会被丢弃。因此，原型系统的内部结构并不重要，重要的是必须迅速建立原型，随之迅速修改原型以反映客户的需求。

3．增量模型

增量模型（incremental model）又称演化模型，融合了瀑布模型的基本成分和快速原型的迭代特征。与建造大厦相同，软件也是一步一步建造起来的。在增量模型中，软件被作为一系列的增量构件来设计、实现、集成和测试，每个构件由多种相互作用的模块所形成的提供特定功能的代码片段构成。增量模型如图 1.5 所示。

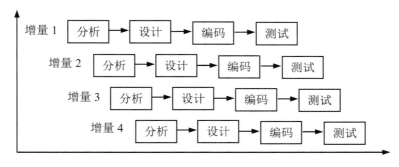

图 1.5　增量模型

　　增量模型采用随着日程的进展而交错进行的线性序列，每个序列会产生软件的一个可发布的增量。增量模型本质上是迭代的，可以用在需求不确定、需求变化大的软件项目开发中。增量模型在各个阶段并不交付一个可运行的完整产品，而是交付满足客户需求的一个子集的可运行产品。整个产品被分解成若干个构件，开发人员逐个构件地交付产品，这样做的好处是软件开发可以较好地适应变化，客户可以不断地看到所开发的软件，从而降低开发风险。当使用增量模型时，第一个增量模型往往是核心产品，即第一个增量实现了基本需求，其他的增量模型是补充的特征。但是，增量模型存在以下缺陷：

　　（1）由于各个构件是逐渐并入已有的软件体系结构中的，要求加入的构件不能破坏已构造好的系统部分，这需要软件具备开放式的体系结构。

　　（2）在开发过程中，需求的变化是不可避免的。增量模型的灵活性可以使其适应这种变化的能力远远优于瀑布模型和快速原型模型，但也很容易退化为边做边改模型，从而使软件过程的控制失去整体性。

　　在使用增量模型时，第一个增量往往是实现基本需求的核心产品。核心产品交付用户使用后，经过评价形成下一个增量的开发计划，它包括对核心产品的修改和一些新功能的发布。这个过程在每个增量发布后不断重复，直到产生最终的完善产品。例如，使用增量模型开发文字处理软件，第一个增量发布基本的文件管理、编辑和文档生成功能，第二个增量发布更加完善的编辑和文档生成功能，第三个增量实现拼写和文法检查功能，第四个增量完成高级的页面布局功能。

　　4. 螺旋模型

　　1988 年巴利·玻姆正式提出软件系统开发的螺旋模型（spiral model）。螺旋模型将瀑布模型和快速原型模型结合起来，强调了其他模型所忽视的风险分析，特别适合大型、复杂的系统。螺旋模型如图 1.6 所示。

　　螺旋模型沿着螺线进行若干次迭代，图 1.6 图中的四个象限分别代表以下活动：

　　（1）制订计划。确定软件目标，选定实施方案，弄清项目开发的限制条件。

　　（2）评估分析。分析评估所选方案，考虑如何识别和消除风险。

　　（3）设计实施。实施软件开发和验证。

　　（4）用户反馈。用户评价开发工作，提出修正建议，制订下一步计划。

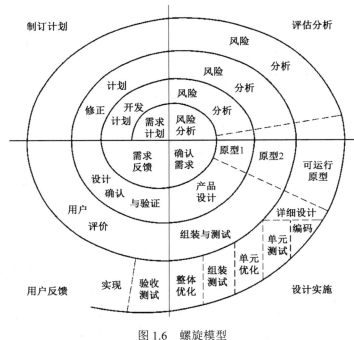

图 1.6　螺旋模型

螺旋模型支持需求不明确特别是大型软件系统的开发，并支持面向规格说明、面向过程、面向对象等多种软件开发方法。螺旋模型由风险驱动，强调可选方案和约束条件，从而支持软件的重用，有助于将软件质量作为特殊目标融入产品开发之中。但是，螺旋模型也有一定的限制条件，具体如下：

（1）螺旋模型强调风险分析，但要求客户接受和相信这种分析，并做出相关反应是不容易的，因此，这种模型往往适用于内部的大规模软件开发。

（2）如果进行风险分析会大大影响项目的利润，那么进行风险分析就毫无意义，因此螺旋模型只适用于大规模软件项目。

（3）软件开发人员应该擅长寻找可能的风险，准确地分析风险，否则将会带来更大的风险。

每个阶段中，首先是确定该阶段的目标，完成这些目标的可选方案及其约束条件，然后从风险角度分析方案的开发策略，努力排除各种潜在的风险，有时需要通过建造原型来完成。如果某些风险不能排除，则该方案立即终止，否则启动下一个开发步骤。最后，评价该阶段的结果，并设计下一个阶段。螺旋模型比较适合产品的研发或机构内部大型的复杂系统的开发，而不适合合同项目的开发。如果用于合同项目的开发，就必须在签订合同前考虑清楚所开发项目的风险；否则由于风险中途停止开发，将会造成经济损失。

5. 喷泉模型

喷泉模型（fountain model）也称面向对象的生存期模型或 OO 模型。喷泉模型与传统的结构化生存期模型相比，具有更多的增量和迭代性质，生存期的各个阶段可以相互重叠和多次反复，而且在项目的整个生存期中可以嵌入子生存期，就像水喷上去又可以落下来，可以落在中间，也可以落在最底部。喷泉模型如图 1.7 所示。

6. 智能模型

智能模型也称基于知识的软件开发模型，它把瀑布模型和专家系统结合在一起，利用专家系统来帮助软件开发人员工作。该模型应用基于规则的系统，采用归纳和推理机制，帮助软件人员完成开发工作，并在系统规格说明一级进行维护。智能模型以知识为处理对象，这些知识既有理论知识，也有特定领域的经验。在开发过程中需要将这些知识从书本和特定领域的知识库中抽取出来（即知识获取），选择适当的方法进行编码（即知识表示）。该模型在实施过程中要建立知识库，将模型本身、软件工程知识与特定领域的知识分别存入数据库。以基于软件工程知识的生成规则构成的专家系统与含应用领域知识规则的其他专家系统结合，构成该应用领域软件的开发系统。智能模型如图 1.8 所示。

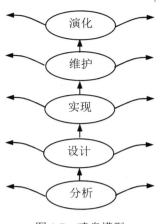

图 1.7　喷泉模型

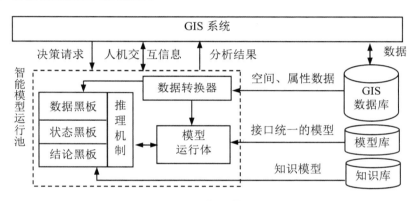

图 1.8　智能模型

与其他模型相同，4GT（第 4 代技术）模型也是从需求收集开始的，要将一个 4GT 实现变成最终产品，开发者还必须进行彻底的测试、开发有意义的文档，并且同样要完成其他模型中要求的所有集成活动。4GT 模型如图 1.9 所示。总而言之，4GT 已经成为软件工程的一个重要方法，特别适合与基于构件的开发模型结合起来使用，效果更好。

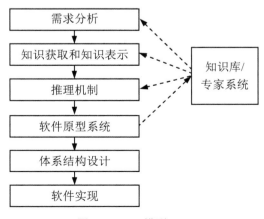

图 1.9　4GT 模型

智能模型拥有一组工具，如数据查询、报表生成、数据处理、屏幕定义、代码生成、高层图形功能及电子表格等，每个工具都能使开发人员在高层次上定义软件的某些特性，并把开发人员定义的这些软件特性自动生成源代码。这种方法需要第四代语言（4GL）的支持。4GL不同于第三代语言，其主要特征是用户界面极端友好，即使没有受过训练的非专业程序员，也能用它编写程序；它是一种声明式、交互式和非过程性的编程语言。4GL 还具有高效的程序代码、智能默认假设、完备的数据库和应用程序生成器。智能模型可以勘探现有的数据，从中发现新的事实方法，指导用户以专家的水平解决复杂的问题。它以瀑布模型为基本框架，在不同开发阶段引入原型实现方法和面向对象技术以克服瀑布模型的缺点，适用于特定领域的软件和专家决策系统的开发。

7．V 模型

V 模型是软件开发瀑布模型的变种，主要反映测试活动与分析和设计的关系，如图 1.10 所示。V 模型把测试过程作为需求分析、系统设计及编码之后的一个阶段，忽视了测试对需求分析、系统设计的验证，一直到后期的验收测试才发现问题。在实际使用中，V 模型的变型模型经常使用，即概要设计不必等到系统测试计划（包含用例）完成并评审后再进行，而是可以与系统测试计划同步进行。此时两者依据的入口条件均是需求规格说明书。同样集成测试计划和详细设计也可以同步进行，如果单元测试计划和编码不是同一个人或者角色完成的，也可以同步进行。V 变型模型使得多个步骤可以同步进行，在实际中大大缩短了项目开发周期。V 模型的测试提前的理念和严谨质量保证体系使得 V 模型在实际项目中应用甚广，很多欧美国家、日本、中国等著名公司的外包业务中均要求合作方采用 V 模型作为其开发过程体系。

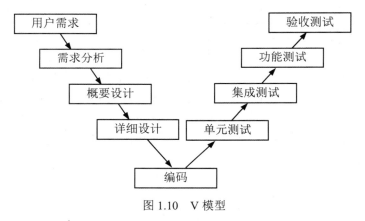

图 1.10　V 模型

各种模型的比较如下所述。

软件开发组织应该选择适合的软件开发模型，并且应随着正在开发的特定产品的特性而变化，以减小所选模型的缺点，充分利用其优点，V 模型和智能模型是上述模型的演化或者组合，这里不再单独列出。

瀑布模型和 V 模型为软件开发提供了有效的管理模式。瀑布模型开发过程严谨，并且以项目的阶段评审和文档控制方式对整个开发过程进行指导，从而保证软件产品可以及时交付，并达到预期的质量要求。如果软件开发人员对所开发项目的需求已有较好的理解或较大的把握，瀑布模型则非常实用。但其最突出的缺点是该模型缺乏灵活性，特别是无法解决因软件需求不准确而导致的致命问题，因为这些致命问题在瀑布模型开发快完成时才会被人察觉到。对开发人员而言，经常会有无意义的返工；而对用户而言，开发出的软件并不是他们真正需要的，甚至不可用或者用户根本用不上。

表 1.4 列出了各种模型的比较。

表 1.4　各种模型的比较

模　型	描　述	优　点	缺　点	应用场景
瀑布模型	过程划分为计划、需求、设计、编码、测试和维护阶段；各阶段自上而下，相互衔接，固定次序，如同瀑布流水；各阶段评审确认通过，前阶段输出是后阶段输入；文档驱动（document driven）	严格规定应提交的文档，为项目提供检查点；利于大型软件项目中人员的组织与管理；利于开发方法工具的研究和使用；提高大型项目中的开发效率与质量	文档驱动，可能不能完全满足用户需求；呈线性，成果未经测试时，用户看不到结果，增加了风险；前阶段未发现的错误传到后阶段可能扩散，可导致项目失败；需求阶段，完全确定需求比较困难	大型软件项目；需求明确；需求很少变更
快速原型模型	快速建造初步、非完整软件原型，实现客户与系统交互；客户对原型评价，细化需求；逐步调整原型满足要求，原型内部结构不重要；原型驱动（prototype driven）	确定客户真正需求，减少需求不确定性；更好地与客户沟通，提高客户对软件的满意度；降低技术、应用风险，降低成本，提高产品质量	需要尽快建造软件原型，可能会限制开发人员创新；所选技术工具不一定是主流工具，效率低；原型快速建立的内部结构及连续修改可能导致产品设计效果差；客户确定真正需求，原型可能被弃	客户或领域专家不熟悉计算机/软件，软件人员不熟悉领域，沟通理解困难
增量模型	分阶段实现，软件增量设计，实现，集成，测试；整个产品拆成多个构件，分次逐个构建，交付可运行产品；功能驱动（function driven）	反馈及时，较好适应变化；客户看到不断变化的软件，降低开发风险；鼓舞团队的士气	容易退化成边做边改，失去对软件过程的整体控制，效率低；不破坏现有架构；产品、架构不是开放的，维护难度增大	需求比较明确；架构比较稳定，每次增量不影响架构
螺旋模型	分成制订计划、评估分析、设计实施、用户反馈四个象限；沿着螺线进行若干次迭代；关注风险，风险分析之后决策项目是否继续；风险驱动（risk driven）	强调可选方案及约束条件，支持软件重用；有助于提升软件质量	要求客户接受其风险分析并做出反应不容易；风险分析成本>项目利润，项目风险分析无意义；要善于识别风险，且准确，否则将带来更大风险	需求比较明确，高风险的项目
喷泉模型	以需求为动力，以对象为驱动，支持面向对象开发；开发过程自下而上，各阶段之间相互迭代、无间隙；对象驱动（object driven）	各阶段无明显界限，开发人员可同步开发；提高开发效率，节省开发时间	各阶段重叠，需大量开发人员；不利于项目管理；需严格管理文档及文档变更	适合面向对象开发

1.2.2　软件开发方法

20 世纪 60 年代为手编程序，随着计算机应用的不断发展，手编程序需要大量人员参与，以致出现了软件危机。70 年代出现了结构化分析和设计方法，程序设计方法学成为研究热点。80 年代 CASE 工具和环境的研制成为热点，面向对象技术开始出现并逐步流行。90 年代软件复用和软件构件技术得到广泛的应用。国外大的软件公司和机构一直在研究软件的开发方法，并且提出了很多实际的开发方法，如结构化生命周期法、原型化方法、面向对象方法等。方法是一种把人的思考和行动结构化的明确方式，方法需要定义软件开发的步骤，告诉人们做什么、如何做、什么时候做以及为什么要这么做。下面介绍几种流行的开发方法。

1.　结构化方法

结构化开发（SASD）方法是由 E.Yourdon 和 L.L.Constantine 于 1978 年提出的，也可称为面向功能的软件开发方法或面向数据流的软件开发方法，又称结构化生命周期法。它首先用结构化分析（SA）对软件进行需求分析，然后用结构化设计（SD）方法进行系统设计，最后是结构化编程（SP）。它给出的两类典型软件结构（变换型和事务型）使软件开发的成功率大大提高。SASD 方法是 20 世纪 80 年代使用最广泛的软件开发方法，它将整个开发过程划分为首尾相连的五个阶段——系统规划、系统分析、系统设计、系统实施、系统运行与维护，即一个生命周期（life cycle）。系统规划阶段根据用户的系统开发请求进行初步调查，明确问题，确定系统目标和总体结构，确定分阶段实施进度，然后进行可行性研究；系统分析阶段进行业务流程调查、分析数据与数据流程、分析功能与数据之间的关系，最后提出新系统逻辑方案；系统设计阶段进行总体结构设计、代码设计、数据库（文件）设计、输入/输出设计、模块结构与功能设计，根据总体设计配置与安装部分设备，进行试验，最终给出设计方案；系统实施阶段进行编程（由程序员执行）和人员培训（由系统分析设计人员培训业务人员和操作员），以及数据准备（由业务人员完成），系统测试与调试，然后投入试运行；系统运行与维护阶段进行系统的日常运行管理、评价、监理审计、修改、维护和局部调整，在出现不可调和的大问题时，再一次提出开发新系统的请求，老系统生命周期结束，新系统诞生，构成系统的一个生命周期。

2.　面向数据结构的软件开发方法

（1）Jackson 方法。1975 年，M.A.Jackson 提出了一种至今仍广泛使用的软件开发方法——Jackson 方法，它是最典型的面向数据结构的软件开发方法，简称 JSP 方法。该方法从目标系统的输入、输出数据结构入手，导出程序框架结构，再补充其他细节，就可得到完整的程序结构图。M.A.Jackson 指出，无论是数据结构还是程序结构，都限于三种基本结构及其组合，因此他给出了三种基本结构，即顺序、选择和重复。三种基本结构可以进行组合，形成复杂的结构体系。Jackson 方法基本由下述五个步骤组成：

1）分析并确定输入数据和输出数据的逻辑结构，并用 Jackson 图描绘这些数据结构。

2）找出输入数据结构和输出数据结构中有对应关系的数据单元。

3）按一定的规则由输入、输出的数据结构导出程序结构。按照在数据结构图中的层次和在程序结构图的相应层次，为每对有对应关系的数据单元画一个处理框。如果这对数据单元在输入数据结构和输出数据结构中所处的层次不同，则按其在数据结构图中低的层次对应。根据输入数据结构中剩余的每个数据单元所处的层次，在程序结构图的相应层次分别为它们画上对应的处理框。根据输出数据结构中剩余的每个数据单元所处的层次，在程序结构图的相应层次分别画上对应的处理框。在构成顺序结构的元素中不能有重复或选择的元素，如在构成顺序结构的元素中出现了重复或选择的元素，则需在 Jackson 图中增加一个中间层次的处理框。

4）列出所有操作和条件（包括分支条件和循环结束条件），并把它们分配到程序结构图的适当位置。

5）用伪码表示程序。该方法从目标系统的输入、输出数据结构入手，导出程序框架结构，再补充其他细节，就可得到完整的程序结构图。该方法对输入、输出数据结构明确的中小型系统特别有效，如商业应用中的文件表格处理。该方法也可与其他方法结合，用于模块的详细设计。

（2）Warnier 方法。1974 年，J.D.Warnier 提出了一种面向数据结构的程序设计方法——Warnier 方法，又称逻辑构造程序方法（简称 LCP 方法）。Warnier 方法的原理与 Jacskson 方法的类似，只是这种方法在逻辑上更严格，它的最终目标是对程序处理过程进行详细描述。这种方法由如下五个步骤组成：

1）分析和确定输入数据和输出数据的逻辑结构，并用 Warnier 图描绘。

2）主要依据输入数据结构导出程序结构，并用 Warnier 图描绘程序的处理层次。

3）画出程序流程图并自上而下依次给每个处理框编序号。

4）分类写出伪码指令。Warnier 定义了五类指令：输入和输入准备，分支和分支准备，计算，输出和输出准备，子程序调用。

5）把第 4）步中分类写出的指令按序号排序，从而得出描述处理过程的伪码。

Warnier 方法和 Jackson 方法有三点差别：①使用的图形工具不同，它们分别使用 Warnier 图和 Jackson 图；②使用的伪码不同；③构造程序框架时，Warnier 方法仅考虑输入数据结构，而 Jackson 方法不仅考虑输入数据结构，而且考虑输出数据结构。

3．面向问题的分析方法

PAM（Problem Analysis Method）方法是 20 世纪 80 年代末由日立公司提出的一种软件开发方法。它的基本思想是考虑输入、输出数据结构，指导系统的分解，在系统分析指导下逐步综合。该方法的具体步骤如下：从输入、输出数据结构中导出基本处理框；分析这些处理框之间的先后关系；按先后关系逐步综合处理框，直到画出整个系统的 PAD 图。该方法本质上是综合的自底向上的方法，但在逐步综合之前已进行有目的的分解，这个目的就是充分考虑系统的输入、输出数据结构。PAM 方法的另一个优点是使用 PAD 图。PAD 图是一种二维树形结构图，是到目前为止最好的详细设计表示方法之一。由于在输入、输出数据结构与整个系统之间同样存在鸿沟，因此 PAM 方法只适用于中小型问题。

4．原型化开发方法

产生原型化开发方法的原因很多，主要是并非所有的需求都能够预先定义，而反复修改是不可避免的。开发工具的快速发展为原型化开发方法奠定了基础。如用 VB、Delphi 等工具可以迅速地开发出一个可以让用户看得见、摸得着的系统框架。有了这个框架，对计算机不是很熟悉的用户就可以根据这个样板提出自己的明确需求。

开发原型化系统一般由以下五个阶段组成：

（1）确定用户需求。

（2）开发原始模型。

（3）让用户使用原型，征求用户对初始原型的改进意见。

（4）修改原型。

（5）判定原型完成情况，完成后提交文档并交付使用。

原型化开发方法比较适合用户需求不清、业务理论不确定、需求经常变化的情况。当系统规模不是很大且不太复杂时，采用该方法也是比较好的。

5．面向对象的软件开发方法

面向对象是当前计算机界关心的重点，它是 20 世纪 90 年代软件开发方法的主流。面向对象的概念和应用已超越程序设计和软件开发，扩展到很宽的范围，如数据库系统、交互式界面、应用结构、应用平台、分布式系统、网络管理结构、CAD 技术、人工智能等领域。面向对象技术是软件技术的一次革命，在软件开发史上具有里程碑的意义。随着 OOP（面向对象编程）、OOD（面向对象设计）和 OOA（面向对象分析）的发展，最终形成面向对象的软件开发方法。面向对象系统采用自底向上的归纳、自顶向下的分解方法，它通过建立对象模型，能够真正反映用户的需求，而且系统的可维护性大大改善。面向对象方法的基本思想是从现实世界中客观存在的事物出发来构造软件系统，并在系统构造中尽可能运用人类的自然思维方式。

面向对象开发方法的研究已日趋成熟，国际上已有很多面向对象产品出现。面向对象开发方法有 Coad Youdon 方法、Booch 方法、OMT 方法、OOSE 方法、RUP 方法等。当前业界关于面向对象建模的标准是统一建模语言（Unified Modeling Language，UML）。

1.3　面向对象开发方法概述

面向对象开发方法是一种新的软件工程方法，已逐渐成为现代软件工程领域中的主流方法。特别是 20 世纪 90 年代末统一建模语言的出现，基于统一建模语言的面向对象分析与设计方法被广泛应用。

1.3.1　面向对象的基本概念

面向对象涉及的基本概念有类、对象、封装、信息隐蔽、继承、多态、消息、关联、复用等。在面向对象的分析和设计中，类和对象是核心概念。

1．类

众多事物可以归纳、划分成一些类（class）。James Rumbaugh 对类的定义如下：类是具有相似结构、行为和关系的一组对象的描述符，包括属性和操作。类的属性是对象的状态的抽象，用数据结构来描述。类的操作是对象的行为的抽象，用操作名和实现该操作的方法来描述。类归纳是人类在认识客观世界时经常采用的思维方法，分类的原则是抽象。类是具有相同属性和服务的一组对象的集合，它为属于该类的所有对象提供统一的抽象描述，其内部包括属性和服务两个主要部分，如图 1.11（a）所示。

在面向对象的编程语言中，类是一个独立的程序单位，它应该有一个类名并包括属性说明和服务说明两个主要部分，如图 1.11（b）所示。类与对象的关系就如同模具与铸件的关系，对象的抽象是类，类的具体化就是对象，也可以说类的实例是对象，类实际上就是一种数据类型。如在教学管理系统中，"学生"就是一个类，它具有姓名、性别、年龄等属性，而"张三"就是一个对象，是学生类的一个实例，如图 1.11（c）所示。类中操作的实现过程叫作方法，一个方法有方法名、返回值、参数、方法体等。

类名		学生		张三：学生
属性		姓名：string 性别：string 年龄：int 班级：string		姓名：张三 性别：男 年龄：22 班级：管理 091
服务				

（a）类的描述　　　　　　（b）类　　　　　　（c）对象

图 1.11　类与对象的关系

2. 对象

对象（object）是现实世界中一个实际存在的事物，它可以是有形的（如房屋、桌子等），也可以是无形的（如国家、生产计划等）。对象是构成世界的一个独立单位，它具有自己的静态特征和动态特征。面向对象方法中的对象是系统中用来描述客观事物的一个实体，是构成系统的一个基本单位，由一组属性和一组行为构成。从更抽象的角度来说，对象是问题域或实现域中某些事物的一个抽象，它反映该事物在系统中需要保存的信息和发挥的作用；它是一组属性和有权对这些属性进行操作的一组服务的封装体。对象具有状态，一个对象用数据值来描述它的状态。对象的属性是描述对象状态特性的数据项。对象还有操作，用于改变对象的状态，通常是一组可执行的语句或过程。一个对象可以具有多个属性和多个操作，对象及操作就是对象的行为。对象实现了数据和操作的结合，使数据和操作封装于对象的统一体中。客观世界是由对象和对象之间的联系组成的。对象是类的一个实例。

对象可分为主动对象和被动对象。主动对象是一组属性和一组服务的封装体，其中至少有一个服务不需要接收消息就能主动执行（称为主动服务）。主动对象的作用是描述问题域中具有主动行为的事物以及在系统设计时识别的任务，主动服务描述相应的任务所应完成的操作。系统实现阶段，主动服务应该被实现为一个能并发执行的、主动的程序单位，如进程或线程。

3. 封装或信息隐蔽

封装（encapsulation）就是把对象的属性和服务结合成一个独立的相同单位，并尽可能隐蔽对象的内部细节，也称信息隐蔽（information hiding）。信息隐蔽，即尽可能隐蔽对象的内部细节，对外形成一个边界（或者说形成一道屏障），只保留有限的对外接口，使之与外部发生联系。信息隐蔽是通过对象的封装性来实现的。

封装包含两个含义：一是把对象的全部属性和全部服务结合在一起，形成一个不可分割的独立单位（即对象）。对象的私有属性只能够由对象的行为来修改和读。二是尽可能隐蔽对象的内部细节，与外界的联系只能够通过外部接口来实现。封装的目的在于将对象的使用者和对象的设计者分开，使用者不必知道行为实际的细节，只须用设计者提供的消息来访问该对象。

封装性在软件上的表现如下：对象以外的部分不能随意存取对象的内部数据（属性），从而有效地避免了外部错误对它的"交叉感染"，使软件错误能够局部化，大大减小查错和排错的难度。在现实世界中，对象经常会隐藏它们的信息及工作方式，如司机没有必要为了开车而去了解以汽油为动力的内燃机引擎的工作原理；职工对象中有年龄和工资等属性，像这些个人隐私的属性是不想让其他人随意获得的，如果不使用封装，那么他人就很容易得到。

4. 继承

继承（inheritance）是指一个对象直接使用另一对象的属性和方法，是表示相似性质的机制。继承是指特殊类的对象拥有一般类的属性和行为。继承意味着自动拥有，或隐含地复制，正如你同时继承父母的外貌特点，信息系统组成成分也从有关部件继承某些特点。继承是一种联结类的层次模型，并且允许和鼓励类的重用，它提供了一种明确描述共性的方法。

一个类的上层可以有超类，下层可以有子类，这种层次结构的一个重要特点是继承性，一个类继承其超类的全部描述。

对象的一个新类可以从现有的类中派生出来，这个过程称为类继承。新类继承了原始类的特性，新类称为原始类的派生类（子类），而原始类称为新类的基类（父类）。派生类可以从它的基类继承方法和实例变量，并且类可以修改或增加新的方法，以更适合特殊的需要。如果 B 类继承 A 类，那么 B 类将具有 A 类的所有方法，同时可以扩展自己独有的方法和属性。如图 1.12（a）中"人"是父类，那么"男人"和"女人"继承"人"的特性。也就是说，不论是"男人"还是"女人"，都具有"身高""体重"等属性，同时他们可以有自己独有的属性，如"男人"可以有"妻子"属性来表示他的妻子是谁，而"女人"可以有"丈夫"属性来表示她的丈夫是谁。在类层次中，子类只继承一个父类的数据结构和方法，称为单重继承，图 1.12（b）中汽车和轮船只继承交通工具一个类。在类层次中，子类继承了多个父类的数据结构和方法，称为多重继承，如图 1.12（b）中的水陆两栖车继承了汽车和轮船的数据结构和方法。继承性提供了类的规范的等级结构。类的继承关系使公共的特性能够共享，提高了软件的重用性。

5. 多态

多态（polymorphism）是指两个或多个属于不同类的对象对同一个消息或方法调用做出不同响应的能力，即相同操作的消息发送给不同的对象时，每个对象将根据自己所属类中定义的操作去执行，从而产生不同的结果。如在图 1.13 中，多边形类中有面积属性（Area）和求面积操作[getArea()]，其三个子类继承了父类的属性和操作，并且各自都有独立的求面积的操作。当分别向三个子类的对象发布同一个消息——求图形面积时，三个子类将执行不同的操作，这就是多态性。多态性增强了软件的灵活性和重用性。

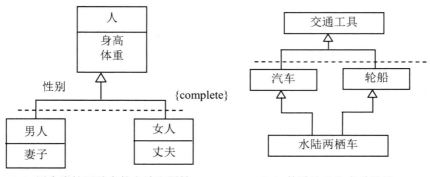

（a）派生类扩展独有的方法和属性　　　　（b）单重继承和多重继承

图 1.12　继承

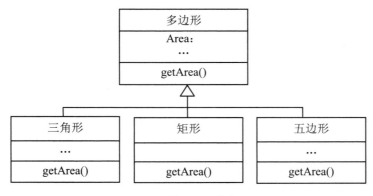

图 1.13　多态

封装、继承、多态是面向对象程序的三大特征，这三个特征保证了程序的安全性、可靠性、可重用性和易维护性。随着技术的发展，这些思想被用于硬件、数据库、人工智能技术、分布式计算、网络、操作系统等领域，越来越显示出其优越性。

6. 消息

消息（message）是面向对象方法中对象之间相互联系的方法，是对传送信息的对象之间进行的通信的规约，其中带有将要发生的活动的期望。这与 FORTRAN、COBOL、C、FoxPro 等传统编程语言中的带参数子程序调用、段落或过程调用是相似的。对象之间进行通信的结构称为消息。在对象的操作中，当将一个消息发送给某个对象时，消息包含接收对象去执行某种操作的信息。发送一条消息至少要包括说明接收消息的对象名，发送给该对象的消息名（即对象名、方法名）。一般还要对参数加以说明，参数可以是认识该消息的对象所知道的变量名，或者是所有对象都知道的全局变量名，如图 1.14 所示。

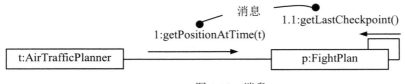

图 1.14　消息

7. 关联

关联（association）是对象之间的一种结构关系，如客户类与订单类之间的关系，如图 1.15（a）所示。这种关系通常使用类的属性表达。关联关系涉及的两个类是处于同一层次上的，而在聚合和组合关系中，两个类处于不平等的层次，一个代表整体，另一个代表部分，如图 1.15（b）和图 1.15（c）所示。关联是一种结构关系，说明一个事物的对象与另一个事物的对象相联系。给定一个连接两个类的关联，可以从一个类的对象导航到另一个类的对象。关联可以有方向，即导航。一般不作说明时，导航是双向的，不需要在线上标出箭头。有些关联是一个拥有类特性的关联，用关联类表示。关联类通过一条虚线与关联连接，如图 1.15（d）所示。

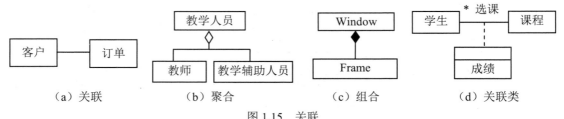

|（a）关联|（b）聚合|（c）组合|（d）关联类|

图 1.15　关联

8. 复用

复用（reuse）就是重复使用。复用可以采用三种形式，即共享、复制和改造。共享和复制是大家非常熟悉的，改造也是常用的。例如程序员在可复用部件库内找到一段子程序、模块或段落等，该子程序、模块或段落成为程序员编制新的子程序的出发点，新的子程序与库中子程序存在某种程度的相似性。于是程序员开始对库中的子程序进行改造，删除某些代码、改变某些代码或加入某些新的代码。

1.3.2　面向对象方法的基本思想

客观世界是由各种各样的对象组成的，每种对象都有各自的内部状态和运动规律，不同对象之间的相互作用和联系构成了各种不同的系统。对象是对事物的抽象，任何复杂的事物都可以由相对比较简单的对象以某种组合结构构成。对象由属性和方法组成；对象之间的联系主要通过传递消息来实现，而传递的方式通过消息和方法定义的操作来完成；对象可以按照属性进行归类，对象或类之间的层次关系靠继承来维系；对象是一个被严格模块化的实体。

面向对象方法是从现实世界客观存在的事物（即对象）出发来构造软件系统，并且在系统构造中尽可能运用人类的自然思维方式。它更强调使用对象、类、继承、封装、消息等基本概念来进行程序设计，使开发者以现实世界中的事物为中心来思考和认识问题，并以人们易于理解的方式表达出来。Coad 和 Yourdon 认为：

面向对象=对象（object）+类（class）+继承（inheritance）+消息（communication with messages）

只有采用这四个概念开发出的软件系统才是面向对象的，否则是基于对象或类的。面向对象方法的基本思想是客观世界由对象组成，任何客观实体都是对象，复杂对象可以由简单对象组成。具有相同数据和操作的对象可以归纳成类，对象是类的实例。类可以派生出子类，子类除了具有父类的全部特性外还具有自身的特性。对象之间的交互通过消息来联系，类的封装性决定了其数据只能通过消息请求调用可见方法来访问。

面向对象方法的要点如下：

（1）客观世界是由各种对象组成的。任何事物都是对象，复杂的对象可以由比较简单的对象以某种方式组合而成。按照这种观点，可以认为整个世界就是一个最复杂的对象。所以，面向对象的软件系统是由对象组成的，软件中的任何元素都是对象，复杂的软件对象由比较简单的对象组合而成。

（2）把所有对象划分为类。把所有对象都划分成各种对象类，简称类（class），每个对象类都定义了一组数据和一组方法，数据用于表示对象的静态属性，是对象的状态信息。因此，每当建立该对象类的一个新实例时，就按照类中对数据的定义为这个新对象生成一组专用的数据，以便描述该对象独特的属性值。例如，在屏幕上不同位置显示的半径不同的几个圆，虽然都是 Circle 类的对象，但各自都有专用的数据，以便记录各自的圆心位置、半径等。类中定义的方法是允许施加于该类对象上的操作，是该类所有对象共享的，并不需要为每个对象都复制操作的代码。

（3）类具有等级。按照子类（或称为派生类）与父类（或称为基类）的关系，把若干个对象类组成一个层次结构的系统，也称类等级。

（4）对象之间通过消息进行交互。对象彼此之间仅能通过传递消息相互联系。

很多人没有区分清楚"面向对象"和"基于对象"这两个概念。面向对象的三大特点（封装、继承、多态）缺一不可。通常"基于对象"是使用对象，但是无法利用现有的对象模板产生新的对象类型，继而产生新的对象，也就是说"基于对象"没有继承的特点。而"多态"表示为父类类型的子类对象实例，没有了继承的概念也就无从谈论"多态"。现在很多流行的技术都是基于对象的，它们使用一些封装好的对象，调用对象的方法，设置对象的属性。但是它们无法让程序员派生新的对象类型，只能使用现有对象的方法和属性。所以当你判断一个新的技术是否是面向对象时，通常可以使用后两个特性。"面向对象"和"基于对象"都实现了"封装"的概念，但是"面向对象"实现了"继承"和"多态"，而"基于对象"没有实现这些。"面向对象"是一种思想，是我们考虑事情的一种方法。

1.4　典型的面向对象开发方法

面对对象开发方法起源于面向对象编程语言，包括面向对象分析（Object-Oriented Analysis，OOA）、面向对象设计（Object-Oriented Design，OOD）、面向对象实现（Object-Oriented Implement，OOI）、面向对象测试（Object-Oriented Test，OOT）和面向对象系统维护（Object-Oriented System Maintain，OOSM）等。20 世纪 80 年代后期到 90 年代初期，随着面向对象技术成为研究的热点，几十种支持软件开发的面向对象方法相继出现，这些方法都为面向对象理论与技术的发展作出了贡献。20 世纪 90 年代中期，面向对象方法已经成为软件分析与设计方法的主流。此时一批第二代面向对象方法出现，其中 Coad/Yourdon 方法、Booch 方法、OMT（Object Modeling Technique）方法和 OOSE（Object-Oriented Software Engineering）方法在面向对象软件开发界得到了广泛的认可。下面简要介绍这几种方法。

1.4.1　Coad/Yourdon 方法

Coad/Yourdon 方法是最早的面向对象分析和设计方法之一，由 Peter Coad 和 Edward Yourdon 在 1991 年提出，是一种逐步进阶的面向对象建模方法。Peter Coad 和 Edward Yourdon 是美国大学的教授，他们于 1991 年合写了《面向对象的分析》一书。该书详细地阐述了面向对象系统分析的一套使用方法和具体步骤，用实例进行详细的说明。后来他们又合写了《面向对象的系统设计》一书，详细地阐明了面向对象设计的一套使用方法和步骤。

Coad/Yourdon 方法的开发步骤也是由面向对象分析、面向对象设计和面向对象实现组成的。这种方法严格区分了面向对象分析和面向对象设计。

OOA 完成系统分析，包括五个步骤：确定类及对象、标识结构、定义主题、定义属性和定义服务。

（1）确定类及对象。从应用领域开始识别类及对象，形成整个应用的基础，然后据此分析系统的责任。

（2）标识结构。标识结构分为两个步骤：①识别一般-特殊结构，该结构捕获了识别出的类的层次结构；②识别整体-部分结构，该结构用来表示一个对象如何成为另一个对象的一部分及多个对象如何组装成更大的对象。

（3）定义主题。主题由一组类及对象组成，用于将类及对象模型划分为更大的单位，便于理解。

（4）定义属性。定义属性包括定义类的实例（对象）之间的连接。

（5）定义服务。定义服务包括定义对象之间的消息连接。

在面向对象分析阶段，经过五个层次活动分析得到一个分成五个层次的问题域模型，包括主题、类及对象、结构、属性和服务五个层次。其中，主题层描绘系统的划分；类及对象层描述系统中的类和对象；结构层捕获类和对象之间的继承关系及整体-部分的关系；属性层描述对象的属性和类及对象之间的关联关系；服务层描述对象提供的服务（即方法）和对象的消息链接。五个层次活动的顺序并不重要。

OOD 负责系统设计，包括以下四个步骤：

（1）设计问题域部分（PDC）。细化分析结果，面向对象分析的结果直接放入该部分。

（2）设计人机交互部分（HIC）。设计用户界面的活动，包括对用户分类，描述人机交互的脚本，设计命令层次结构，设计详细的交互，生成用户界面的原型，定义 HIC 类。

（3）设计任务管理部分（TMC）。确定系统资源的分配，包括识别任务（进程）、任务提供的服务、任务的优先级，进程是事件驱动还是时钟驱动，任务与其他进程及外界如何通信。

（4）设计数据管理部分（DMC）。确定持久对象的存储，该部分依赖存储技术。数据管理是采用文件系统、关系数据库管理系统，还是面向对象数据库管理系统。

OOA 模型由主题层、类及对象层、结构层、属性层和服务层组成，OOD 模型由人机交互（界面）构件、问题域构件、任务管理构件和数据管理构件组成。Coad/Yourdon 方法的分析与设计见表 1.5。

表 1.5   Coad/Yourdon 方法的分析与设计

系统分析阶段	系统设计阶段			
确定类和对象	人机界面构建	问题域构建	任务管理构建	数据管理构建
标识结构				
确定主题				
确定属性				
确定服务				

Coad/Yourdon 方法强调技术独立性，从而实现了包括 OOA/OOD 本身在内的可复用性。该方法的主要优点是通过多年来大系统开发的经验与面向对象概念的有机结合，在对象、结构、属性和操作的认定方面提出了一套系统的原则。该方法完成了从需求角度进一步进行类和类层次结构的确定。尽管 Coad 方法没有引入类和类层次结构的术语，但事实上已经在分类结构、属性、操作、消息关联等概念中体现了类和类层次结构的特征。Coad/Yourdon 方法的特点是简单、易学，适合面向对象技术的初学者使用。但由于该方法在处理能力方面有局限性，因此 2013 年后已很少使用。

1.4.2　Booch 方法

Grady Booch 是面向对象方法最早的倡导者之一，他提出了面向对象软件工程的概念。Booch 方法是 Grady Booch 从 1983 年开始研究的，1991 年后逐步走向成熟。Booch 方法包含的概念非常丰富，如类、对象、继承、元类、消息、域、操作、机制、模块、子系统、进程等。1991 年他将以前面向 Ada 的工作扩展到整个面向对象设计领域，提出了 Booch 方法。1993 年，Grady Booch 对其之前的方法做了一些改进，使之更适合系统的设计和构造。Grady Booch 在其 Ada 中提出了面向对象的四个模型：逻辑模型、物理模型、静态模型和动态模型，其模型主要包括逻辑静态视图（类图和对象图）、逻辑动态视图（状态变迁图和交互图）、物理静态视图（模块图、进程图）和物理动态视图。Booch 方法的开发包括以下步骤：

（1）在给定的抽象层次上识别类和对象。类和对象的识别包括找出问题空间中的关键抽象和产生动态行为的重要机制。

（2）识别这些对象和类的语义。开发人员可以通过研究问题域的术语发现关键抽象。语义的识别主要是建立前一阶段识别出的类和对象的含义。

（3）识别这些类和对象之间的关系。开发人员确定类的行为（即方法）和类及对象之间的相互作用（即行为的规范描述）。该阶段利用状态转移图描述对象的状态模型，利用时态图（系统中的时态约束）和对象图（对象之间的相互作用）描述行为模型。

（4）实现类和对象。要考虑如何定义属性和提供服务，涉及选择结构和算法。

这四个步骤不仅是一个简单的步骤序列，而且是对系统的逻辑和物理视图不断细化的迭代和渐增的开发过程。Grady Booch 最先描述了面向对象的软件开发方法的基础问题，指出面向对象开发是一种不同于传统的功能分解的设计方法。面向对象的软件分解更接近人对客观事物的理解，而功能分解只通过问题空间的转换来获得。Grady Booch 强调基于类和对象的系统逻辑视图与基于模块和进程的系统物理视图之间的区别，他还区别了系统的静态和动态模型。然而，Booch 方法更偏向系统的静态描述，对动态描述支持较少，比较适合系统的设计和构造。

1.4.3　OMT 方法

OMT（Object Modeling Technique）方法最早是由 Loomis、Shan 和 Rumbaugh 于 1987 年提出的，曾扩展应用于关系数据库设计。

在 OMT 方法中，系统是通过对象模型、动态模型和功能模型来描述的。其中，对象模型描述系统中各对象的静态结构及其之间的关系。动态模型表示瞬间的、行为化的系统控制性质，它规定了对象模型中的对象合法化变化序列，即描述与时间和操作顺序有关的系统特征——激发事件、事件序列、确定事件先后关系的状态以及事件和状态的组织，通常用状态图表示。功能模型描述系统实现的功能（即捕获系统所执行的计算），它通过数据流图来描述如何由系统的输入值得到输出值。功能模型只能够指出可能的功能计算路径，而不能确定哪条路线会实际发生。OMT 方法包含系统分析、系统设计、对象设计和实现四个步骤。它定义了三种模型，这些模型贯穿于每个步骤，在每个步骤中被不断地精化和扩充。该方法是一种新兴的面向对象的开发方法，开发工作的基础是对真实世界的对象建模，然后围绕这些对象使用分析模型进行独立于语言的设计。面向对象的建模和设计促进了对需求的理解，有利于开发更清晰、更容易维护的软件系统。该方法为大多数应用领域的软件开发提供了一种实际的、高效的保证。OMT 方法采用了面向对象的概念，并引入各种独立于语言的表示符。用对象模型、动态模型和功能模型共同完成对整个系统的建模。它所定义的概念和符号可用于系统的分析、设计和实现全过程，软件开发人员不必在开发过程的不同阶段转换概念和符号。

（1）OMT 方法的系统分析。用 OMT 方法进行系统分析需要建立对象模型、动态模型和功能模型。对象模型描述系统中的对象及对象之间的关系，标识类中的属性和操作，反映系统的静态结构。动态模型表述系统与时间的变化有关的性质。功能模型由多张数据流程图组成，用来描述系统中的所有计算。

（2）OMT 方法的系统设计。用 OMT 方法进行系统设计的主要内容如下：把系统分解成子系统；识别问题中固有的并发性；把子系统分配给处理器和任务；选择数据存储管理的方法；处理访问全局资源；选择软件中的控制实现；处理边界条件及设置综合优先权。

（3）OMT 方法的对象设计。用 OMT 方法进行对象设计的开发步骤是组合三种模型获得类上的操作；实现操作的算法设计；优化数据的访问路径；实现外部交互式的控制；调整类结构，提高继承性；设计关联；确定对象表示；把类和关联封装成模块。

（4）OMT 方法的实现。用 OMT 方法进行实现，可以使用面向对象语言、非面向对象语言等程序设计语言，也可以使用数据库管理系统实现。详细内容可参看有关书籍。

OMT 方法分析的目的是建立可理解的现实世界模型。系统设计的目的是确定高层次的开发策略。对象设计的目的是确定对象的细节，包括定义对象的界面、算法和操作。面向对象实现则是在良好的面向对象编程风格的编码原则指导下实现上述设计。OMT 方法被认为是最精确的方法，从系统分析到程序设计都能给予详细说明，容易建立接近现实的模型，比较难掌握、难理解。

1.4.4　OOSE 方法

OOSE（Object-Oriented Software Engineering）方法是 Ivar Jacobson 于 1992 年提出的一种使用事例驱动的面向对象开发方法。其最大特点是面向用例（use case），并在用例的描述中引入了外部角色的概念。用例的概念是精确描述需求的重要武器。用例贯穿于整个开发过程，包括对系统的测试和验证。OOSE 方法的过程分为分析、构造和测试三个阶段，如图 1.16 所示。由用例模型、域对象模型、分析模型、设计模型、实现模型和测试模型组成的用例模型驱动所有其他模型的开发。OOSE 方法比较适合支持商业工程和需求分析。

图 1.16　OOSE 方法的过程

　　在需求分析阶段的识别领域对象和关系的活动中，开发人员识别类、属性和关系。关系包括继承、关联、组成（聚集）和通信关联。定义用例的活动和识别设计对象的活动共同完成行为的描述。OOSE 方法还将对象区分为语义对象（领域对象）、界面对象（如用户界面对象）和控制对象（处理界面对象与领域对象之间的控制）。

　　OOSE 方法的一个关键概念就是用例。用例是指与行为相关的事务（transaction）序列，该序列在用户与系统对话中执行。因此，每个用例就是一个使用系统的方式，用户给定一个输入，就执行一个用例的实例并引发执行属于该用例的一个事务。基于这种系统视图，Ivar Jacobson 将用例模型与其他五种系统模型关联：

　　（1）领域对象模型。用例模型根据领域来表示。

　　（2）分析模型。用例模型通过分析来构造。

　　（3）设计模型。用例模型通过设计来具体化。

　　（4）实现模型。该模型依据具体化的设计来实现用例模型。

　　（5）测试模型。用来测试具体化的用例模型。

　　OOSE 方法对以用例为途径来驱动需求获取、分析和高层设计提供了很好的支持。OOSE 方法是一种在 OMT 方法的基础上，用于对功能模型进行补充以指导系统开发活动的系统方法。

1.4.5　Rational 统一过程

　　Grady Booch、Ivar Jacobson 和 Rumbaugh 在 Rational 公司（现在 Rational 公司被 IBM 并购）的支持下综合了多种系统开发过程的长处，提出新的面向对象的开发过程，称为 Rational 统一过程（Rational Unified Process，RUP）。RUP 是软件工程的过程，它提供了在开发组织中分派任务和责任的纪律化方法。它的目标是在可预见的日程和预算前提下，确保满足最终用户需求的高质量产品。统一过程是一种"用例驱动，以体系结构为核心，迭代及增量"的软件过程框架，由 UML 方法和工具支持。

　　RUP 用二维坐标来描述。横轴通过时间来组织，是过程展开的生命周期特征，体现开发过程的动态结构。纵轴以内容来组织，体现开发过程的静态结构。RUP 中有九个核心工作流，分为六个核心过程工作流（core process workflows）和三个核心支持工作流（core supporting workflows）。迭代模型图显示了过程的二维结构，如图 1.17 所示。尽管六个核心过程工作流可能使人想起传统瀑布模型中的几个阶段，但应注意迭代过程中的阶段是完全不同的，这些工作流在整个生命周期中一次一次地被访问。九个核心工作流在项目中轮流被使用，在每次迭代中以不同的重点和强度重复。

　　1．业务建模

　　业务建模（business modeling）工作流描述了如何为新的目标组织开发一个构想，并基于这个构想在商业用例模型和商业对象模型中定义组织的过程、角色和责任。

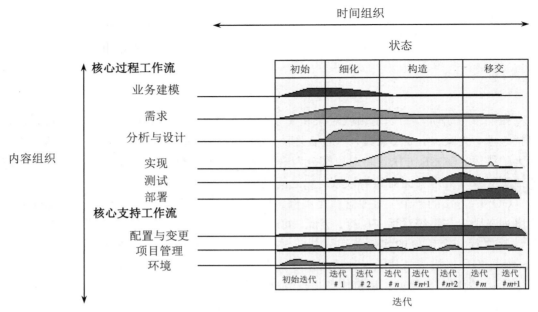

图 1.17　迭代模型图

2. 需求

需求（requirements）工作流的目标是描述系统应该做什么，并使开发人员和用户就该描述达成共识。为了达到该目标，要对需要的功能和约束进行提取、组织、文档化；最重要的是理解系统所解决问题的定义和范围。

3. 分析和设计

分析和设计（analysis & design）工作流将需求转化成未来系统的设计，为系统开发一个健壮的结构并调整设计，使其与实现环境相匹配，优化其性能。分析和设计的结果是一个设计模型和一个可选的分析模型。设计模型是源代码的抽象，由设计类和一些描述组成。设计类被组织成具有良好接口的设计包（package）和设计子系统（subsystem），而描述体现了类的对象如何协同工作实现用例的功能。设计活动以体系结构设计为中心，体系结构由若干结构视图来表达，结构视图是整个设计的抽象和简化，该视图中省略了一些细节，使重要的特点体现得更加清晰。体系结构不仅是良好设计模型的承载媒介，而且在系统的开发中能提高被创建模型的质量。

4. 实现

实现（implementation）工作流的目的包括以层次化的子系统形式定义代码的组织结构；以构件（源文件、二进制文件、可执行文件）的形式实现类和对象；将开发出的构件作为单元进行测试；集成由单个开发者（或小组）产生的结果，使其成为可执行的系统。

5. 测试

测试（test）工作流要验证对象间的交互作用，验证软件中所有构件的正确集成，检验所有需求已被正确实现，识别并确认缺陷在软件部署之前被提出并处理。RUP 提出了迭代的方法，意味着在整个项目中进行测试，从而尽可能早地发现缺陷，从根本上降低了修改缺陷的成本。测试类似于三维模型，分别从可靠性、功能性和系统性能三个方面进行。

6. 部署

部署（deployment）工作流的目的是成功地生成版本并将软件分发给最终用户。部署工作流描述了与确保软件产品对最终用户具有可用性相关的活动，包括软件打包、生成软件本身以外的产品、安装软件、为用户提供帮助。在有些情况下，还可能包括计划和进行 Beta 版测试、移植现有的软件和数据以及正式验收。

7. 配置与变更管理

配置与变更管理（configuration & change management）工作流描绘了如何在多个成员组成的项目中控制大量的产物，并提供准则来管理演化系统中的多个变体，跟踪软件创建过程中的版本。该工作流描述了如何管理并行开发、分布式开发，如何自动创建工程；同时阐述了对产品修改原因、时间、人员保持审计记录。

8. 项目管理

项目管理（project management）平衡各种可能产生冲突的目标和管理风险，克服各种约束并成功交付使用户满意的产品。其目标包括：为项目的管理提供框架，为计划、人员配备、执行和监控项目提供实用的准则，为管理风险提供框架等。

9. 环境

环境（environment）工作流的目的是向软件开发组织提供软件开发环境，包括过程和工具。环境工作流集中于配置项目过程中所需的活动，同样支持开发项目规范的活动，它提供了逐步的指导手册并介绍了如何在组织中实现过程。

Rational 统一过程将周期划分为四个连续的阶段，即初始（inception）阶段、细化（elaboration）阶段、构造（construction）阶段和移交（transition）阶段。每个阶段终结于定义良好的里程碑（某些关键决策必须做出的时间点），每个阶段关键的目标必须达到。

1. 初始阶段

初始阶段的目标是为系统建立商业案例和确定项目的边界，主要包括识别所有用例和描述一些重要的用例；明确软件系统的范围和边界条件，包括从功能角度的前景分析、产品验收标准和做哪些与不做哪些的相关决定；明确区分系统的关键用例（use case）和主要的功能场景，展现或者至少演示一种符合主要场景要求的候选软件体系结构；对整个项目做最初的项目成本和日程估计（更详细的估计将在随后的细化阶段中做出）；估计出潜在的风险（主要指各种不确定因素造成的潜在风险）；准备好项目的支持环境，商业案例包括验收规范、风险评估、所需资源估计、体现主要里程碑日期的阶段计划。

2. 细化阶段

细化阶段的目标是分析问题领域，建立健全体系结构基础，编制项目计划，淘汰项目中最高风险的元素。细化阶段是四个阶段中最关键的阶段，其主要目标如下：确保软件结构、需求、计划足够稳定；确保项目风险已经降低到能够预计完成整个项目的成本和日程的程度；针对项目软件结构上的主要风险已经解决或处理完成；通过完成软件结构上的主要场景建立软件体系结构的基线；建立一个包含高质量构件的可演化的产品原型；说明基线化的软件体系结构可以保障系统需求，能够控制在合理的成本和时间范围内；建立好产品的支持环境。

3. 构造阶段

构造阶段的主要目标是通过优化资源和避免不必要的返工达到开发成本的最小化；根据实际需要达到适当的质量目标；根据实际需要形成各个版本；对所有必需的功能完成分析、设计、开发和测试工作；开发出一个可以提交给最终用户的完整产品；确定软件站点用户都为产品的最终部署做好了相关准备；达成一定程度上的并行开发机制。在构造阶段，所有剩余的构件和应用程序功能被开发并集成为产品，所有功能被详尽测试。从某种意义上说，构造阶段的重点在于管理资源和控制运作以优化成本、日程、质量的生产过程。

4．移交阶段

移交阶段的目标是将软件产品交付给用户群体。本阶段根据实际需要可以分为多个循环，具体目标是进行 Beta 测试以满足最终用户的需求；进行 Beta 测试和旧系统的并轨；转换功能数据库；对最终用户和产品支持人员培训；提交给市场和产品销售部门；具体部署相关的工程活动；协调 Bug 修订、改进性能和可用性（usability）等工作；基于完整的 Vision 和产品验收标准对最终部署做出评估；达到用户要求的满意度；达成各风险承担人对产品部署基线已经完成的共识；达成各风险承担人对产品部署符合 Vision 中标准的共识。

统一过程是一个面向对象且基于网络的程序开发方法论。RUP 开发过程定义"谁"于"何时""如何"做"某事"。开发过程中有四种建模元素：角色、活动、产物和工作流。根据 Rational（Rational Rose 和统一建模语言的开发者）的说法，RUP 好像一个在线的指导者，可以为所有方面和层次的程序开发提供指导方针、模板及事例支持。RUP 和类似的产品——例如面向对象的软件过程（OOSP），以及 OPEN Process 都是理解性的软件工程工具——把开发中面向过程的方面（例如定义的阶段、技术和实践）和其他开发的构件（例如文档、模型、手册及代码等）整合在一个统一的框架内。

RUP 是一个通用的过程模板，包含很多开发指南、制品、开发过程所涉及的角色说明。由于它非常庞大，因此对于具体的开发机构和项目来说，在使用 RUP 时还需要进行裁剪，也就是要对 RUP 进行配置。RUP 就像一个元过程，通过对 RUP 进行裁剪可以得到很多不同的开发过程，这些软件开发过程可以看作 RUP 的具体实例。RUP 裁剪可以分为以下几步：

（1）确定本项目需要哪些工作流。RUP 的九个核心工作流并不总是需要的，可以取舍。

（2）确定每个工作流需要哪些制品。

（3）确定四个阶段之间如何演进。确定阶段间演进要以风险控制为原则，决定每个阶段需要哪些工作流、每个工作流执行到什么程度、制品有哪些、每个制品完成到什么程度。

（4）确定每个阶段内的迭代计划。规划 RUP 的四个阶段中每次迭代开发的内容。

（5）规划工作流内部结构。工作流涉及角色、活动及制品，它的复杂程度与项目规模及角色数量有关。最后规划工作流的内部结构，通常用活动图的形式给出。

"统一过程"的大致特点可以用三句话来表达：它是用例驱动的；以基本架构为中心的；迭代式和增量性的。RUP 的特点如下：

（1）RUP 是一种迭代式开发。在软件开发的早期阶段就想完全、准确地捕获用户的需求几乎是不可能的。实际上，我们经常遇到的问题是需求在整个软件开发工程中经常改变。迭代式开发允许需求在每次迭代过程中有变化，通过不断细化来加深对问题的理解。迭代式开发不仅可以降低项目的风险，而且每个迭代过程都以执行版本作为结束，可以鼓舞开发人员。

（2）管理需求。确定系统的需求是一个连续的过程，开发人员在开发系统之前不可能完全详细地说明一个系统的真正需求。RUP 描述了如何提取、组织系统的功能和约束条件并将其文档化，用例和脚本已被证明是捕获功能性需求的有效方法。

（3）基于构件的体系结构。构件使重用成为可能，系统可以由构件组成。基于独立的、可替换的、模块化构件的体系结构有助于管理复杂性系统，提高重用率。RUP 描述了如何设计一个有弹性的、能适应变化的、易于理解的、有助于重用的软件体系结构。

（4）可视化建模。RUP 往往与 UML 联系在一起，对软件系统建立可视化模型，可帮助人们提高管理软件复杂性的能力。RUP 告诉我们如何可视化地对软件系统建模，获取有关体系结构与构件的结构和行为信息。

（5）验证软件质量。在 RUP 中软件质量评估不再是事后进行或单独小组进行的分离活动，而是内建于过程中的所有活动，这样可以尽早发现软件中的缺陷。

（6）控制软件变更。如果迭代式开发中没有严格的控制和协调，整个软件开发过程就会很快陷入混乱之中，RUP 描述了如何控制、跟踪、监控、修改以确保成功的迭代开发。RUP 通过软件开发过程中的制品，隔离来自其他工作空间的变更，以此为每个开发人员建立安全的工作空间。

迭代的开发软件是一个渐进和反复的过程。需求管理分析用到用例和场景、需求跟踪，使用基于构件的体系结构，进行可视化软件建模，使用 UML 进行描述，便于验证软件质量，便于控制软件变更。

RUP 具有很多优势，如提高了团队生产力，在迭代的开发过程、需求管理、基于构件的体系结构、可视化软件建模、验证软件质量及控制软件变更等方面，针对所有关键的开发活动为每个开发成员提供了必要的准则、模板和工具指导，并确保全体成员共享相同的知识基础。它建立了简洁和清晰的过程结构，为开发过程提供较高的通用性。但同时它存在一些不足，如 RUP 只是一个开发过程，并没有涵盖软件过程的全部内容；它缺少关于软件运行和支持等方面的内容。此外，它没有支持多项目的开发结构，这在一定程度上降低了其在开发组织内大范围实现重用的可能性。可以说 RUP 是一个非常好的开端，但并不完美，在实际应用中可以根据需要对其进行改进，并可以用 OPEN 和 OOSP 等其他软件过程的相关内容对 RUP 进行补充和完善。RUP 通过对相同知识基础的理解，无论是进行需求分析、设计、测试项目管理，还是配置管理，均能确保全体成员共享相同的知识、过程和开发软件的视图。

1.4.6　几种方法的比较

Coad/Yourdon 方法中，OOA 把系统横向划分为五个层次，OOD 把系统纵向划分为四个部分，从而形成一个清晰的系统模型。OOAD 适用于小型系统的开发。

Booch 方法并不是一个开发过程，只是规定在开发面向对象系统时应遵循的一些技术和原则。Booch 方法是从外部开始，逐步求精每个类直到系统被实现。因此，它是一种分治法，支持循环开发。它的缺点在于不能有效地找出每个对象和每个类的操作。

OMT 方法覆盖了应用开发的全过程，是一种比较成熟的方法，用不同的观念来适应不同的建模场合。它在许多重要观念上受到关系数据库设计的影响，适用于数据密集型的信息系统的开发，是一种比较完善和有效的分析与设计方法。

OOSE 能够较好地描述系统的需求，是一种实用的面向对象的系统开发方法，适用于商务处理方面的应用开发。

RUP 描述了如何有效地利用商业的可靠的方法开发和部署软件，是一种重量级过程（也被称作厚方法学），因此特别适用于大型软件团队开发大型项目，"统一过程"使用的是"统一建模语言"。事实上，UML 是"统一过程"的有机组成部分——它们是被同步开发的。

1.5　面向对象软件开发

面向对象的软件工程学是面向对象方法在软件工程领域的全面运用，它包括面向对象的分析、面向对象的设计、面向对象的编程、面向对象的测试和面向对象的软件维护等主要内容。因此，面向对象方法按系统开发的一般过程分为可行性分析、面向对象分析、面向对象设计、面向对象实现、面向对象测试、面向对象系统维护等阶段。可行性分析是可选的，一些指定的系统不需要进行可行性研究。

1.5.1　可行性分析

在一些西方国家，可行性研究已被广泛应用于新产品开发、基建、工业企业、交通运输、商业设施等项目投资的各种领域。可行性分析法是运用工业科学技术、市场经济预测、信息科学、系统工程和企业经营管理等多学科知识的多方法综合。信息系统的开发是一项耗资多、耗时长、风险大的工程项目，在进行大规模系统开发之前，要对信息系统的价值和实用性进行度量。可行性分析（feasibility analysis）是度量和评估方案可行性的活动。可行性分析法是对工程项目的技术先进性、经济合理性和条件可能性进行分析的方法。其目的是通过对技术先进程度、经济合理性和条件可能性的分析论证，选择以最小的人力、物力、财力耗费，取得最佳技术、经济、社会效益的切实方案。它是进行项目投资前期分析的主要手段，是项目进行中的一个重要里程碑。使用者提出的初始要求往往是含糊的、不明确的，因此，需要通过初步的调查研究明确问题，提出方案，并对方案进行可行性分析。该阶段的工作成果为可行性分析报告。

1. 可行性分析概念

可行性分析又称可行性研究（feasibility study），是指在当前组织内外的具体环境和现有条件下，某个项目投资的研制工作是否具备必要的资源及其他条件，是对组织将要开发的项目的价值和实用性的度量。对于信息系统来说，其可行性通常从技术可行性（technical feasibility）、经济可行性（economic feasibility）和运行可行性（operational feasibility）三个方面来考虑。除了上述三个方面的可行性分析以外，还可从人员可行性（human factors feasibility）、进程可行性（schedule feasibility）、环境可行性（environment feasibility）和管理可行性（management feasibility）等方面进行论证。

2. 可行性分析的目的和任务

（1）可行性分析的目的。《计算机软件文档编制规范》（GB/T 8567－2006）指出，可行性分析的目的是说明该软件开发项目的实现在技术上、经济上和社会条件上的可行性；评述为合理地达到开发目标可能选择的各种方案；说明并论证所选定的方案。

可行性分析的目的也就是通过对现行系统的调查研究，确定用户提出建立一个新的计算机系统的要求是否合理、是否可行，避免盲目投资，减少不必要的损失。

（2）可行性分析的任务。依据《计算机软件文档编制规范》（GB/T 8567－2006），可行性分析的主要任务是了解客户的要求及现实环境，提出新系统的开发方案，然后从技术、经济和社会因素三个方面研究并论证本软件项目开发的可行性，编写可行性分析报告，制订初步的项目开发计划。

3. 可行性分析的实施步骤

（1）现行系统调查与分析。系统分析人员对现行系统进行初步调查，初步调查的目的是了解现行系统的概况、确认需要解决的问题。根据前面的调查材料，对系统进行初步需求分析，了解用户的需求，包括以下需求：

1）功能需求，即研究新开发的信息系统在功能上能够做什么，这是最主要的需求。

2）性能需求，即了解新系统的技术性能要求，包括可靠性、运行时间、存储容量、传输速度、安全保密性等。

3）资源和环境要求，即了解所开发的系统有哪些资源，要用到哪些资源，要从硬件、软件和使用等方面考虑。硬件方面要考虑现有的设备，要用到的设备，包括计算机、外设、通信接口等。软件方面要考虑用到的操作系统、网络软件、数据库管理系统、开发用的语言等。使用方面要了解现有人员水平、需要有哪些人员、能否达到开发的水平。

4）资金和开发进度，即了解开发资金、开发进度要求等。

（2）提出新系统开发方案。在对用户的需求进行全面分析后，根据现行系统存在的问题，提出系统的候选开发方案。

（3）对待开发系统进行可行性分析。在对系统的基本情况和需求有所了解的情况下，系统分析人员就要从技术、经济和运行等方面对待开发系统的候选方案进行可行性分析。

（4）写出系统可行性分析报告。在进行可行性分析之后，应将分析结果用可行性分析报告的形式编写出来，形成正式的文件。

（5）评审和审批系统可行性分析报告。可行性分析是系统开发人员在对系统进行初步调查和分析的基础上进行可行性研究。因此，要对可行性分析报告进行评审，确定可行性分析报告内容的正确性。为了做好评审，可以请外单位参加过类似系统研制的专家来讨论，他们的经验及他们站在局外人的立场都有利于对可行性做出正确的评判。最后审批可行性分析报告。

（6）若项目可行，则制订初步的项目开发计划，并签署合同。系统开发将进入实质性阶段。可行性分析的结论并不一定是可行的，也有可能在目前的条件下不可行。判断不可行可以避免由盲目开发造成的巨大浪费。

4. 可行性分析的检查点

对上级指令性的开发系统，只进行系统的规划，不需要进行论证。系统规划后明显可行的项目由于范围和复杂性的变化，可能会变得不可行。因此，应在系统生命周期内设立可行性检查点，如图 1.18 所示。检查点用菱形表示，表示一项可行性评估和管理检查，应该在前一个阶段的结尾（后一个阶段开始之前）进行。一个项目可在任何检查点上被取消或者修改。

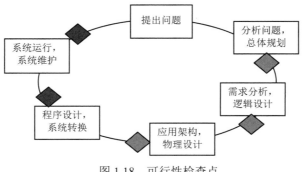

图 1.18　可行性检查点

5.　可行性分析报告的内容

《计算机软件文档编制规范》（GB/T 8567－2006）中 7.1 可行性分析报告的内容如下：

1　引言

本章分为以下几条。

1.1　标识

本条应包含本文档适用的系统和软件的完整标识，（若适用）包括标识号、标题、缩略词语、版本号和发行号。

1.2　背景

说明项目在什么条件下提出，提出者的要求、目标、实现环境和限制条件。

1.3　项目概述

本条应简述本文档适用的项目和软件的用途，它应描述项目和软件的一般特性；概述项目开发、运行和维护的历史；标识项目的投资方、需方、用户、开发方和支持机构；标识当前和计划的运行现场；列出其他有关的文档。

1.4　文档概述

本条应概述本文档的用途和内容，并描述与其使用有关的保密性和私密性的要求。

2　引用文件

本章应列出本文档引用的所有文档的编号、标题、修订版本和日期，本章也应标识不能通过正常的供货渠道获得的所有文档的来源。

3　可行性分析的前提

3.1　项目的要求

3.2　项目的目标

3.3　项目的环境、条件、假定和限制

3.4　进行可行性分析的方法

4　可选的方案

4.1　原有方案的优缺点、局限性及存在的问题

4.2　可重用的系统，与要求之间的差距

4.3　可选择的系统方案 1

4.4　可选择的系统方案 2

……

4.5　选择最终方案的准则

5　所建议的系统

5.1　对所建议的系统的说明

5.2　数据流程和处理流程

5.3　与原系统的比较（若有原系统）

5.4　影响（或要求）

5.4.1　设备

5.4.2　软件

5.4.3　运行

5.4.4　开发

5.4.5　环境

5.4.6　经费

5.5　局限性

6　经济可行性（成本－效益分析）

6.1　投资

包括基本建设投资（如开发环境、设备、软件和资料等），其他一次性和非一次性投资（如技术管理费、培训费、管理费、人员工资、奖金和差旅费等）。

6.2　预期的经济效益

6.2.1　一次性收益

6.2.2　非一次性收益

6.2.3　不可定量的收益

6.2.4　收益/投资比

6.2.5　投资回收周期

6.3　市场预测

7　技术可行性（技术风险评价）

本公司现有资源（如人员、环境、设备和技术条件等）能否满足此工程和项目实施要求，若不满足，应考虑补救措施（如需要分承包方参与，增加人员、投资和设备等），涉及经济问题应进行投资、成本和效益可行性分析，最后确定此工程和项目是否具备技术可行性。

8　法律可行性

系统开发可能导致的侵权、违法和责任。

9　用户使用可行性

用户单位的行政管理和工作制度；使用人员的素质和培训要求。

10　其他与项目有关的问题

未来可能的变化。

11　注解

本章应包含有助于理解本文档的一般信息（例如原理）。本章应包含为理解本文档需要的术语和定义，所有缩略词语和它们在文档中的含义的字母序列表。

附录

附录可用来提供那些为便于文档维护而单独出版的信息（例如图表、分类数据）。（若适用）在提供资料的文档主体部分应当引用附录。为便于处理，附录可单独装订成册。附录应按字母顺序（A、B 等）编排。

1.5.2　面向对象分析

面向对象分析（OOA）强调的是对问题和需求的调查研究，而不是解决方案，如教学管理系统是如何运行的、它应该具有哪些功能。"分析"一词含义广泛，在使用时应该加以限制，如需求分析、面向对象分析等。

面向对象分析是对领域对象的调查分析，包括人们如何使用应用的情节或场景，它关注从对象的角度创建领域描述。面向对象分析需要鉴别重要的概念、属性和关联。面向对象分析的结果可以用领域模型表示。领域模型中展示重要的概念或对象。领域模型并不是对软件对象的描述，而是真实世界领域的概念和想象的可视化。因此，它也被称为概念对象模型。面向对象分析是一种模型驱动，它将数据和过程集成到被称为对象的结构中。面向对象分析模型从结构、行为及对象的交互等方面说明系统的对象图形。

在面向对象分析过程中需要分析问题的性质和求解问题，在复杂的问题域中抽象识别出对象及其行为、结构、属性和方法。面向对象分析的关键是识别出问题域内的对象，并分析它们之间的关系，最终建立起问题领域正确的概念对象模型。面向对象分析强调的是自问题领域内发现和描述对象（或概念）。例如，航班信息系统中的飞机、航班和飞行员等概念。从某种意义上说，面向对象分析验证了需求分析阶段建立的需求。

1.5.3 面向对象设计

面向对象设计（OOD）是对分析结果在技术上的扩充和改编，强调的是满足需求的概念上的解决方案（软件和硬件方面），而不是其实现。与分析相同，对"设计"也应该加以限制，如面向对象设计、数据库设计等。设计是把分析阶段得到的需求转变成符合成本和质量要求的、抽象的系统实现方案的过程。OOD 是针对系统的一个具体的实现运用 OO 方法，其中包括两方面的工作，一是把 OOA 模型直接搬到 OOD（不经过转换，仅做某些必要的修改和调整），作为 OOD 的一部分；二是针对具体实现中的人机界面、数据存储、任务管理等因素补充一些与实现有关的部分。从面向对象分析到面向对象设计是一个逐渐扩充模型的过程。或者说，面向对象设计就是用面向对象观点建立求解域模型的过程。面向对象设计关注软件对象的定义——它们的职责和协作。顺序图是描述协作的常见表示法，它展示出软件对象之间的消息流和由消息引起的方法调用。除了在交互图中显示对象协作的动态视图外，还可以用设计类图有效地表示类定义的静态视图，这样可以描述类的属性和服务。与领域模型表示的是真实世界的类不同，设计类图表示的是软件类。尽管设计类图不同于领域类图，但是其中的某些类名和内容还是相似的。从这一方面看，面向对象设计和语言能够缩小软件构件和领域模型之间的差距。

面向对象的设计分为两个阶段：一是系统设计，描述系统的体系结构；二是对象设计，描述系统的对象及其相互关系。面向对象设计强调的是定义软件对象以及如何协作以实现需求。

在实际的软件开发过程中，分析和设计的界限是模糊的。许多分析结果可以直接映射成设计结果，而在设计过程中又往往会加深和补充对系统需求的理解，从而进一步完善分析结果。因此，分析和设计活动是一个多次反复迭代的过程。

在设计阶段创建的图有类图、对象图、包图、顺序图、通信图、状态图、活动图、构件图和配置图。

1.5.4 面向对象实现

面向对象编程（OOP）又称面向对象实现（OOI）。OOP 就是用同一种面向对象的编程语言把 OOD 模型中的每个成分书写出来，主要是把设计得到的类转换成某种面向对象程序设计语言的代码。使用面向对象的程序设计语言将其范式直接映射为应用程序软件，即 OOP（它是一个直接映射过程）。面向对象实现遵守传统的编程准则，如良好的编程风格，避免语言带来的风险或不合适的结构，正式或非正式的代码复审等。软件复用技术可以使系统实现更加简单，且可以建立复用构件库。

1.5.5　面向对象测试与面向对象维护

面向对象测试（OOT）是指对于用 OO 技术开发的软件，在测试过程中继续运用 OO 技术，进行以对象概念为中心的软件测试。测试的目的是发现代码中的错误。测试包括一些测试用例的设计。每个测试用例要指明做什么、使用哪些数据、期望得到什么结果，测试的结果记录在测试报告中。在 RUP 中，用例被作为整个软件开发流程的基础，很多类型的开发活动都把用例作为一个主要的输入制品，如项目管理、分析设计、测试等。根据用例对目标系统进行测试，可以根据用例中描述的环境和上下文来完整地测试一个系统服务，可以根据用例的各个场景设计测试用例，完全地测试用例的各种场景，可以保证测试的完备性。在系统被修改之后要进行回归测试，以检查每次改动是否对其他功能有影响。不同的测试小组使用不同的 UML 图作为其工作的基础：单元测试使用类图和类的规格说明，集成测试使用构件图和通信图，确认测试使用用例图和用例文本描述来确认系统的行为是否符合这些图中的定义。

面向对象的软件工程方法为改进软件维护提供了有效的途径。程序与问题域一致，各个阶段的表示一致，从而大大降低了理解的难度。

将系统中最容易变化的因素（功能）作为对象的服务封装在对象内部，对象的封装性使一个对象的修改对其他对象影响也小，从而避免了波动效应。

1.6　面向对象开发方法的特点

面向对象开发方法具有封装、抽象、继承和多态的先进机制，成为当前软件工程中最有效、最流行的方法。面向对象开发方法的主要特点如下：

（1）与人类习惯的思维方式一致。面向对象开发方法从问题域中客观存在的事物出发构造软件系统，用对象作为对这些事物的抽象表示，并以此作为系统的基本构成单位。该方法以对象为核心，对象是对现实世界实体的正确抽象，它是由描述内部状态、表示静态属性的数据，以及可以对这些数据施加的操作（表示对象的动态行为）封装在一起所构成的统一体。对象之间通过传递消息相互联系，以模拟现实世界中不同事物之间的联系。面向对象开发方法的基本原则是按照人们习惯的思维方式建立问题域的模型，开发出尽可能直观、自然地表现求解方法的软件系统。

（2）稳定性好。面向对象的软件系统结构是根据问题领域的模型建立起来的，而不是基于对系统应完成的功能的分解，当系统需求发生变化时并不会引起软件结构的整体变化，往往只需要做一些局部性的修改。因此，面向对象的软件系统比较稳定。

（3）可重用性好。面向对象开发方法的封装与继承机制使其可以方便地重用对象类来构造软件系统，具有很好的可重用性，可以大大提高软件生产率。

（4）比较容易开发大型产品。面向对象开发方法可以把大型产品分解为一系列本质上相互独立的小产品来处理，使得组织管理工作变得容易。

（5）易于维护。由于面向对象软件稳定性好、容易修改、容易理解、易于测试和调试，因此可维护性大大增强。

目前，运用面向对象开发方法进行系统开发的项目很多。面向对象方法具有如下优越性：

（1）面向对象开发方法更接近人类的自然思维。《不列颠百科全书》指出，人类在认识和理解现实世界时普遍运用的三个构造法则是区分对象及其属性，区分整体对象及其组成部分，形成及区分不同对象的类。而面向对象开发方法是建立在对象及其属性、类属及其成员、整体及其部分概念的基础上的，所以更接近人类的自然思维。

（2）系统分析、系统设计及实现从相同的角度看待问题，甚至采用相同的表示方法来描述问题，它们之间的连接是自然的无缝连接。

（3）面向对象开发方法将对象的属性及服务视为一个整体，更符合客观世界的规律，从而使其理解与实现起来更加容易。

（4）采用继承的方法。继承一方面符合客观世界的规律，另一方面增强了代码重用的可能性，可以提高软件的开发效率。

（5）信息隐蔽原理使系统在变化的环境中有良好的适应性，从而使整个系统更加稳定和易于维护。

总之，面向对象开发方法可以采用正向工程和逆向工程进行映射，可以提高软件开发效率、可靠性及可维护性。

小　结

软件危机的产生迫使人们不得不研究改变软件开发的技术手段和管理方法。软件工程可以解决软件危机。软件工程的目标是生产具有正确性、可用性及合算性的软件产品，目标决定了软件过程、过程模型和工程方法的选择。软件过程模型就是一种开发策略，这种策略针对软件工程的各个阶段提供了一套范型，使工程的进展达到预期的目的。每个软件的开发都需要选择一个合适的软件过程模型，这种选择基于项目和应用的性质、采用的方法、需要的控制、要交付的产品特点等。软件开发方法从工程化、工业化、群体化向智能化发展。

面向对象设计方法以对象为基础，利用特定的软件工具直接完成从对象客体的描述到软件结构的转换。它是一种使用对象（将属性与操作封装为一体）、消息传送、类、继承、多态和动态绑定来开发问题域模型之解的范型；采用对象、类、实例和继承等概念的技术；对象作为建模的原子，这是面向对象设计方法最主要的特点和成就。面向对象设计方法的应用解决了传统结构化开发方法中客观世界描述工具与软件结构的不一致问题，缩短了开发周期，解决了从分析、设计到软件模块结构之间多次转换映射的繁杂过程，是一种很有发展前途的系统开发方法。

Coad/Yourdon 方法严格区分了面向对象分析和面向对象设计，利用五个层次的活动来定义和记录系统行为、输入和输出；Booch 方法的优点在于其具有丰富的符号体系；OMT 方法从三个视角描述系统，相应地提供了三种模型，即对象模型、动态模型和功能模型；OOSE 方法与上述三种方法不同，它涉及整个软件生命周期，包括分析、构造和测试等阶段。

随着面向对象编程向面向对象分析和面向对象设计的发展，最终将形成面向对象的软件开发方法。这是一种自底向上和自顶向下结合的方法，而且它以对象建模为基础，不仅考虑了输入、输出数据结构，而且包含了所有对象的数据结构。

复习思考题

一、选择题

1. 封装是指把对象的（　　）结合在一起，组成独立的对象。
   A．属性和服务　　　　　　　　B．信息流
   C．消息和事件　　　　　　　　D．数据的集合

2. （　　）模型的缺点是缺乏灵活性，特别是无法解决软件需求不明确或不准确的问题。
   A．瀑布　　　　B．原型　　　　C．增量　　　　D．螺旋

3. 以下（　　）不是面向对象程序的特征。
   A．消息　　　　B．继承　　　　C．封装　　　　D．多态性

4. 在面向对象的方法学中，对象可看成属性及对于这些属性的专用服务的封装体。封装是一种（　　）技术。
   A．组装　　　　B．产品化　　　　C．固化　　　　D．信息隐藏

5. 封装的目的是使对象的（　　）分离。
   A．定义和实现　　　　　　　　B．设计和测试
   C．设计和实现　　　　　　　　D．分析和定义

二、填空题

1. 软件开发模型主要有_____、_____、_____、_____、_____、_____、_____和_____。

2. RUP 核心过程工作流有_____、_____、_____、_____、_____和_____。

3. RUP 核心支持工作流有_____、_____和_____。

4. 软件工程知识体系分为_____和_____两大类。

5. 软件工程教育需求包括_____、_____、和_____知识域。

6. 软件工程实践包括_____、_____、_____、_____、_____、_____、_____和_____。

7. 软件工程知识体系的辅助学科有_____、_____、_____、_____和_____。

8. 软件工程的框架由_____、_____和_____内容构成。

三、名词解释

软件开发模型　封装　信息隐蔽　继承　对象　类　消息

四、综合题

1. 什么是软件危机？
2. 什么是软件工程？软件工程的原则有哪些？

3．软件生命周期模型有哪些？各有什么优缺点？

4．软件开发过程与模型有哪些？

5．典型的面向对象开发方法有哪些？

6．简述 RUP 软件开发过程包括哪些开发阶段。

7．面向对象方法有哪些特点？

第2章 统一建模语言（UML）

学习目标

知识目标	技能目标
（1）了解 UML 的发展历史及应用。 （2）了解 UML 的特点。 （3）掌握 UML 的视图、图以及图与视图的关系。 （4）掌握 UML 基本构造块、规则和公共机制的内容。	（1）构造模型元素。 （2）能够利用公共机制，构建 UML 新元素。

知识结构

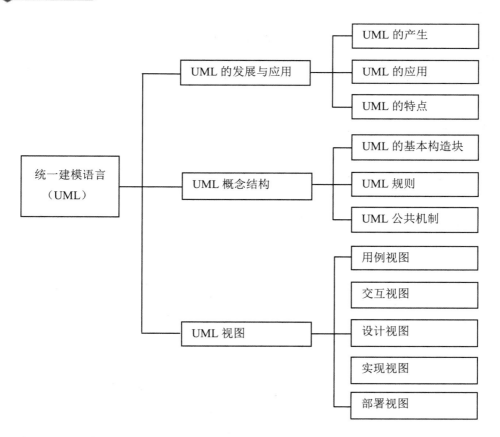

软件工程领域在 1995—1997 年取得了前所未有的发展，其成果超过软件工程领域过去 15 年的成果总和，其中最重要的成果之一就是统一建模语言（Unified Modeling Language，UML）。

UML 是软件界第一个统一的建模语言，结合了 Booch、OMT 和 OOSE 方法的优点，统一了符号体系，并从其他的方法和工程实践中汲取了许多经过实际检验的概念和技术。它是一种标准的表示，已成为国际软件界广泛承认的标准；它是一种基于面向对象的可视化的通用建模语言，为不同领域的用户提供了统一的交流标准——UML 图；它融入了软件工程领域的新思想、新方法和新技术；它的作用域不仅支持面向对象的分析与设计，还支持从需求分析开始的软件开发全过程。UML 不是 OOA/OOD，即不是系统开发的方法，而是标准的图形表示法。UML 是一种定义良好、易于表达、功能强大且普遍适用的建模语言。如果没有真正掌握面向对象分析和设计，或者如何评估和改进系统设计，那么学习 UML 或 UML CASE 工具都是毫无意义的。本章重点介绍 UML 的规范及 UML 2.0 的新增特性。

任何人，甚至是 UML 的创始人，都无法完全了解或用到 UML 中的所有东西。大多数人只会用到 UML 中的很小部分，对于初学者而言，可以先学习用例图、类图和顺序图。常用的图有用例图、类图、顺序图、状态机图、活动图、构件图和部署图。

2.1 UML 概述

UML 始于 1997 年的 OMG（Object Management Group）标准，它是一个支持模型化和软件系统开发的图形化语言，为软件开发的所有阶段提供模型化和可视化支持。Grady Booch 对 UML 的定义：UML 是对软件密集型系统中的制品进行可视化、详述、构造和文档化的语言。此处的制品是指软件开发过程中产生的各种各样的产物，如模型、源代码、测试用例等。

2.1.1 UML 的发展与应用

1. UML 的产生和发展

从 20 世纪 80 年代初期开始，众多方法学家都在尝试用不同的方法进行面向对象的分析与设计，因此面向对象的分析与设计（OOAD）方法的发展出现了一个高潮。有少数方法（包括 Booch、OMT、Shlaer/Mellor、Odell/Martin、RDD、OBA 和 Objectory 等）开始在一些关键性的项目中发挥作用。20 世纪 90 年代中期，第二代面向对象方法出现了，此时面向对象方法已经成为软件分析和设计方法的主流，这些方法所做的最重要的尝试是在程序设计艺术与计算机科学之间寻求合理的平衡来进行复杂软件的开发。1989－1994 年，面向对象方法从不到 10 种增加到了 50 多种。在众多建模语言中，语言的创造者努力推崇自己的产品，并在实践中不断完善。

在 20 世纪 90 年代出现的众多面向对象方法中，最引人注目的是 Booch 93、OOSE 和 OMT-2 等。Booch 方法是 UML 的主要来源，其面向对象的概念十分丰富。该方法的优点是在项目的设计和实施阶段的表达能力特别强，其迭代和增量的思想也是大型软件开发中的重要思想。这种方法比较适合系统设计和构造。OOSE 以其"用例"驱动的思想而著称，并在用例的描述中引入了外部角色的概念。OMT 方法采用了面向对象的概念，并引入各种独立于语言的表示符。这种方法采用对象模型、动态模型和功能模型，共同完成对整个系统的建模，所定义的概念和符号可用于软件开发的分析、设计和实现的全过程，软件开发人员不必在开发过程的不同阶段进行概念和符号的转换。OMT-2 特别适用于分析和描述以数据为中心的信息系统。

由于面向对象开发方法和相关建模技术众多，开发人员不得不学习几种建模技术。使用不同的建模技术限制了项目和开发团队之间共享模型，阻碍了团队成员和用户之间的沟通，导致软件开发人员很难选择面向对象开发方法。因此，极有必要在精心比较不同的建模语言优缺点及总结面向对象技术应用实践的基础上，组织联合设计小组，根据应用需求，取其精华，去其糟粕，求同存异，统一建模语言。

1994 年 10 月，Jim Rumbaugh 离开通用电气公司，加入 Grady Booch 所在的 Rational 公司，他们开始致力于这项工作。他们首先将 Booch 93 和 OMT-2 统一起来，并于 1995 年 10 月发布了第一个公开版本，称为统一方法 UM 0.8（Unitied Method）。UML 最初仅仅是 OMT 方法、Booch 方法的统一。1995 年秋，Ivar Jacobson 加入了 Booch 和 Rumbaugh 所在的 Rational 软件公司，把他的用例思想结合进来。经过 Booch、Rumbaugh 和 Jacobson 三人的共同努力，于 1996 年 6 月和 10 月分别发布了两个新的版本，即 UML 0.9 和 UML 0.91。由于 UM 只是一种建模语言，而不是一种建模方法（因为不包括过程指导），因此自 0.9 版本起改称 UML，1996 年"统一方法"成为"统一建模语言"。这是 UML 演化发展的第一个阶段。

1996 年对象管理组织（Object Management Group，OMG）向外界发布征集关于面向对象建模标准方法的消息。Rational 公司发起成立了 UML 伙伴组织，半年多的时间里一些重要的软件开发商和系统集成商都成为 UML 的伙伴，如 DEC、HP、I-Logix、Itellicorp、IBM、ICON Computing、MCI Systemhouse、Microsoft、Oracle、Rational Software、TI、Unisys 等。它们积极地使用 UML，并提出反馈意见。在美国，截至 1996 年 10 月，UML 获得了工业界、科技界和应用界的广泛支持，已有 700 多家公司表示支持采用 UML 作为建模语言。1996 年年底，UML 已稳占面向对象技术市场的 85%，成为可视化建模语言事实上的工业标准。1997 年 1 月，伙伴组织将 UML 版本 1.0 提交给 OMG 作为软件建模语言标准化的候选。UML 1.0 是一个定义明确、表现力强大、可用于广泛问题域的建模语言。此后，又把几家分头向 OMG 提交建模语言提案的公司扩大到 UML 伙伴组织中，并根据他们的意见对 UML 进行了修改。经过了九个月的紧张修订，于 1997 年 9 月提出了最终提案——UML 1.1。1997 年 11 月 14 日，OMG 将 UML 1.1 作为基于面向对象技术的标准建模语言（OMG 视为 1.0 版），Rational 公司的 UML 被正式作为业界标准，并不断发展。这是 UML 演化发展的第二个阶段。

OMG 对 UML 进行了持续的修订与改进，并成立了 UML 修订任务组（Revision Task Force，RTF），负责有关评论和提出修改意见。2000－2005 年，扩充的新的伙伴组织制定了一个升级的 UML 规范，即 UML 2.0。由 IBM 的 Bran Selic 领导的任务组对这个版本进行了为期一年的评审。UML 2.0 的正式版本于 2005 年年初被 OMG 采纳。这是 UML 演化发展的第三个阶段。

UML 版本变更得比较慢，主要是因为建模语言的抽象级别很高。2010 年 5 月 UML 2.3 被发布，2011 年 7 月 UML 2.4 被完成。OMG 把 UML 2.4.1 作为公共可得到的规格说明（Publicly Available Specification，PAS）提交给国际标准化组织（International Organization for Standardization，ISO）进行国际标准化，UML 也被 ISO 吸纳为标准：ISO/IEC 19501－2005 和 ISO/IEC 19505。2015 年 5 月 UML 2.5 被完成。UML 2.5 是最新的版本，但它仍然在不断发展和完善中。UML 发展历程如图 2.1 所示。

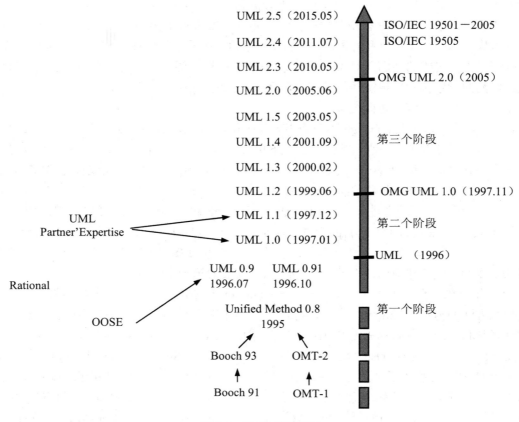

图 2.1　UML 发展历程

　　UML 1.x 版间的变化几乎是看不见的小变化，只有 UML 1.3 版本有一些明显的改变，特别是用例图和活动图。UML 2.0 有了较大的变化，除了 UML 1.x 版的图外，增加了包图、组合结构图、交互概览图、定时图。其中，状态机图由状态图改名而来；通信图由协作图改名而来；包图虽然是新的模型图，但是在 UML 1.x 中已经存在，只是在 UML 1.x 中将其作为一种分组机制，在 UML 2.0 中正式作为一种模型图。此外，还增加了构件、交互、活动、动作、状态机等概念的表达能力。新增部分进一步增强了某些图的表达能力。UML 2.0 完全建立在 UML 1.x 基础之上，大多数 UML 1.x 模型在 UML 2.0 中都可以使用。UML 2.0 对图的划分与 UML 1.x 也不同。UML 2.0 中的用例图、顺序图、活动图和构件图都有所改进，特别是改善了结构建模的性能。

　　UML 2.0 的改进之处大体上有三点。第一，整理并强化类和构件的内部结构。通过将类和构件归类，生成了层次结构。第二，改进了表示对象间相互作用的"顺序图"。通过增加与条件分支和循环有关的标记方法，或改进单个标记方法，使顺序图绘制更加容易。第三，改进了表示对象本身内容的"活动图"。活动图的变化最大，活动图的目的发生了巨大的变化。一是活动图的结点不再称为活动，而是改称为动作。活动成为更高层次的概念，它包含一个动作序列。二是动作可以有多个输入流。当所有的输入流都触发时，动作才会触发。三是引入了一种新的控制流图符号，称为流终结点。四是引入了连接符。

UML 2.5 为了符合模型驱动架构（Model Driven Architecture，MDA）的需求做了大幅度的修改：在图形基础上进行了扩充，增加了一些图形的标准元件；支持 MDA 倡议，提供了稳定的基础架构，允许软件开发程序增添自动化作业。此外，MDA 把大型的系统分解成多个元件原型，并与其他模型保持连接，使得 UML 更加精确。

UML 图形种类见表 2.1。

表 2.1　UML 图形种类

图形种类	目的	引进此图的版本
类图（class diagram）	描述类、接口和协作	UML 1 版
对象图（object diagram）	类别实例的组态，表示对象及其关系	UML 1 版中非正式图
构件图（component diagram）	描述构件的结构与连接关系	UML 1 版
配置图（deployment diagram）	制品在结点上的配置	UML 1 版
组合结构图（composite structure diagram）	显示结构化类或协作的内部结构，与普通类图之间没有严格界限	UML 2 版新增
包图（package diagram）	描述系统的层次结构	UML 1 版中非正式图
外廊图（veranda diagram）	在<<Profile>>中创建的扩展元素、连接器和构件	UML 2.5 版新增
用例图（use case diagram）	说明使用者如何与系统互动，组织系统的行为	UML 1 版
顺序图（sequence diagram）	对象间的互动情形；注重消息的时间次序	UML 1 版
通信图（communication diagram）	对象间交互，注重连接	UML 1 版中的协作图（collaboration diagram）
交互概览图（interaction overview diagram）	顺序图与活动图的混合	UML 2 版新增
定时图（timing diagram）	对象间的互动情形；焦点在时序上	UML 2 版新增
状态机图（state machine diagram）	说明事件在对象的生命周期中如何改变状态，即由事件驱动的系统状态变化	UML 1 版，状态图
活动图（activity diagram）	描述程序性或平行性行为	UML 1 版

UML 2.0 标准有以下特点：

first-class 的扩展机制允许建模人员增加自己的元类（metaclass），从而可以更加容易地定义新的 UML Profile，将建模扩展到新的应用领域。

对基于构件开发的内置支持简化了基于 EJB、CORBA 构件或 COM+的应用建模；对运行时架构的支持允许在系统的不同部分进行对象和数据流建模；对可执行模型（executable model）的支持也得到了普遍加强。

对关系更加精确的表示改进了继承、组合、聚合、状态机的建模。在行为建模方面，改进了对封装和伸缩性的支持，去掉了从活动图到状态图的映射（注：活动图不再是一种特殊的状态图），并改进了顺序图的结构。对语言的句法和语义进行简化，使整体结构更好。

UML 统一了 Booch、OMT 和 OOSE 等方法中的基本概念：用例图来自 OOSE；类图来自 OMT 和 Booch 等方法；实现图（构件图和配置图）来自 Booch 的模块图和过程图。UML 吸取了 OO 技术领域各流派的长处：状态图来自 Harel；活动图来自工作流图；合作图来自 Booch 的对象图和 Fusion 的对象交互作用图等。UML 是 Booch、OOSE 和 OMT 方法的结合，另外，它还吸收了其他大量方法学家的思想，包括 Wirfs-Brock、Ward、Cunningham、Rubin Harel、Gamma、Vlissides、Helm、Johnson、Meyer、Odell、Embley、Coleman、Coad、Yourdon、Shlaer 和 Mellor。在演变过程中，UML 提出了一些新的概念。UML 是吸收多种方法的成果、凝结了许多组织和个人智慧的产物，它把这些先进的面向对象思想统一起来，为公共的、稳定的、表达能力很强的面向对象开发方法提供了基础。UML 的作用域不仅仅限于支持面向对象的分析与设计，还支持从需求分析开始的软件开发的全过程。UML 代表了面向对象方法的软件开发技术的发展方向，具有巨大的市场前景，也具有重大的经济价值和国防价值。

UML 是一种标准的图形化建模语言，它是面向对象分析与设计的一种标准表示。它不是一种可视化的程序设计语言，而是一种可视化的建模语言；它不是工具或知识库的规格说明，而是一种适合详细描述的语言，是一种用于文档化的语言，是一种表示的标准；它不是过程，也不是方法，但允许任何一种过程和方法使用它。

UML 的目标如下：易于使用，表达能力强，便于进行可视化建模；与具体的实现无关，可应用于任何语言平台和工具平台；与具体的过程无关，可应用于任何软件开发的过程；简单并且可扩展，具有扩展和专有化机制，扩展时无须对核心概念进行修改；为面向对象的设计与开发中涌现出的高级概念（如协作框架、模式和构件）提供支持，强调在软件开发中对架构、框架模式和构件的重用；与最好的软件工程实践经验集成；可升级，具有广阔的适用性和可用性；有利于面向对象工具的市场成长。

2. UML 的应用

由于系统开发需要人与人（包括领域专家、软件设计开发人员、客户以及用户）之间的沟通交流，因此，在开发过程的每个阶段都可能潜伏着错误。系统分析人员没有正确理解客户的需求，编制出的文档客户不理解；系统分析的结果对系统设计和编程人员来说很不明确，项目组的其他成员很少能用上需求文档，这些文档常常把重要的需求挤出人们的脑海。程序员根据需求文档设计的程序不仅难以使用，而且根本不是客户所需要的最初问题的解决方案。UML 的重要性在于表示方法的标准化，有效地促进了不同背景的人员的交流，有效地促进软件设计开发和测试人员的相互理解。无论分析人员、设计人员和开发人员采取何种不同的方法或过程，他们提交的设计产品都是用 UML 描述的，这有利于促进参与者的相互理解。UML 是一种离散的建模语言，不适合对诸如工程和物理学领域中的连续系统建模。它是一个综合的通用建模语言，适合对由计算机软件、固件或数字逻辑构成的离散系统进行建模。

UML 是独立于过程的，既可以用于软件系统建模，又可以用于业务建模以及其他非软件系统的建模。

（1）软件系统建模应用。UML 的目标是用面向对象的方式描述任何类型的系统，最直接的是用 UML 为软件系统创建模型。

1）为软件系统的产出建立可视化模型。UML 符号具有良好的语义，不会引起歧义；基于 UML 的可视化模型使系统结构直观、易于理解。因此利用 UML 为软件系统建模不但有利于交流，而且有利于软件维护。对于一个软件系统，模型就是开发人员为系统设计的一组视图，不仅描述了用户需要的功能，还描述了如何实现这些功能。

2）规约软件系统的产出。UML 定义了在开发软件系统的过程中需要做的所有重要的分析、设计和实现决策的规格说明，使建立的模型准确、无歧义且完整。

3）构造软件系统的产出。UML 不是可视化的编程语言，不能用来直接书写程序，但它的模型可以直接对应各种各样的编程语言。它可以使用代码生成器工具将 UML 模型转换为多种程序设计语言代码，如可生成 C++、XML DTD、Java、Visual Basic 等语言的代码，或使用反向生成器工具将程序源代码转换为 UML 模型，甚至还可以生成关系数据库中的表。

4）为软件系统的产出建立文档。UML 可以为系统的体系结构及其所有细节建立文档。

UML 既可以描述多种类型的系统，又可以用于系统开发的不同阶段。UML 的应用贯穿于系统开发的各个阶段。

1）需求分析。UML 的用例视图可以表示客户的需求，通过用例建模可以对外部的角色及其所需的系统功能建模。角色和用例是用它们之间的关系、通信建模的。每个用例都指定了客户的需求。

2）系统分析。分析阶段主要考虑所要解决的问题，可用 UML 的结构视图和行为视图来描述。类图描述系统的静态结构，通信图、状态机图、顺序图、活动图描述系统的动态特征。在分析阶段只为问题领域的类建模，不定义软件系统的解决方案的细节，如用户接口的类数据库等。

3）系统设计。在设计阶段把分析阶段的结果扩展成技术解决方案，加入新的类来提供技术基础结构、用户接口、数据库操作等。分析阶段的领域问题类被嵌入这个技术基础结构中。设计阶段的结果是详细的规格说明。

4）系统实施。在实施或程序设计阶段把设计阶段的类转换成某种面向对象程序设计语言的代码。在对 UML 表示的分析和设计模型进行转换时，最好不要直接把模型转化成代码。因为在早期阶段模型是理解系统并对系统进行结构化的手段。

5）系统测试。对系统的测试通常分为单元测试、集成测试、系统测试和验收测试。单元测试是对多个类或一组类的测试，通常由程序员进行。集成测试集成构件和类，确认它们之间是否恰当地协作。系统测试把系统当作一个黑箱，验证系统是否具有用户所要求的所有功能。验收测试由客户完成，与系统测试类似，验证系统是否满足所有的需求。不同的测试小组使用不同的 UML 图作为他们工作的基础，单元测试使用类图和类的规格说明；集成测试使用构件图和通信图；而系统测试使用用例图来确认系统的行为是否符合这些图中的定义。

（2）其他应用。UML 不仅在面向对象领域成为具有主导地位的图形表示法，而且在非面向对象领域是一种很风行的技术。UML 的常见应用如下：

1）信息系统（information system）。信息系统向用户提供信息的存储、检索、转换和提交。处理存放在关系或对象数据库中大量具有复杂关系的数据。

2）技术系统（technical system）。技术系统处理和控制技术设备，如电信设备、军事系统或工业过程。它们必须处理设计的特殊接口，标准软件很少，技术系统通常是实时系统。

3）嵌入式实时系统（embedded real-time system）。嵌入式实时系统嵌入其他设备（如移动电话、汽车、家电）硬件上执行的系统，通常通过低级程序设计进行，需要实时支持。

4）分布式系统（distributed system）。分布式系统是分布在一组机器上运行的系统，数据很容易从一台机器传送到另一台机器上，且需要同步通信机制来确保数据完整性，通常是建立在对象机制上的，如 CORBA COM/DCOM 或 Java Beans/RMI。

5）系统软件（system software）。系统软件定义了其他软件使用的技术基础设施、操作系统、数据库和在硬件上完成底层操作的用户接口等，同时提供一般接口供其他软件使用。

6）商业系统（business system）。商业系统描述目标、资源（人和计算机）等规则（法规、商业策略、政策等）和商业中的实际工作过程。商业工程是面向对象建模应用的一个新的领域，引起了人们极大的兴趣。面向对象建模非常适合为公司的商业过程建模，运用商业过程再工程（Business Process Reengineering，BPR）或全面质量管理（Total Quality Management，TQM）等技术，可以对公司的商业过程进行分析、改进和实现。使用面向对象建模语言为过程建模和编制文档，使过程易于使用。

大多数系统都不是单纯属于上面的某一种系统，而是一种或多种系统的结合。例如，现在许多信息系统都有分布式和实时的需要，UML 具有描述以上系统的能力。UML 已进入全面应用阶段，应用领域正在逐渐扩展。本书着重从软件开发的角度阐述 UML 的应用。

2.1.2　UML 的特点

UML 是一种总结了以往建模技术的经验并吸收当今优秀成果的标准建模方法，包括概念的语义、表示法和说明，提供了静态、动态、系统环境及组织结构的模型，适用于各种软件开发方法、软件生命周期的各个阶段、各种应用领域以及各种开发工具，如 UML 可被交互的可视化建模工具支持，这些工具提供了代码生成器和报表生成器。UML 标准并没有定义一种标准的开发过程，但它适用于迭代式的开发过程，它是为支持大部分现存的面向对象开发过程而设计的。UML 通过可视化的图形符号，结合文字说明或标记可以帮助业务/系统分析员、软件架构师/设计师、程序员等各种建模者有效地描述复杂软件（或业务）的静态结构和动态行为。采用 UML 可视化地描述系统需求，记载软件构成，能够显著地提高文档的质量和可读性，减少编写文档的工作量。UML 作为一种建模语言，具有以下特点：

（1）统一标准。UML 结合了 Booch 方法、OMT 方法和 OOSE 方法等的概念，统一了Booch、OMT 和 OOSE 等方法中面向对象的基本概念，还吸取了面向对象技术领域中其他流派的优点，其中包括非 OO 方法的观念，成为 OMG 和 ISO 的正式标准。UML 统一了各种方法对不同类型的系统、不同开发阶段以及不同内部概念的不同观点，从而有效地消除了各种建模语言之间不必要的差异。它实际上是一种通用的建模语言，可以被许多面向对象建模方法的用户广泛使用。无论开发方法如何变化，它们的基础都是 UML 的图，这就是 UML 的最终用途，为不同领域的人们提供统一的交流标准。所以，UML 的出现促进了开发方法统一化、标准化的发展，标志着软件自动化进程又迈进了一步。

（2）UML 提出了许多新的概念。在 UML 标准中新增了模板（stereotypes）、职责（responsibilities）、扩展机制（extensibility mechanisms）、线程（threads）、过程（processes）、分布式（distribution）、并发（concurrency）、模式（patterns）、合作（collaborations）、活动图（activity diagram）等新概念，并清晰地区分类型（type）、类（class）和实例（instance）、细化（refinement）、接口（interfaces）和构件（components）等概念，表现能力强，易使用。

（3）UML 独立于开发过程。UML 是一个单一的通用的系统建模语言，而不是一个标准的开发过程，它完全独立于开发过程。UML 的建模能力比其他面向对象方法的强，不仅适用于一般系统的开发，更适用于并行、分布式系统的建模。

（4）UML 是可视化的，表达能力强。通过 UML 的模型图能清晰地表示系统的逻辑模型和实现模型。它不仅适合一般系统的开发，而且适合对并行、分布式系统的建模。UML 图形结构清晰，建模简洁明了，容易掌握使用。

（5）独立于程序设计语言。UML 不是一门程序设计语言，但可以使用代码生成器工具将 UML 模型转换为多种程序设计语言，如 Java、VC++、Visual Basic 等，甚至可使用反向生成器工具将程序源代码转换为 UML。UML 成为标准建模语言的原因之一是它与程序设计语言无关，而且 UML 的符号集只是一种语言，而不是方法学。语言与方法学不同，它可以在不做任何更改的情况下运用于公司的业务运作方式。

（6）UML 应用领域广泛。UML 不仅能用于软件开发领域，完成一些大型、复杂、分布式、计算密集系统的分析与设计任务，而且能用于建筑、控制、通信等领域，辅助项目设计。

UML 是一种表达能力丰富的建模语言，而不是一种方法。因此，它还不能取代现有的各种面向对象的分析与设计方法。但使用 UML 进行系统分析和设计，可加速开发进程，提高代码质量，支持动态的业务需求。UML 能促进软件复用，方便集成已有的系统，并能有效处理开发中的各种风险。UML 工作的进一步展开，必将有助于实现软件自动化。UML 作为一种先进、实用的标准建模语言，其某些概念尚待实践验证，UML 也必然存在一个进化的过程。

2.1.3　UML 建模工具

目前应用最广泛的 UML 建模工具有 4 种，分别是 Rational Rose、Rational Software Architect、Enterprise Architect 和 Visio。下面分别加以介绍。

1. Rational Rose

Rational Rose 是由 Rational 公司研制的一种面向对象的可视化建模工具，是一种基于 UML 的建模工具。在面向对象应用程序开发领域，Rational Rose 是影响其发展的一个重要因素。Rational Rose 自推出以来就受到了业界的瞩目，并一直引领可视化建模工具的发展。越来越多的软件公司和开发团队开始或者已经采用 Rational Rose，用于大型项目开发的分析、建模与设计等。

从使用的角度看，Rational Rose 易于使用，支持使用多种构件和多种语言的复杂系统建模；为模型元素提供了一个模型储存库；提供了代码生成功能和逆向工程功能，利用双向工程技术可以实现迭代式开发；团队管理特性支持大型、复杂的项目和大型且队员分散在不同地方的开发团队。同时，Rational Rose 与 Microsoft Visual Studio 系列工具中 GUI 的完美结合所带来的方便性，使得它成为绝大多数开发人员的首选建模工具；Rational Rose 还是市场上第一个对基于 UML 的数据建模和 Web 建模提供支持的工具。此外，Rational Rose 还为其他领域提供支持，如用户定制和产品性能改进等。Rational Rose 2003 是基于 UML 1.4 标准的，不完全支持 UML 2.0 规范。

2. Rational Software Architect

Rational Software Architect（RSA）是 IBM 公司在 2003 年 2 月并购 Rational 以来，首次发布的 Rational 产品。IBM Rational 在 Eclipse 环境下构建了新的建模平台，包含了 UML 2.0 的开源参考实现。RSA 全面升级了之前的 Rational Rose 工具，可以对系统进行建模、设计并维护架构、测试以及管理项目的生命周期等。RSA 是 Rational Rose 的升级替代品，可以将 RSA 用于 Java 2 平台、企业版（J2EE 平台）技术。除此之外，使用代码生成功能可以把设计和画在建模视图中的 UML 图转换为代码。另外，底层的 Eclips 平台为开发者提供了强健和功能丰富的集成开发环境。

3. Enterprise Architect

Enterprise Architect 是 Sparx Systems 公司的旗舰产品，是一个全功能的、基于 UML 的 Visual CASE 工具，主要用于设计、编写、构建并管理以目标为导向的软件系统。它是构建于 UML 2.0 规范之上的，使用 UML Profile 可以扩展建模范围，同时，它的模型验证可以确保完整性。它具有源代码的前向工程能力和反向工程能力，支持用户案例、商务流程模式以及动态的图表、分类、界面、协作、结构以及物理模型。此外，它还支持 C++、Java、Visual Basic、Delphi、C#、VB.Net。也可从源代码中获取完整的框架。

4. Visio

Visio 原来仅仅是一种画图工具，能够用来描述各种图形（从电路图到房屋结构图），也是到 Visio 2000 才开始引进软件分析设计功能到代码生成的全部功能，它可以说是目前最能够用图形方式表达各种商业图形用途的工具。它能够与 Microsoft Office 产品很好地兼容，能把图形直接复制或者内嵌到 Word 文档中。但是对于代码的生成，更多的是支持 Microsoft 的产品，如 Visual Basic、VC++、C#、SQL Server 等。Visio 适合画图，没有更高级的功能。

2.2 UML 模型概念结构

为了更好地理解 UML，需要形成 UML 的概念模型。UML 概念模型由 3 个要素构成：基本构造块、支配这些构造块如何放在一起的规则和一些运用于整个 UML 的公共机制，如图 2.2 所示。UML 基本构造块包含事物、关系和图，事物是对模型中首要成分的抽象；关系把事物结合在一起；图聚集了相关的事物。规则是每个构造块必须遵守的语法和表示法。公共机制也称通用机制，是指每个事物必须遵守的通用规则。

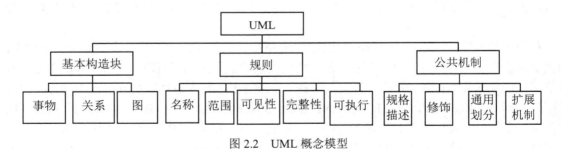

图 2.2　UML 概念模型

2.2.1　基本构造块

基本构造块是 UML 的基本建模元素，用于表达语言元素。基本构造块包括事物、关系和图，具体如图 2.3 所示。

1. 事物

事物是整个模型的基础，有时被称为物件，又可细分为结构事物、行为事物、分组事物和注释事物。这些事物是 UML 中基本的面向对象构造块，是 4 种基本的元素，用它们可以写成形式良好的模型。

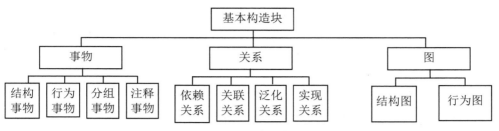

图 2.3 基本构造块的组成

（1）结构事物。结构事物（structural thing）是 UML 模型中的名词，它们通常是模型的静态部分，描述概念元素或物理元素。结构事物总称为类目，包括类、接口、协作、用例、主动类、构件、制品和结点。它们也有变体，如参与者、信号、实用程序（几种类）进程和线程（两种主动类）、应用、文档、文件、库、页和表（几种制品）等。

1）类。类（class）是具有相同属性、相同操作、相同关系和相同语义的一组对象的描述。在 UML 中用矩形表示，短式为矩形，如图 2.4（a）所示；长式包括类名、属性和方法（操作），如图 2.4（b）所示。如果不需要显示属性和操作，可以去掉分割线，只显示类名。

（a）短式表示　　　　　　　　　（b）长式表示

图 2.4 类

长式最上方的区域是名字域，用来显示类名，这部分是不可省略的。每个类必须有一个名字，而且类名必须唯一。按照惯例，类名以大写字母开头，省略多个单词之间的空格。类名可以是简单名字，也可以是复杂名字。简单名字就是单独的名称，如 Teacher、Temperature 等。复杂名字也称限定名，用类所在的包的名称作为前缀的类名，即包名∷类名，如 Department∷Student、School∷Teacher。

中间的区域是属性域，用来显示类所具有的属性列表。在 UML 语言中，类属性的约定如下：如果属性由一个单词构成，这个单词全部小写，如 name、age；如果属性由多个单词组成，那么将多个单词合并，除了第一个单词小写外，其余单词的首字母大写且省略空格，如 computerModel、deskHeight。属性名称在类的范围内必须无歧义。

最下方的区域是操作区域，显示定义的操作列表，操作就是类中的方法。在 UML 语言中，类操作的约定如下：如果方法名由一个单词构成，这个单词全部小写，如 add()、swap()；如果方法名由多个单词组成，那么将多个单词合并，除了第一个单词外，其余单词的首字母大写，如 getAccount()、drawLine()。

2）接口。接口（interface）是一组操作的集合，这些操作包括类或构件的动作，描述了元素的外部可见行为。一个接口可以描述一个类或构建的全部行为或部分行为。接口定义了一组操作规约（即操作的特征标记），而不是操作的实现方法。因此，接口不同于类或类型，它不描述任何实现（不包括任何实现操作的方法）。接口的操作可以用可见性、并发特性、衍型、标记值和约束来修饰。一个类或构件可以实现多个接口。像类一样，接口可以参与泛化、关联和依赖关系。此外，接口也可以参与实现关系。接口的声明看上去像一个类，在名称的上方标注着关键字<<interface>>；除非用来表示常量，否则不需要标注属性。接口很少单独出现，如图 2.5 所示。

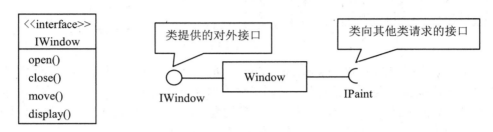

图 2.5　接口

3）协作。协作（collabotation）定义了一个交互，它是由一组共同工作以提供某种协作行为的角色和其他元素构成的一个群体，这些协作行为大于所有元素的各自行为的总和。协作具有结构、行为和维度。一个给定的类或对象可以参与几个协作。这些协作因而表现了系统构成模式的实现。协作如图 2.6 所示。

4）用例。用例（use case）是对一组动作序列的描述，系统执行这些动作将产生对特定的参与者有价值且可观察的结果。用例用于构造模型中的行为事物。用例通过协作来实现。用例如图 2.7 所示。

图 2.6　协作　　　　　　　　　图 2.7　用例

5）主动类。主动类（active class）对象至少拥有一个进程或线程，因此，它们可以启动控制活动。主动类的对象所表现的元素的行为与其他元素的行为并发，除了这一点之外，它与类是相同的。在图形上，主动类绘制时左右外框是双线，如图 2.8 所示。

6）构件。构件（component）是系统设计的模块化部件，将实现隐藏在一组外部接口之后。在一个系统中，共享相同接口的构件可以相互替换，只要保持相同的逻辑行为即可。可以通过把部件和连接件接合在一起表示构件的实现；部件可以包括更小的构件。构件如图 2.9 所示。

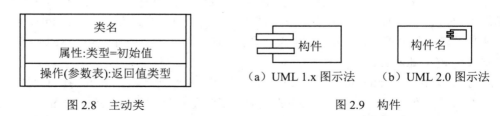

图 2.8　主动类　　　　　　　图 2.9　构件

前面 6 种元素表示概念或逻辑事物，下面的制品和结点表示物理事物。

7）制品。制品（artifact）是系统中物理的且可替换的部件，包括物理信息（"比特"）。制品也称构件。在一个系统中，会遇到不同类型的部署制品，如源代码文件、可执行程序和脚本。制品通常代表对源代码信息或运行时信息的物理打包。制品如图 2.10 所示。

8）结点。结点（node）是在运行时存在的物理元素，它表示一个计算机资源，通常至少有一些记忆能力和处理能力。一组构件可以驻留在一个结点内，也可以从一个结点转移到另一个结点。结点如图 2.11 所示。

图 2.10　制品　　　　　　　　　　　　　　　图 2.11　结点

主动类、构件和结点都与类相似，就是说它们也描述了一组具有相同属性、操作、关系和相同语义的实体。而这 3 种事物与类的不同点也不少，对面向对象的建模是必要的。

（2）行为事物。行为事物（behavioral thing）又称动作事物，是 UML 的动态部分。它们是模型中的动词，是一种跨越时间和空间的行为，主要有交互、状态机和活动 3 类。

1）交互。交互（interaction）是一种行为，由在特定语境中共同完成一定任务的一组对象或角色之间交互的消息组成。交互如图 2.12 所示。交互涉及一些其他元素，包括消息、动作和连接件。

2）状态机。状态机（state machine）描述了一个对象或一个交互在生命期内响应事件所经历的状态序列及其对这些事件做出的响应。单个类或一组类之间的协作的行为可以用一个状态机描述。状态机涉及状态、转移、事件、活动等元素。状态机如图 2.13 所示。

3）活动。活动（activity）描述了计算过程执行的步骤序列。交互注重的是一组进行交互的对象，状态机注重的是一定时间内一个对象的生命周期，活动注重的是步骤之间的流，而不关心哪个对象执行哪个步骤。活动的一个步骤称为一个动作。状态和动作靠不同的语境加以区别。活动如图 2.14 所示。

图 2.12　消息　　　　　　　图 2.13　状态机　　　　　　　图 2.14　活动

（3）分组事物。分组事物（grouping thing）又称组织事物。分组事物是为了对模型进行有效地组织，使模型更加结构化，它是 UML 中的组织部分。主要分组事物是包（package），它也有变体，如框架、模型和子系统（它们是包的不同种类）。包对模型元素进行分组管理，并为这些分好组的元素定义一个名字空间或容器（container），它本身也是 UML 的一种模型元素。结构事物、行为事物甚至其他分组事物都可以放入包中。包在 UML 中用一个左上角带有标签的矩形表示，像一个文件夹。包图在 UML 1.x 中是非正式的图部分，过去被称为包的东西实际上仅仅是包含包的类图或 UML 用例图。在 UML 2.0 中任何图只要包含包（以及包之间的依赖），都可以作为包。包如图 2.15 所示。

（4）注释事物。注释事物（annotational thing）是 UML 的解释部分，又称辅助事物，是为了使模型更易于阅读和理解而进行注释。这些注释事物用来描述、说明和标注模型中的任何元素，有一种主要的注释事物，称为注解。注解依附于一个元素或一组元素，是对其进行约束或解释的简单符号。注解如图 2.16 所示。

图 2.15 包   图 2.16   注解

2. 关系

在 UML 中，事物之间的联系方式都被建模为关系。UML 模型元素有依赖（dependency）、关联（association）、泛化（generalization）和实现（realization）四种关系。其中关联又分为一般关联关系、聚合关系（aggregation）、组合关系（composition）。关系由一些箭头变化而成。常用关系见表 2.2。

表 2.2   常用关系

关系		功能	表示法
依赖		一个元素发生变化会影响另一个元素的语义	- - - →
关联	一般关联	描述一组链，链是对象（类的实例）之间的连接	———
	聚合	一种特殊类型的关联，描述整体与部分间的结果关系，描述 has-a 关系	——◇
	组合	一种特殊的聚合，具有强的拥有关系，整体与部分的生命周期是一致的	——◆
泛化		特殊/一般关系，子元素共享了父元素的结构和行为，is-a-kind-of 关系	——▷
实现		类目之间的语义关系，其中一个类目指定了由另一个类目保障实现的合约	- - - ▷

在面向对象建模中，有 3 种重要的关系：依赖、关联和泛化。这 3 种关系覆盖了大部分事物之间相互协作的重要方式。

（1）依赖（dependency）。依赖是对象之间最弱的一种关联方式，是临时的关联。代码中一般指由局部变量、函数参数、返回值建立的对其他对象的调用关系。一个类调用被依赖类中的某些方法而完成这个类的一些职责，如图 2.17 所示。创建一个依赖，从含有操作的类指向被该操作用作参数的类。对一个类的静态方法的引用（同时不存在那个类的一个实例），也可利用依赖来表示包与包之间的关系。由于包中含有类，因此可根据包中各个类之间的关系，表示出包与包的关系。UML 模型图中的类图依赖表示的是模型元素间的依赖关系，依赖关系两端的模型元素，一端是独立的，另一端需要依赖这个独立的元素。独立模型元素的变化会影响依赖模型元素。依赖关系用带箭头的虚线段表示，箭头从依赖类指向被依赖的类（独立的模型元素）。

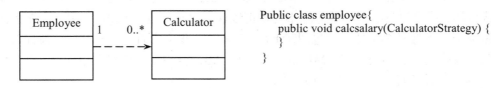

图 2.17   类的依赖关系的表示

两个模型元素间的语义关系，说明一个事物（如类 Window）使用另一个事物（如类 Event）的信息或服务，但反之未必成立。依赖是一种弱关联，是一种使用关系，它描述一个事物的规约变化可能影响到使用它的另一个事物。依赖类也可以说是一种偶然的关系，而不是必然的关系。在 UML 中把依赖画成一条有向的虚线，指向被依赖的事物。在 UML 中也可以在其他的事物中创建依赖，特别是注解和包。

对于大多数的使用关系来说，简单的、未加修饰的依赖关系就足够了。但是，为了详细地表示其含义的细微差别，UML 定义了一些依赖关系的衍型，如图 2.18 所示。

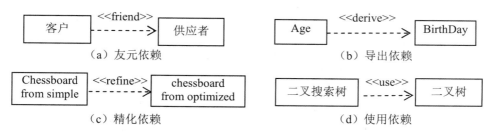

图 2.18　依赖关系的衍型

依赖关系的衍型可以分为以下种类。

1）使用依赖（usage）。使用依赖表示客户使用提供者提供的服务，以实现它的行为。服务有 3 种形式：客户类的操作需要提供者类的参数；客户类的操作返回提供者类的值；客户类的操作在实现中使用提供者的对象。使用依赖有<<use>>、<<call>>、<<parameter>>、<<send>>和<<instantiate>>。

A．使用（usage）：声明使用一个模型元素需要用到已存在的另一个模型元素，这样才能正确实现使用者的功能（包括调用、实例化、参数、发送）。不加任何修饰的依赖即使用依赖，也可以用修饰<<use>>。

B．调用（call）：声明一个类调用其他类的操作的方法。

C．参数（parameter）：一个操作与其参数之间的关系。

D．发送（send）：信号发送者与信号接收者之间的关系，是在对象之间的交互语境中使用的衍型，主要应用于状态机。

E．实例（instantiation）：关于一个类的方法创建了另一个类的实例声明，即表示源创建目标的实例。当对同一个图中的类与对象之间的关系建模时，或对同一个图中的类与其元素之间的关系建模时，要使用实例。当要详述一个类创建另一个类的对象时，要使用实例化。

2）抽象（abstraction）。抽象是从一个对象中提取一些特性，并用类方法表示。抽象依赖有<<trace>>、<<refine>>和<<derive>>。

A．跟踪（trace）：声明不同模型中元素之间存在一些连接。在系统的元素组织成子系统和模型的语境中使用。

B．精化（refine）：声明具有两个不同语义层次上的元素之间的映射。当不同的抽象层次对代表相同概念的类建模时，要使用精化。如分析时，可能会遇到类 Customer，设计时要将它精化为更详细的类——Customer，其详细程度要达到可以交付实现。

C．导出（derive）：声明一个实例可从另一个实例导出。当对两个属性或两个关联之间的关系建模时（其中一个是具体的，另一个是概念性的），要使用导出。如教师类有出生日期和年龄属性，可以用一个导出依赖表示年龄与出生日期之间的关系，表示年龄可以从出生日期导出。

3）许可（permission）：允许另一个对象对本对象的访问。许可依赖有<<access>>、<<import>>和<<friend>>。

A．访问或连接（access）：允许一个包访问另一个包的内容。

B．引入（import）：允许一个包访问另一个包的内容，并为被访问组成部分增加别名。

C．友元（friend）：允许一个元素访问另一个元素，无论被访问的元素是否具有可见性。

4）绑定（binding）：为模板参数指定值，以定义一个新的模板元素。当对模板类的细节建模时，要使用绑定。如模板容器类与这个类的实例之间的关系模型化为绑定依赖。绑定包括一个映射到模板的形式参数的实际参数列表。绑定依赖主要为<<bind>>。

（2）关联。关联是类之间的结构关系，指明一个事物的对象与另一个事物的对象之间的联系。给定一个连接两个类的关联，可以从一个类的对象联系到另一个类的对象。两个类之间的简单关联表示了两个同等地位的类之间的结构关系，这就意味着两个类在概念上是同级别的，一个类并不比另一个类重要。关联的两端都连接到同一个类是完全合法的。恰好连接两个类的关联叫作二元关联。有连接多于两个类的关联叫作 n 元关联。关联可以有修饰，如名称、角色、多重性、导航、可见性、限定、约束、关联类、聚合、组合等。

1）名称（name）。关联可以有一个名称，用于描述该关系的性质。但是在显式地给出关联的端点名的情况下，可以不写关联名。通常使用一个动词或动词短语来命名关联。名称以前缀或后缀一个指引阅读的方向指示符来消除名称含义上可能存在的歧义，方向指示符用一个实心的三角形箭头表示，如图 2.19 所示。

2）角色（role）。当一个类参与了一个关联时，它就在这个关系中扮演了一个特定的角色。角色是关联关系中一个类对另一个类表现出来的职责。角色名称是名词或名词短语，以解释对象是如何参与关联的，如图 2.19 所示。把关联端点扮演的角色称为端点名，在 UML 中称为角色名。

3）多重性（multiplicity）。关联的多重性是指有多少对象可以参与该关联，可以用来表达一个取值范围、特定值、无限定的范围或一组离散值。通常将多重性写成一个表示取值范围的表达式，其最大值和最小值可以相同，用两个圆点把它们分开。多重性说明对于关联另一端的类的每个对象，本端的类可能有多少个对象出现，对象的数目必须是在给定的范围内。可以精确地表示多重性为：一个（1）；多个（0..*）；一个或多个（1..*）；整数范围，如 2..5；甚至可以精确地指定多重性为一个数值，如 3 或 3..3 等。每个公司对象可以有一个或多个人员对象；每个人员对象可以受雇于 0 个或多个公司对象。关联多重性如图 2.19 和图 2.20 所示。

4）导航（navigation）。关联可以有方向，即导航。一般不作说明时，导航是双向的，不需要在线上标出箭头。大部分情况下导航是单向的，可以加一个箭头表示。导航描述的是一个对象通过链（关联的实例）导航访问另一个对象，即对一个关联端点设置导航属性意味着本端的对象可以被另一端的对象访问。可以在关联关系上加箭头表示导航方向。只在一个方向上可以导航的关联称为单向关联，用一条带箭头的实线表示，如图 2.21 所示。在两个方向上都可以导航的关联称为双向关联，用一条没有箭头的实线表示。除非另有指定，否则关联的导航是双向的。另外，使用导航可以降低类之间的耦合度，也是好的面向对象分析与设计的目标之一。

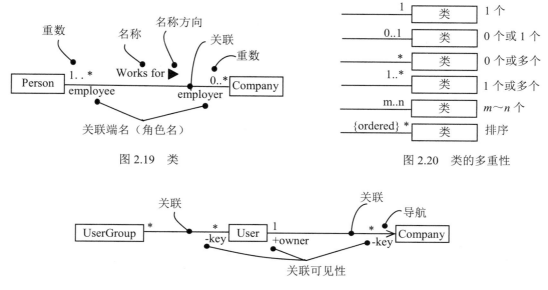

图 2.19 类

图 2.20 类的多重性

图 2.21 导航与关联可见性

关联在代码中一般表示为属性（成员变量），例如下面例子中 class A 与 B 关联。Java 代码如下：

```
public class A{
    private B b;
}
```

如果 B 也关联到 A，那么它们就是双向关联。Java 代码如下：

```
public class B{
    private A a;
}
```

5）可见性。给定两个类的关联，除非另有显式的导航声明所规定的限制，否则一个类的对象能够看到并导航到另一类的对象。然而，在某些情况下要限制外部的对象通过关联访问相关对象的可见性，如图 2.21 所示。

6）限定。在 UML 中用限定符对查找进行建模，该限定符是一个关联的属性，它的值通过一个关联划分了与一个对象相关的对象的子集合（通常是单个对象），如图 2.22（a）所示。

7）约束。UML 定义了多种可以用于关联的约束。首先，可以描述在关联一端的对象是有序（ordered）还是无序。有序表示关联一端的对象集是显式有序的，如图 2.22（b）所示。如在保险合同/个人关联中，与保险合同关联的个人可以按照最近被使用的时间排序，并被标明为 ordered。如果没有这个关键字，对象是无序的。其次，可以描述在关联一端的对象是唯一的，即它们形成了集合（set）；或者是对象不唯一，即它们形成了袋（bag）。集合是对象唯一，不可以重复。袋是对象不唯一，可以重复。有序集合（order set）是对象唯一且有序。表（list）或序列（sequence）是对象有序但可以重复。最后还有一种约束限制了关联实例的可变性——只读（readonly）。一旦从关联的另一端的对象添加了一个链，就不可以修改或者删除。在没有这种约束的情况下，默认可变性为无约束。

8）关联类。在两个类之间的关联中，关联本身可以有特性。在 UML 中，把这种情况建模为关联类。关联类是一种既具有关联特性的类，又具有类特性的关联。把关联类画成一个类符号，并把它用一条虚线连接到相应的关联上，如图 2.22（c）所示。

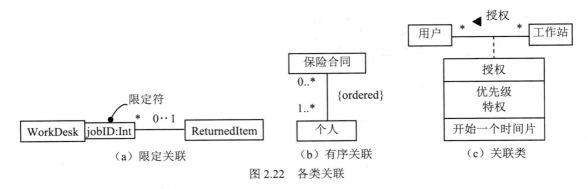

（a）限定关联　　　　（b）有序关联　　　　（c）关联类

图 2.22　各类关联

9）聚合（aggregation）。聚合是关联的一种形式，是强关联关系，代表两个类之间的整体/局部关系，如汽车类与引擎类、轮胎类之间的关系就是整体与个体的关系。聚合描述了"has a"的关系，即整体对象拥有部分对象，是一种不稳定的包含关系。较强于一般关联，有整体与局部的关系，并且没有了整体，局部也可单独存在。如公司和员工的关系，公司包含员工，但如果公司倒闭，员工依然可以换公司。在 UML 中使用空心的菱形表示聚合，菱形从局部指向整体，如图 2.23 所示。

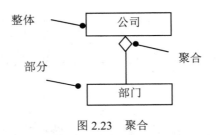

图 2.23　聚合

聚合暗示着整体在概念上处于比局部高的一个级别，即一个类描述了一个较大的事物（整体），它由较小的事物（部分）组成；而关联暗示两个类在概念上处于相同的级别，即两个类之间的简单关联表示了两个同等地位类之间的结构关系。与关联关系相同，聚合关系也是通过实例变量实现的。关联关系涉及的两个类是处于同一层次上的；而在聚合关系中，两个类处在不平等的层次上，一个代表整体，另一个代表部分（关联与聚合仅从语法上是区分不开的，需要观察涉及的类之间的逻辑关系）。聚合可转换成 Java 中的一个实例作用域变量，如图 2.24 所示。

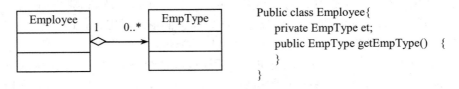

图 2.24　类的聚合关系表示

关联和聚合的区别纯粹是概念上的，而且严格反映在语义上。聚合暗示着实例图中不存在回路，即只能是一种单向关系，而关联可以是双向的。

10）组合（composition）。组合关系是聚合关系中的一种特殊情况，是更强形式的聚合，又称强聚合。组合表示"contains a"的关系，是一种强烈的包含关系。组合类负责被组合类的生命周期，是一种更强的聚合关系，部分不能脱离整体存在。如公司和部门的关系，没有了公司，部门也不存在了；调查问卷中问题和选项的关系；订单和订单选项的关系。在 UML 中组合关系用带实心的菱形表示，菱形从局部指向整体，如图 2.25 所示。成员对象的生命周期取决于组合的生命周期，组合不仅控制着成员对象的行为，而且控制着成员对象的创建和解构。代表整体的对象需要负责保持对象的存活，在一些情况下负责将代表部分的对象湮灭。代表整体的对象可以将代表部分的对象传递给另一个对象，由后者负责此对象的生命周期。换言之，代表部分的对象在每个时刻只能与一个对象发生合成关系，由后者负责其生命周期。整体要么负责保持局部的存活状态，要么负责将其销毁，局部不可与其他整体共享。

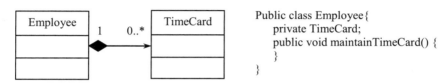

图 2.25　类的组合关系表示

聚合关系是"has a"关系，组合关系是"contains a"关系。聚合关系表示整体与部分的关系比较弱，而组合比较强；聚合关系中代表部分事物的对象与代表聚合事物的对象的生存期无关，删除了聚合对象不一定就删除了代表部分事物的对象。组合中一旦删除了组合对象，也就删除了代表部分事物的对象。

聚合与组合的区别在于：在组合中部分脱离了整体就不能独立存在，此外，组合关系中每个部分最多属于一个整体，也只能属于一个整体。然而在聚合关系中，一个部分可以由多个整体共享。聚合就像汽车和轮胎，汽车坏了，轮胎还可以用。组合就像公司和下属部门，公司倒闭了，下属部门也就不存在了。

（3）泛化（generalization）。泛化把一般类连接到较特殊的类，表示"is a"的关系，是一般类目（超类或父类）和比较特殊的类目（子类或孩子类）之间的关系，也称继承关系。泛化关系是对象之间耦合度最强的一种关系，子类继承父类的所有细节，直接使用语言中的继承表达。泛化是一种一般类/特殊类的关系，通过从子类到父类的泛化关系，子类继承父类的所有结构和行为。在子类中可以增加新的结构和行为，也可以覆写父类的行为。在泛化关系中，子类的实例可以应用到父类的实例所应用的任何地方，也就意味着子类替代父类。泛化用一个带有空心的三角箭头的线段表示，三角箭头指向父类，另一端连接子类。在 Java 中，用 extends 关键字直接表示这种关系，如图 2.26 所示。

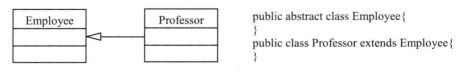

图 2.26　类的泛化关系表示

（4）实现（realization）。实现关系在类图中就是接口和实现的关系。换言之，一个实体定义一个合同，而另一个实体保证履行该合同。实现是类目之间的语义关系，在该关系中一个类目描述了另一类目保证实现的合约。实现关系是用来规定接口与实现接口的类或构件之间的关系，表示一个模型元素实现了另一个模型元素定义的操作，一般是指一个类实现了一个接口定义的服务。在面向对象的概念中，接口就是只定义服务，而并不实现这个服务，用来给其他类继承，并用类的操作实现它定义的服务，通过这种服务就能够将定义和抽象分开，利于代码的维护。接口是操作的集合，这些操作用于规定类或构件的服务。实现与依赖、泛化和关联不同，是一种独立的关系。实现是依赖和泛化在语义上的交叉，其表示法为依赖和泛化的结合。UML 类关系中实现关系通常在两种情况下被使用：一种是在接口与实现它们的类及构件之间；另一种是在用例以及实现该用例的协作之间。

UML 实现关系有两种表示方法，一种是在类图中使用带三角箭头的虚线表示，虚线段一端连接实现类。箭头从实现类指向接口，如图 2.27 所示。对 Java 应用程序进行建模时，实现关系可直接用 implements 关键字表示。

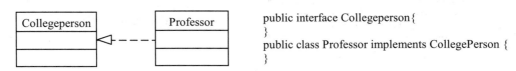

图 2.27 类的实现关系表示

另一种是用一个圆圈表示接口，如图 2.28 所示。上面没有接口定义的方法，通过用一条实线段将其与一个类相连，就能表示出接口与实现类的关系。

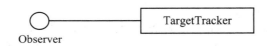

图 2.28 接口的简单表示

在用 UML 对接口进行建模时，要记住每个接口应该表示系统中的一个接缝，分离规约与实现。一个结构良好的接口应满足如下要求：是简单而完整的，提供对于详述一个单一服务必要而充分的所有操作；是可理解的，为使用和实现接口提供了足够的信息，而不必考察现有的应用或实现；是可访问的，为指导用户寻找关键特性提供了信息，而不致于纠结大量的操作细节。

UML 类图上的元素能精确映射到 Java 编程语言。从使用的频率来看，关联（包括聚合和组合）关系是使用最广泛的，其次是依赖和泛化。泛化和实现关系都是描述一般和具体的关系，但两者有区别：泛化是在同一个抽象层次上的一般和具体的关系，而实现是在不同抽象层次上的一般和具体的关系，接口的抽象层次较高。

3. 图

图是一组元素的图形表示，可以从不同的角度画图。图包含事物及其关系的任何组合。对所有的系统（除非很微小的系统）而言，图是系统组成元素的省略视图。

UML 1.x 提供 9 种基本的图，可以分为两类：一类是静态图，包括用例图、类图、对象图、构件图和部署图；另一类是动态图，包括顺序图、协作图、状态图和活动图。UML 2.0 定义了两类 13 种图（UML 2.5 定义了 14 种图），即类图、对象图、构件图、组合结构图、包图、用例图、顺序图、通信图、状态机图、活动图、交互概览图、定时图和部署图。UML 2.5 又增加了外廊图。UML 2.x 将图分成两类：结构图和行为图，每个 UML 图都属于这两个图范畴。UML 2.0 图的分类如图 2.29 所示。

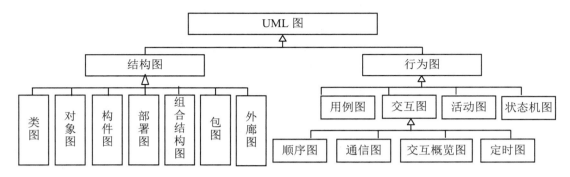

图 2.29　UML 2.0 图的分类

结构图用于展示系统中元素的静态结构，描述系统的架构组织、系统的物理元素、系统的运行时刻配置、业务中领域相关的元素等，描述与时间无关的其他对象，包括类图、对象图、构件图、部署图、组合结构图和包图。结构图常常与行为图一起使用，描述系统的某个方面。每个类可能有一个相关的状态机图，描述该类的实例的事件驱动行为。类似地，与表示场景的对象图一起，可以提供交互图，用于表示消息的时间或事件次序。

行为图描述问题的动态行为语义或其实现，如对象的方法、协作、活动或状态等内容，包括用例图、活动图、状态机图和交互图。交互图着重描述对象的交互，包括顺序图、通信图、交互概览图和定时图。

（1）类图。类图展现了一组类、接口、协作及其之间的关系。在面向对象系统的建模中，所建立的最常用的图就是类图。类图用于对系统静态设计视图建模。

（2）对象图。对象图描述一组对象及其之间的关系。对象图描述了在类图中建立的事物的实例的静态快照。但对象图是从真实案例或原型案例的角度建立的。对象图是 UML 1.x 非正式图。

（3）构件图。构件图也称组件图，展现了一个封装的类及其接口、端口以及由内嵌的构件和连接件构成的内部结构，表示系统的静态设计实现视图。构件图是类图的变体。

（4）部署图。部署图描述对运行时的处理结点以及在其中生存的构件的配置。部署图给出了体系结构的静态部署视图。

（5）组合结构图。组合结构图具体描述类、构件和协作等模型元素的内部结构，包括该部分和系统的其他部分的交互点。组合结构图描述类的运行时刻的分解，是 UML 2.0 新增的。构件与组合结构差别很小。

（6）包图。包图描述系统各个部分如何打成包以及各个包之间的依赖关系。

（7）外廊图。外廊图是在<<Profile>>包中创建的扩展 UML 元素、连接器和构件。

（8）用例图。用例图描述一组用例、参与者及其之间的关系。用例图给出系统的静态用例视图，这些图对系统的行为进行组织和建模是非常重要的。

（9）活动图。活动图将进程或其他计算的结构展示为计算内部一步一步的控制流和数据流。活动图专注于系统的动态视图。它对于系统的功能建模特别重要，并强调对象间的控制流程。

（10）交互图。交互图展现了一种交互，由一组对象或角色及其之间可能发送的消息构成。交互图专注于系统的动态视图，包括顺序图、通信图、交互概览图和定时图。

1）顺序图。顺序图是用于强调消息的时间次序的交互图。

2）通信图。UML 2.0 中的通信图实际上就是 UML 1.x 中的协作图，强调收发消息的对象或角色的结构组织，为读者提供了在协作对象结构组织的语境中观察控制流的一个清晰的可视化轨迹，它描述类实例以及类实例之间的关系，以及在类实例之间传递的消息流，侧重于展现消息发送和消息接收的对象结构。

3）交互概览图。交互概览图是活动图和顺序图的混合物。这些图有特殊的用法，本书不做讨论。

4）定时图。定时图描述某个时间段内的对象行为，特别展现对象响应外部事件而发生的状态变化，一般用于描述嵌入式系统。

（11）状态机图。状态机图描述对象状态和对象之间的交互以及状态变迁。状态机（state machine）是一种行为，说明对象在它的生命期中响应事件所经历的状态序列及其对事件的响应。

UML 的核心图有用例图、顺序图和类图，以上 3 种图能够满足 80% 的系统需求。对于特别复杂的系统，可以再增加其他图示来说明。

2.2.2 规则

不能简单地把 UML 的构造块随机地堆放在一起，UML 有一套规则。UML 有自己的语法和语义规则，用于命名、范围、可见性、完整性和执行规则。

命名：为事物、关系和图起名。

范围：使名字具有特定含义的语境。

可见性：如何让其他人使用或看见名称。

完整性：事物如何正确、一致地相互联系。

执行：运行或模拟动态模型的含义是什么。

在软件开发的生命期内，随着系统细节的展开和变动，不可避免地会出现不太规范的模型。UML 的规则鼓励（不是强迫）专注于最重要的分析、设计和实现问题，促使模型随着时间的推移而具有良好的结构。

2.2.3 公共机制

为了使 UML 整个模型更加具有一致性，使模型更简单、更协调，UML 定义了 4 种主要公共机制：规约（specification）、修饰（adornment）、通用划分（common division）及扩展机制（extensibility mechanism）。

1. 规约

在 UML 中，每个元素（构造块）都有一个相应的图形符号，同时对每个图形符号的语义都应该有一个详细的文字描述，这种对图形符号的语义进行的文字描述称为规约（也称规格说明）。例如，在类的图符背后有一个规约，它提供了对该类拥有的属性和操作的全部描述；在视觉上，类的图符可能仅展示这个规约的一小部分。可能存在着该类的另一个视图，其中提供了一个完全不同的部件集合，但是它仍然与该类的基本规约一致。UML 的规格说明用来描述系统的细节，如图 2.30 所示。

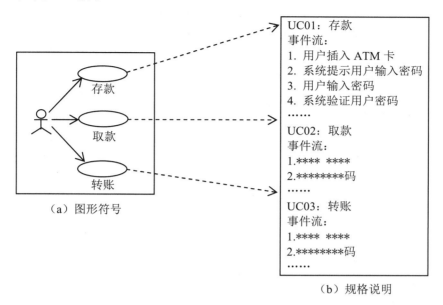

图 2.30　图形符号与对应的规格说明

2．修饰

UML 表示法中的每个元素都有一个基本的符号，对事物的主要属性提供了可视化表示。如要将事物的细节表示出来，就必须对元素符号加以修饰。如类的详述可以包含其他的修饰细节，如可见性，如图 2.31 所示。图中的类有两个公共操作，一个受保护操作和一个私有操作。

3．通用划分

通用划分用于在 UML 中对各种事物进行划分。通常有以下划分方式。

（1）对象与类的划分。类是对象的抽象，而对象是类的一个具体表现。在 UML 的图形上，采用与类相同的图形符号来表示对象，对象只是在名字下面画一条线，如图 2.32 所示。图 2.32（a）中 Customer 是类，图 2.32（b）中 Jan 为 Customer 的对象（明确标记），图 2.32（c）中:Customer 是匿名的 Customer 对象，图 2.32（d）中 Elyse 是另一种 Customer 的对象（在规约中被说明）。UML 的每个构造块几乎都有像类/对象这样的二分法。如用例和用例执行、构件和构件实例、结点和结点实例等。

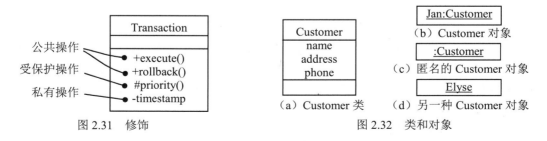

图 2.31　修饰　　　　　　　　　　　图 2.32　类和对象

（2）接口和实现的分离。接口是一个系统或对象的行为规范，这种规范预先告知使用者或外部的其他对象该系统或对象的某项能力及其提供的服务。通过接口，使用者可以启动该系统或对象的某个行为。而实现是接口的具体行为，它负责如实地实现接口的完整语义，是具体的服务兑现过程。在 UML 中既可以对接口建模，又可以对它们的实现建模，如图 2.33 所示。

（3）类型和角色的分离。类型声明了实体的种类，如对象、属性或参数；角色描述了实体在语境中的含义，如类、构件或协作。任何作为其他实体结构中的一部分的实体（如属性）都具有两个特性：一是从它固有的类型派生出一个含义，二是从它在语境中的角色派生出一些含义。具有角色和类型的部件如图 2.34 所示。

图 2.33　接口和实现　　　　　　　图 2.34　具有角色和类型的部件

4. 扩展机制

扩展机制是为了使语言具有更好的适应性，允许 UML 的使用者根据自己的需要来自定义一些事物。UML 提供的扩展机制允许用户对 UML 进行扩展，以便适应一个特定的方法/过程、组织或用户。这些扩展机制已经被设计好，以便在不需理解全部语义的情况下就可以存储和使用。通过扩展机制，用户可以定义使用自己的元素。UML 扩展机制有衍型（stereotype）、标记值（tagged value）和约束（constraint）。在很多情况下对 UML 进行扩展，使其能够应用到更广泛的领域，如图 2.35 所示。

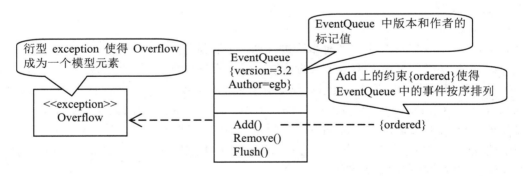

图 2.35　扩展机制的使用

（1）衍型。衍型又称构造型或者版型。衍型扩展 UML 词汇，允许创建一些新的构造块，这些新的构造块是从已有的构造块派生而来的，但针对特定问题。它不仅允许用户对模型元素进行必要的扩展和调整，还能够有效地防止 UML 变得过于复杂。衍型是一种新的模型元素，与现有的模型元素具有相同的结构，但是加上了一些附加限制，具有新的解释和图标。通过向新的模型元素中添加属性，新的模型元素可以扩展原模型元素。衍型最简单的形式是用一对尖括号（<<>>）括起来，然后放置在衍型模型名字的邻近，如图 2.36 所示。UML 中已经预定义了多种模型元素的标准衍型，UML 允许设计者使用衍型为每个类指明一个专门的类型。衍型将模型元素以特定的类型分类，通过说明要强调的特征来扩展模型元素的基本定义。衍型为 UML 增加了新的事物。

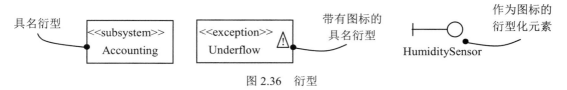

图 2.36　衍型

衍型不是为元素增加新的属性或约束，而是直接在已有元素中增加新的语义，即为 UML 增加新的事物。有些概念、方法或特定领域特有标注 UML 不支持，此时用户就可以自定义。自定义版型时需要做以下工作：描述自定义版型的基础是哪个元素；描述对该元素语义的影响；给出使用该版型的例子。

（2）标记值。标记值是一对任意的标记值字符串，能够被连接到任何一种模型元素上。标记值扩展了 UML 衍型的属性，可以用来创建衍型规约的新信息。UML 2.0 规范对标记值的定义如下：标记值是对某种属性的"名称-值"对的明确定义。标记值与类的属性不同，确切地说，可以把标记值看作元数据，这是因为它的值应用到元素本身，而不是应用到它的实例，如图 2.37 所示。

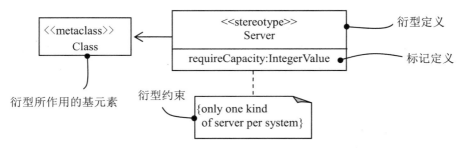

图 2.37　衍型和标记定义

标记值是对某种属性"键-值"对的明确定义，这些"键-值"存储有关模型元素的信息。使用标记值的目的是赋予某个模型元素新的特性。标记值用字符串表示，字符串有标记名、等号和值。它们被规则地放置在大括号（{}）内，写法上为"键=值"，如图 2.38 所示。标记值可用来存储元素的任意信息，对存储项目管理信息尤其有用，如元素的创建日期、开发状态、截止日期和测试状态。除了内部元模型属性名外，任何字符串都可以作为标记名，而一些标记名已经被预定义了。

图 2.38　标记值

标记值还提供一种将独立于实现的附加信息与元素联系起来的方式。例如，代码生成器需要有关代码种类的附加信息以从模型中生成代码，如图 2.39 所示。

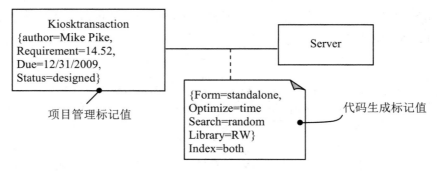

图 2.39　代码生成标记值

（3）约束。约束是用文字表达式表示的语义限制。约束扩展 UML 构造块的语义，允许增加新的规则或修改已存在的规则。约束指明了运行时的配置必须满足与模型一致的条件。每个表达式有一种隐含的解释语言，这种语言可以是正式的数学符号，如 set-theoretic 表示符号；或是一种基于计算机的约束语言，如 OCL；或是一种编程语言，如 C++；或是伪代码，或非正式的自然语言。当然，如果这种语言是非正式的，那么它的解释也是非正式的，并且要由人来解释。即使约束由一种正式语言表示，也不意味着它自动为有效约束。

约束可以表示不能用 UML 表示法表示的约束和关系。当陈述全局条件或影响许多元素的条件时，约束特别有用。UML 中提供了一种简便、统一和一致的约束，是各种模型元素的一种语义条件或限制。一条约束只能应用于同一类的元素。

约束用花括号括起来的字符串表达式（{constraint}）表示，放在相关的元素附近。约束可以附加在表元素、依赖关系或注释上。如果约束应用于一种具有相应视图元素的模型元素，则它可以出现在它所约束元素视图元素的旁边。如果一条约束涉及同一种类的多个元素，则要用虚线把所有受约束的元素框起来，并把该约束显示在旁边（如或约束）。

约束可分为泛化约束和关联约束。

1）泛化约束。泛化约束应用于泛化的约束，显示在大括号里。若有多个约束，则用逗号隔开，如图 2.40（a）和图 2.40（b）所示。如果没有共享，则用一条虚线通过所有继承线，并在虚线的旁边显示约束，如图 2.40（a）所示。

常用泛化约束如下：

A．完全（complete）泛化：在模型中给出泛化关系的所有子类（虽然一些子类可能在图中省略），不允许再增加其他子类。完全泛化是一般类特化出它所有的子类（即使一些子类可能在图中省略），不允许再有更多的子类，记为{complete}，如图 2.40（c）所示。

B．不完全（incomplete）泛化：在模型中没有给出泛化关系的所有子类（虽然一些子类可能在图中省略），允许再增加其他子类。不完全泛化即未特化出它所有的子类（即使一些子类可能在图中省略），允许再增加子类，表示为{incomplete}，如图 2.40（d）所示。

C．互斥（disjoint）泛化：父类对象最多以给定的子类中的一个子类作为类型。如交通工具互斥为飞机、轿车和卡车，表示为{disjoint}，如图 2.40（d）所示。

D．重叠（overlapping）泛化：父类的对象可能以给定的子类中的一个以上子类作为类型。重叠泛化指在继承树中，存在某种具有公共父类的多重继承，表示为重叠（overlapping），如图 2.40（e）和图 2.40（f）所示。

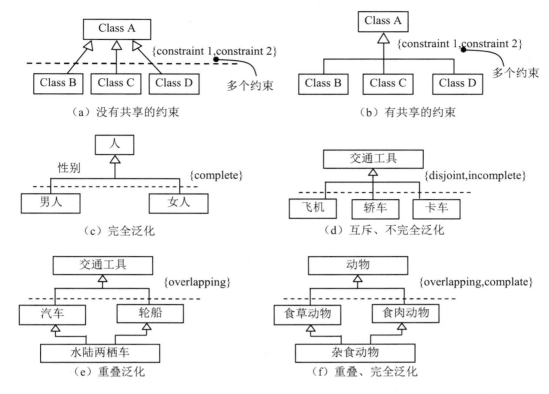

图 2.40　泛化约束

互斥和重叠只应用于多继承语境中。互斥表示一组类是相互不兼容的，一个子类不可继承该组中一个以上的父类。用重叠说明一个类能从这组类中一个以上的父类进行多继承。

2）关联约束。常用关联约束如下：

A．隐式（implicit）：该关联只是概念性的，在对模型进行精化时不再使用。

B．有序（ordered）：具有多重性的关联一端的对象是有序的。

C．可变（changeable）：关联对象之间的链（link）是可变的（添加、修改、删除）。

D．只读（addonly）：可在任意时刻增加新的链接。

E．冻结（frozen）：冻结已创建的对象，不能再添加、删除和修改它的链接。

F．或约束（xor）：某时刻只有一个当前的关联实例，如图 2.41 所示。

这三种机制允许根据项目的需要塑造和培育 UML，可以增加新的构造块，修改已存在的构造块的详述，甚至可以改变它们的语义。当然，以受控的方式进行扩展是重要的，这样可不偏离 UML 的真正目的——信息交流。一定要记住扩展是违反 UML 标准形式的，并且会导致相互影响。在使用

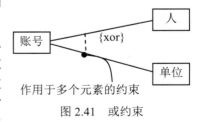

作用于多个元素的约束

图 2.41　或约束

扩展机制之前，建模者应该仔细权衡它的好处和代价，特别是当现有机制能够合理工作时。典型的扩展用于特定的应用领域或编程环境，但是它们导致了 UML 方言的出现，包括所有方言的优点和缺点。

5. Profile 扩展机制

Profile 是一种通用的 UML 扩展机制，用于构建面向特定应用领域的 UML 模型。它具有一组定义的衍型、标记值、约束和应用于具体领域的模型元素，如类、属性、操作和活动。一个 Profile 对象就是一系列为特定领域（比如航空航天、轨道交通、金融）或平台（J2EE、.NET）定义的集合。由于 Profile 建立在普通 UML 元素的基础上，因此它不代表一种新的语言，能够被现有的 UML 建模工具支持。通常，Profile 由工具开发者、建模框架设计者提出。

2.3 UML 视图

在建筑业中需要从不同的侧面展示房屋的立视图，如果客户的设计需要某些不寻常的特征，则客户和建筑师还需要勾画一些强调这些细节问题的草图。这种从不同角度可视化系统的做法并不局限于建筑业，航空业、造船业、制造业和软件业等都在使用。在进行系统建模时，有 5 种视图对软件体系结构的可视化、详细描述、构造和文档化是最重要的，包括用例视图、设计视图、交互视图、实现视图、部署视图。每种视图都包括结构建模（静态事物建模）和行为建模（动态事物建模）。这些不同的视图一起捕获了系统的最重要的决策。每种视图是在某个特定的方面对系统的组织和结构进行的投影。视图由多个图构成，它不是一个图表，而是在某个抽象层上对系统的抽象表示。

（1）用例视图（use case view）。用例视图用来支持软件系统的需求分析，它定义系统的边界，关注的是系统应该支付的功能，强调从系统的外部参与者（主要是用户）的角度看到的或需要的系统功能。用例视图描述系统应该具备的功能，也就是外部参与者所需要的功能。用例视图是 UML 视图的核心，它的内容直接驱动其他视图的开发。用例视图的静态方面用用例图进行描述；动态方面由交互图、状态机图和活动图表现。用例视图在系统需求分析时起重要的作用，系统开发的最终目标就是与用例视图中的描述一致。另外，通过测试用例视图，可以检验和最终校验系统。用例视图的使用者为最终用户、开发人员和测试人员。

（2）设计视图（design view）。设计视图从设计的角度关注系统的静态和动态表示，从而确保系统所有重要的需求得以实现。它既关注系统的内部，描述系统的静态结构（类、对象和它们之间的关系），又关注系统内部的动态协作关系。设计视图包括类、接口和协作，主要支持系统的功能需求，即系统应该提供给最终用户的服务。在 UML 中，设计视图的静态方面由类图和对象图表现；动态方面由交互图、状态机图和活动图表现。类的内部结构图特别有用。设计视图的使用者为分析人员和设计人员。

（3）交互视图（interaction view）。交互视图展示了系统的不同部分之间的控制流，包括可能的并发和同步机制。交互视图主要针对性能、可伸缩性和系统的吞吐量来评价进程的执行。在 UML 中，对交互视图的静态方面和动态方面的表现与设计视图相同，但着重于控制系统的主动类及其之间流动的消息。交互视图的使用者是最终用户、分析人员和系统集成人员。

（4）实现视图（implementation view）。实现视图也称系统的组件视图，用来说明代码的解耦，描述的是组成一个软件系统的各个物理部件，这些物理部件以各种方式组合起来，构成一个可以实际运行的系统。因此，它包含了用于装配与发布物理系统的构件和文件。组件可以是程序文件、库文件、可执行文件和文档文件等，主要针对系统发布的配置管理，可以用各种方法装配它们。组件视图强调显示组件的组织结构，描述系统的实现模块及其之间的依赖关系。

在 UML 中，实现视图的静态方面由构件图表现；动态方面由交互图、状态机图和活动图表现。实现视图的使用者是最终用户、开发人员、测试人员和项目管理者。

（5）部署视图（deployment view）。部署视图描述软件系统在计算机硬件系统和网络上的安装、分发和分布情况，表示系统运行时的计算资源（如计算机及其之间的连接）的物理布置。这些运行资源被称作结点，结点可以是计算机或者设备，将这些结点连接起来就可以分析和展示在物理架构中系统是如何部署的。部署视图主要描述组成物理系统的部件的分布、交付和安装。例如一个程序在哪台计算机上执行，执行程序的各结点设备之间是如何连接的。在 UML 中，部署视图的静态方面由部署图表现；动态方面由交互图、状态机图和活动图表现。部署视图的使用者主要是开发人员、系统集成人员和测试人员。

每种 UML 视图由特定的一组图组成，某些图可能同时从属于多个视图，体现出视图之间的重叠。如果要为系统建立一个完整的模型图，需定义一定数量的视图，每个视图表示系统的一个特殊方面。另外，视图还把建模语言和系统开发时选择的方法或过程连接起来。

这 5 种视图中的每种都可单独使用，使不同的人员能专注于他们最关心的体系结构问题。这 5 种视图也可相互作用，如部署视图中的结点拥有实现视图的构件，而这些构件又表示了设计视图和交互视图中的类、接口、协作以及主动类的物理实现。最好用 5 个互连的视图来描述软件密集型系统的体系结构。UML 的视图如图 2.42 所示。

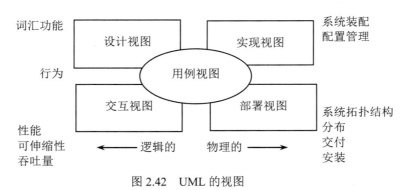

图 2.42　UML 的视图

UML 视图最早由 Philippe Kruchten 提出，Philippe Kruchten 将其作为软件体系结构的表示方法。UML 中的视图并不只有 5 个，视图只是 UML 中图的组合，用户可以根据需要自定义视图。

小　结

UML 定义良好、易于表达、功能强大，UML 建模过程是一个迭代递增的开发过程。UML 是一种描述语言，它提供多种类型的模型描述图。图由各种图形元素组成，用于展示系统的某个部分或方面。而视图是由特定的一组图组成的，某些图可能同时从属于多个视图，体现出视图之间的重叠。在建立一个系统模型时，通过定义多个反映系统不同方面的视图，才能对系统做出完整、精确的描述。UML 2.5 有 14 种模型图，每种模型图各有侧重，如用例图侧重描述用户需求，类图描述的是系统的结构，顺序图描述的是系统的行为，构件图描述的是系统的模块结构。类图、对象图和用例图对一个系统或者至少是一组类、对象或用例建模，而状态机图只对一个对象类建立模型。RUP 往往与 UML 联系在一起，针对软件系统建立可视化模型，可以帮助人们提高管理软件复杂性的能力。包可用于组织模型中的相关元素。包之间可以存在依赖关系，但这种依赖关系没有传递性。

　　UML 由 3 种构造块、4 种公共机制和规则组成。3 种构造块为事物、关系和图。4 种公共机制为规范说明、修饰、公共划分和扩展机制。扩展机制包括衍型、标记值和约束，它们是 UML 提供的用以增加新的构造块、创建新的特性和说明新的语义的机制。衍型可以为 UML 增加新的事物，标记值可以为 UML 的衍型增加新的特性，约束可以增加新的语义或扩展已存在的规则。

复习思考题

一、选择题

1. UML 具有扩展性，常见的扩展机制有（　　）。
　　A．修饰　　　　　　　B．版类　　　　　　　C．加标签值　　　　　D．约束
2. UML 语言支持的建模方式有（　　）。
　　A．静态建模　　　　　B．动态建模　　　　　C．模块化建模　　　　D．功能建模
3. 下列可用于动态建模的有（　　）。
　　A．状态机图　　　　　B．类图　　　　　　　C．顺序图　　　　　　D．活动图
4. 下列属于状态的组成部分的有（　　）。
　　A．名称　　　　　　　B．活动　　　　　　　C．条件　　　　　　　D．事件
5. 属性的可见性有（　　）。
　　A．公有的　　　　　　B．私有的　　　　　　C．私有保护的　　　　D．保护的
6. UML 体系包括 3 个部分：基本构造块、（　　）和公共机制。
　　A．规则　　　　　　　B．命名　　　　　　　C．模型　　　　　　　D．约束
7. UML 图不包括（　　）。
　　A．用例图　　　　　　B．类图　　　　　　　C．状态图　　　　　　D．流程图
8. 在 UML 的最上面一层，视图被划分为（　　）视图域。
　　A．模型管理　　　　　B．扩展机制　　　　　C．动态行为　　　　　D．结构分类
9. UML 2.0 在 UML 1.0 的基础上，对（　　）的建模能力进行了增强。
　　A．活动　　　　　　　B．交互　　　　　　　C．复杂结构　　　　　D．状态机
10. UML 的（　　）是由建模者设计的新的建模元素，但是该建模元素的设计要建立在 UML 已定义的模型元素基础上。
　　A．标记值　　　　　　B．构造型　　　　　　C．注释　　　　　　　D．约束
11. UML 中的事物包括结构事物、分组事物、注释事物和（　　）。
　　A．实体事物　　　　　B．边界事物　　　　　C．控制事物　　　　　D．动作事物
12. UML 中的 4 种关系是依赖、泛化、关联和（　　）。
　　A．继承　　　　　　　B．合作　　　　　　　C．实现　　　　　　　D．抽象

13．用例用来描述系统在事件做出响应时所采取的行动。用例之间具有相关性。在一个订单输入子系统中，创建新的订单和更新订单都需要检查用户账号是否正确。那么，用例"创建新订单""更新订单"与用例"检查用户账号"之间是（　　）关系。

A．包含　　　　　　B．拓展　　　　　C．分离　　　　　　D．聚集

14．UML 的全称是（　　）。

A．Unify Modeling Language　　　　　B．Unified Modeling Language

C．Unified Modem Language　　　　　D．Unified Making Language

15．UML 的最终产物是最后提交软件系统和（　　）。

A．用户手册　　　　　　　　　　　B．类图

C．动态图　　　　　　　　　　　　D．相应的软件文档资料

二、判断题

（　　）1．UML 是一种建模语言，是一种标准的表示，是一种方法。

（　　）2．UML 支持面向对象的主要概念，并与具体的开发过程有关。

（　　）3．1997 年 11 月，UML 1.1 规范被 OMG 组织确认，成为正式的规范。

（　　）4．UML 既是一门建模语言，又是一门编程语言。

（　　）5．UML 2.0 彻底推翻了 UML 1.x 中的核心概念，发展成为一门与之前截然不同的建模语言。

（　　）6．UML 的公共机制有规约、修饰、通用划分和扩展机制。

（　　）7．UML 基本构造块包括事物、关系和图。

（　　）8．用例之间有扩展、使用、组合等几种。

（　　）9．常见的结构性事物有类、接口、用例、协作、构件和结点等。

（　　）10．协作定义了一个交互，它是为实现某个目标而共同工作、相互配合的多个元素之间的交互动作。

三、填空题

1．_____是面向对象技术领域内占主导地位的标准建模语言，它统一了过去相互独立的数十种面向对象的建模语言，形成了一个统一的、公共的、具有广泛适应性的建模语言。

2．UML 2.0 将图分为_____和_____两类。

3．UML 2.0 包括 13 种图，分别是_____、_____、_____、_____、_____、_____、_____、_____、_____、_____、_____、_____和_____。

4．UML 2.0 结构图包括_____、_____、_____、_____、_____和_____。

5．UML 2.0 行为图包括_____、_____、_____和_____。

6．UML 中主要包括 4 种关系，分别是_____、_____、_____和_____。

7．UML 的通用机制分别是_____、_____和_____。

8．常用的 UML 扩展机制分别是_____、_____和_____。

9．Rational 统一过程的 5 种视图结构分别是_____、_____、_____、_____和_____。

10．UML 的事物包括_____、_____、_____和_____。

四、综合题

1．为什么要使用 UML？

2．UML 有哪些特点？

3．UML 2.0 包括哪些图？

4．简述视图与图之间的关系。

5．简述类图与定时图之间的关系。

6．UML 建模由哪些视图组成？每个视图包括哪些模型图？

第3章 UML模型图

知识目标	技能目标
（1）掌握 UML 模型图的符号。 （2）掌握 UML 模型图的关系。 （3）掌握 UML 模型图的分类。	（1）能够绘制 UML 结构图。 （2）能够绘制 UML 行为图。

 知识结构

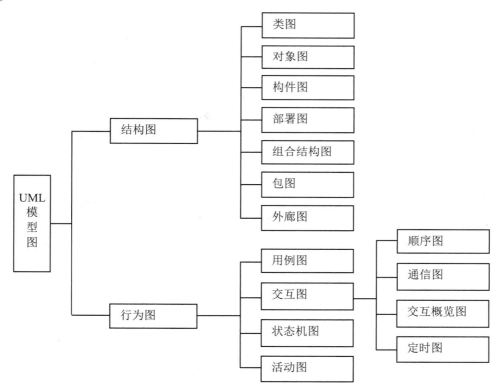

UML 是独立于软件开发过程的，本章介绍 UML 的各种模型图符号和构成。

3.1 UML 模型图概述

UML 模型图可以分为结构图和行为图。UML 结构图用于对系统的静态方面进行可视

化、详述、构造和文档化。UML 行为图用于对系统的动态方面进行可视化、详述、构造和文档化。

3.1.1 UML 结构图

软件系统静态方面由类、接口、协作、构件和结点等事物的布局组成。UML 的结构图大致围绕着对系统建模时发现的几组主要事物来组织。结构图类型及其说明见表 3.1。

表 3.1 结构图类型及其说明

图类型	说明
类图	捕捉系统的逻辑结构，包括类、接口和协作
对象图	描述类的对象实例和在一个时间点上它们的关系
构件图	说明软件块、嵌入的控制器等构成了一个系统，及其组织和依赖关系
部署图	显示如何进行系统的部署、部署在哪里（即它执行的体系结构）
结合结构图	反映类、接口和构件的内部合作来描述它的功能
包图	描述类、接口、构件、结点、协作、用例等在包内的组织结构和依赖关系
外廓图	是那些在 Profile 包中创建的扩展 UML 元素、连接器和构件

3.1.2 UML 行为图

软件只有在运行时才有行为（即功能）。行为的表现形式是不同的：与软件功能关联的行为是系统行为；与对象关联的行为是对象行为；与对象某个行为的内部逻辑关联的行为是逻辑行为。UML 动态行为图包括用例图、活动图、状态机图和交互图，交互图包括顺序图、通信图、交互概览图和定时图。行为图类型及其说明见表 3.2。

表 3.2 行为图类型及其说明

图类型	说明	系统行为	对象行为	逻辑行为
用例图	描述系统的功能需求、使用者作用于系统边界的方法以及系统的反应	√		
顺序图	描述工作流程、消息传递和元素之间的一般合作，以及随时间推移达到的结果		√	
状态机图	说明任何元素可以在状态之间移动、根据状态转移触发器和制约条件来分类其行为		√	
通信图	显示运行时元素之间的互动关系，并可视化对象间的关系		√	
活动图	描述系统的整体流中行为是如何相关的			√
定时图	定义了在不同对象的行为事件尺度内提供的更改状态，以及随时间的推移进行交互对象的可视化表示		√	
交互概览图	用可视化方式说明其他交互图之间的合作，展示控制流的作用		√	√

3.2　类图和对象图

3.2.1　类图和对象图的图符

类图（class diagram）是面向对象系统建模中最常用和最重要的图，是定义其他图的基础。类图由类和类间关系组成，对象图是类图的变体，它使用与类图相似的符号描述。类图和对象图的图符见表 3.3。

表 3.3　类图和对象图的图符

可视化图符	名称	描述
	类	表示具体的一个类，第一栏为类名，第二栏为类的属性，第三栏为类的方法
	包	一种分组机制，表示一个类图的集合
———	关联关系	表示类的对象间的关系，包括两种特殊形式：聚合关联和组合关联
◇—	聚合关系	表示类的对象间的关系为整体与部分的关系
◆—	组合关系	表示整体与部分之间的关系。组合关系中，部分类需要整体类才能存在。当整体类被销毁时，部分类将同时被销毁
◁—	泛化关系	也称继承关系，描述类或包的一般元素与特殊元素之间的分类关系
◁- - -	依赖关系	有两个类或包元素 X、Y，修改 X 的定义，可能引起 Y 定义的修改，则称 Y 依赖于 X
◁- -	实现关系	表示一个类实现接口（可以是多个）的功能。实现是类与接口间的常见关系
	注释体	对构件图或某个构件进行说明
- - - - - ·	注释连接	将注释体与要描述的实体连接起来，表明该注解是对哪个实体的描述

1. 类的表示方法

类是面向对象系统中最重要的构造块，是对一组具有相同属性、操作、关系和语义对象的描述。一个类可以实现一个或多个接口。类可以是作为问题域一部分的抽象，也可以是构成实现的类。

（1）类的定义。类通常表示类名、属性和服务。类名可以由任意多个字母、数字和某些标点符号组成。类名中每个单词的第一个字母通常要大写，如 Customer，如图 3.1 所示。类名用名词或名词短语（动词或动词短语表示控制类）表示；类名尽可能用明确、简短的业务领域中事物的名称，避免使用抽象、无意义的名词。使用适当的语言文字对类命名，如概念类可用中文，但一般用英文。类的命名分为"简单名"和"限定名"两种形式。简单名反映每个对象个体，而不是整个群体。如用"书"而不用"书籍"，用"学生"而不用"学生们"。限定名包括类名和包名。

类除了表示类名、属性和服务外，还可以表示约束及其他成分等。在类图中，根据建模的不同情况，类图标中不一定列出全部的内容。如在建立分析模型或设计模型时，甚至可以只列出类名，在图中着重表达的是类与类之间的联系；在建立实现模型时，则应当在类图标中详细给出类的属性和操作等细节。

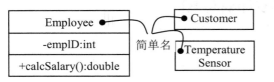 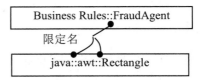

图 3.1　类的简单名和限定名

（2）类的属性。在 UML 中，属性的完整语法形式如下：

[可见性]属性名称[:类型][多重性][=[默认值]][特性串{(类别)性质-字符串}]

[visibility] name[:type] [multiplicity] [= [default]] [{property-string}]

[]中的内容表示可选项。

下列属性都是合法的：

student	只有属性名
+student	可见性和属性名
origin:point	属性名和类型
name:string[0..1]	属性名、类型和多重性
origin:point=(0,0)	属性名、类型和初始值
id:Integer{readonly}	属性名、类型和特性

- name:String ="Wanghong"{must be string}

- age:Integer=18{Between 0 and 150}

类的可见性描述其是否可为其他类目使用。可见性表示见表 3.4。

表 3.4　可见性表示

可见性名称	可见性属性	标志	描述
公共的	Public	+	任何给定的类目可见的外部类目都可以使用这个特征
受保护的	Protected	#	类目的任何子孙都可以使用这个特征
私有的	Private	−	只有类目本身能够使用这个特征
包	Package	~	只有在同一个包中声明的类目能够使用这个特征

图 3.2 显示了 Toolbar 类的可见性。

除非另行规定，否则属性总是可变化的。可以用 readonly 特性指明在对象初始化后不能改变属性的值。

属性的数据类型如下：

字符串：String

布尔：Boolean

整型：Integer

实型：Real

集合：Set

属性的多重性表示属性值的取值数量及有序性，如 name:String[0..1]表示属性"name"

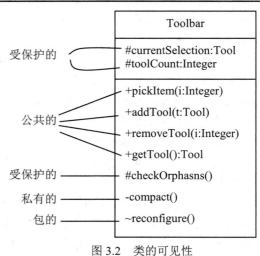

图 3.2　类的可见性

可能无值，也可能仅有一个值；points:Point[2..* ordered]表示有两个值或多个值，而且是有序的。

默认值表示属性默认的初始取值，如# visibility:Boolean = false 表示属性"visibility"初始取"false"。

特性表示属性约束说明，如# visibility:Boolean=false{读写}表示属性"visibility"可读、可写。

（3）类的操作。类的操作也称类的方法，它描述了类的动态行为，用于修改、检索类的属性或执行某些动作。在大多数抽象层次上，对类的行为特征建模时，只需简单地写下每个操作的名称即可。在 UML 中，操作的完整语法形式如下：

　　　　[可见性]操作名称[(参数名称)] [:返回值类型][特性串{(类别)性质-字符串}]

　　　　[visibility] name [(parameter-list)] [:return-type] [{property-string}]

操作的可见性与属性的相同，命名规则也与属性的相同。

参数名称中的参数是用与属性类似的方式表示的。其语法如下：

　　　　[方向]名称:类型[=默认值]

　　　　[direction] name:type [=default value]

方向可以取下述值之一：

in：输入参数，不能对它进行修改。

out：输出参数，为了向调用者传送信息，可以对它进行修改。

inout：输入参数，为了向调用者传送信息，可以对它进行修改。

下列操作是合法的：

display	操作名
+display	可见性和操作名
set(n:Name,s:String)	操作名和参数
restart(){guarded}	操作名和特性
getID():interger	操作名和返回类型

+balanceOn(date:Date):Money

还有一些已定义的可用于操作的特性，如查询、顺序、监护、并发和静态。

1）查询（query）。操作的执行不会改变系统的状态。这样的操作是完全没有副作用的纯函数。

2）顺序（sequencial）。调用者必须在对象外部进行协调，以保证在对象中一次仅有一个控制流。在出现多控制流的情况下，不能保证对象的语义和完整性。

3）监护（guarded）。通过将所有对象监护操作的所有调用顺序化，来保证在出现多控制流的情况下对象的语义和完整性。其效果是一次只能调用对象的一个操作，这又回到了顺序的语义。

4）并发（concurrent）。通过把操作原子化，来保证在出现多控制流的情况下对象的语义和完整性。来自并发控制流的多个调用可以同时作用于一个对象的任何一个并发操作，而所有操作都能以正确的语义并发进行。并发操作必须设计成在对同一个对象同时进行顺序的或减缓的操作的情况下，它们仍能正确执行。

5）静态（static）。操作没有关于目标对象的隐式参数，它的行为如同传统的全局过程。

顺序、监护和并发表达了操作的并发语义，是一些仅与主动对象、进程或线程的存在有关的特性。

（4）类的范围。对类目的属性和操作进行详述的另一个重要细节是范围。特征的范围指的是类目的每个实例都有自己独特的特征值，还是类目的所有实例都共同拥有单独一个特征值。在 UML 中有两种范围：实例范围和静态范围。实例范围是指对于一个特征，类目的每个实例均有它自己的值。这是默认的，不需要附加符号。静态范围是指对于类目的所有特征，特征的值是唯一的，也把它称作类范围，通过对特性串加下划线来表示，如图 3.3 所示。静态范围的特征大多用于私有属性，它们必须为一个类的所有实例所共有。

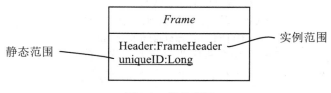

图 3.3　类的范围

对操作而言，静态范围的作用有一些不同。实例操作具有与被操作对象一致的隐含参数。静态操作没有这种参数，它的行为如同没有目标对象的传统全局过程，通常用来作为创造实例或者操纵静态属性的操作。

（5）类的分类。类可以分为具体类、抽象类和模板类。

1）具体类。具体类可以定义其实例，如图 3.4 所示。

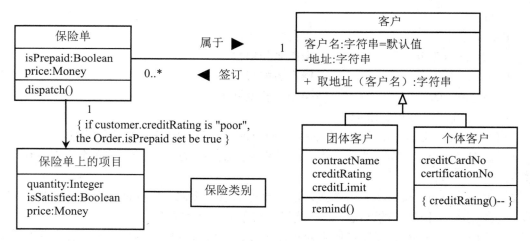

图 3.4　具体类

图 3.4 中共有保险单、客户、团体客户、个体客户、保险单上的项目和保险类别 6 个类。"客户"分为"团体客户"和"个体客户"，而"团体客户"和"个体客户"都具有"客户"的一般特征，即具有共同点，如客户名称和客户地址，"客户"是父类，"团体客户"和"个体客户"是子类。"客户"类与"团体客户"类和"个体客户"类是继承关系，用指向父类的空心箭头连线表示它们之间是继承与派生的关系。"客户"类与"保险单"类之间是一对多的关系，一个客户可以有多份保险单，每份保险单只有一个客户。

2）抽象类。抽象类不能实例化，通俗地说不能用抽象类来定义对象，但可以用抽象类来

第 3 章　UML 模型图　79

定义一个对象指针。抽象类用斜体表示，如图 3.5 所示。

```
        Vehicle
-fMaxspeed:float
+start():int
+stop():int
+Run(float fspeed):int
```

```
Java 代码
public abstract class Vehicle
{
    public abstract int Start();
    public abstract int Stop();
    public abstract int Run(float fSpeed);
    private float fMaxSpeed;
}
```

```
C++代码
class Vehicle
{
public:
    virtual int Start() = 0;
    virtual int Stop() = 0;
    virtual int Run(float fSpeed) = 0;
private:
    float fMaxSpeed;
};
```

图 3.5　抽象类

3）模板类。模板是一个被参数化的元素，在 C++和 Ada 语言中，可以写模板类，每个模板类都定义一个类的家族。模板可以包括类、对象和值的插槽，这些插槽起到了模板参数的作用。不能直接使用模板，必须首先对它进行实例化。实例化是把这些形式模板参数绑定成实际参数。对一个模板类来说，绑定后的结果就是一个具体类，能够像普通类一样使用。在 UML 中可以对模板类建模，如图 3.6 所示。模板类的画法与普通类的相同，只是在类图标的右上角带有一个附加的虚框，虚框内列出了模板参数。可以用两种方法对模板类的实例化进行建模：一种是隐式的，即声明一个在其名称中提供了绑定的类；另一种是显式的，即用一个被衍型化的 bind 的依赖，标明源端用实际参数对目标模板进行实例化。

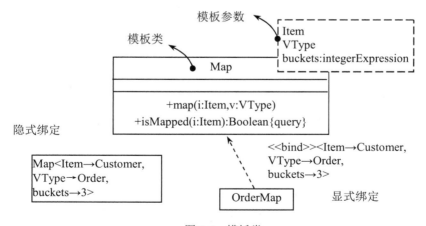

图 3.6　模板类

类还可以分为主动类和非主动类。主动类是指具有主动发起动作的类，是行为的发起者，如线程的封装类就是一个主动类；而非主动类不会主动发起动作，只是被动地被触发或被调用。当然，主动也是一种抽象的行为，这里所举的线程类例子只是主动行为的一种，在实际的建模过程中，可以根据应用的需要，将特定的类定义为主动类。

（6）接口。UML 类图元素中，接口是一系列操作的集合，它指定了一个类提供的服务，如图 3.7 所示。接口既可用图 3.7 中的图标来表示，也可用附加了<<interface>>的一个标准类来表示，它直接对应 Java 中的一个接口类型。通常，根据接口在类图上的样子，就能知道其与其他类的关系。

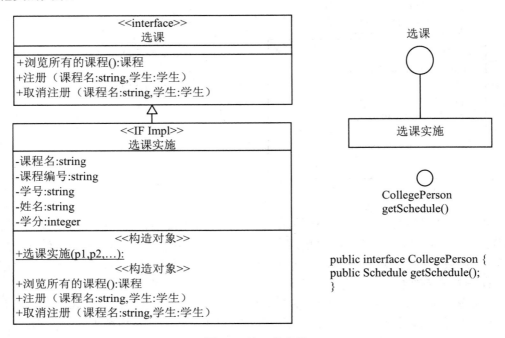

图 3.7　接口的表示

（7）类的版型。UML 中有三种主要的类版型：边界类、实体类和控制类。

1）边界类。边界类位于系统与外界的交界处，包括用户界面类（如窗口、对话框、报表类等），通信协议类（如 TCP/IP 的类），直接与外部设备交互的类和直接与外部系统交互的类。边界类的表示方法如图 3.8 所示。

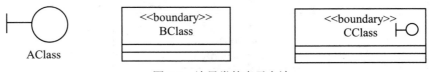

图 3.8　边界类的表示方法

2）实体类。实体类保存要放入持久存储体（数据库/文件等）的信息。实体类通过事件流和交互图发现，采用目标领域术语命名。通常实体类对应数据库中的表，其属性对应表的字段，但实体类与数据库中的表不一定是一一对应的。实体类的表示方法如图 3.9 所示。

图 3.9　实体类的表示方法

3）控制类。控制类是负责管理或控制其他类工作的类。每个用例通常有一个控制类，控制用例中的事件顺序。控制类也可以在多个用例间共用。控制类接收消息较少，发出消息较多。控制类的表示方法如图 3.10 所示。

图 3.10 控制类的表示方法

类图能够让我们在正确编写代码之前对系统有一个全面的认识。类图是一种静态模型类型。类图通常包括类、接口和关系，如图 3.11 所示。

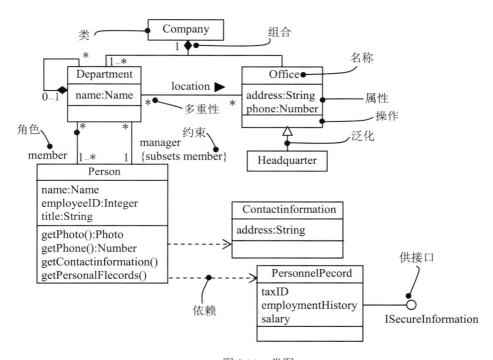

图 3.11 类图

2. 对象的表示方法

对象图是类图的实例，使用与类图几乎完全相同的标识。对象图的两个基本元素是对象和对象之间的关系。图 3.12 展示的是一个对象图中表示对象的图标。与类图相似，水平线将图标内的文字分成了两部分，上边代表对象的名称，下边代表对象的属性和值。

ObjectName:ClassName
attributeName1=valueA attributeName2=valueB

图 3.12 对象图标

对象的名称可以采用下面三种格式之一：

objectName：只有对象名。

:ClassName：只有类名。

objectName:ClassName：对象名和类名。

所有的对象名称都加了下划线，目的是区分对象名称和类名称。如果没有指定一个对象的类（既没有用上面的语法显式地指定，也没有在对象的说明中隐式地指定），那么这个对象的类就被认为是匿名的。如果只指定了类名称，那么这个没有对象名的图标代表的就是一个明显的匿名对象。

3.2.2　对象/类的关系

类图主要用来展示系统中的类、接口、协作以及它们之间的关系。用类图说明系统的静态设计视图。类之间的联系有关联、依赖、泛化和实现等，也包括类的内部结构（类的属性和操作）。类图是以类为中心来组织的。在面向对象的建模中，最重要的三种关系是关联、依赖、泛化。

1.　类的关联关系

类的关联是类之间的一种结构关系，说明一个事物的对象与另一个事物的对象相联系，比如客户类与订单类之间的关系。这种关系通常使用类的属性表达。

2.　类的依赖关系

在多数情况下，在类与类之间用依赖指明一个类使用另一个类的操作，或者使用其他类定义的变量和参量，如图 3.13 所示。这是一种使用关系，如果被使用的类发生变化，那么另一个类的操作也会受到影响，因为这个被使用的类此时可能表现出不同的接口或行为。在 UML 中也可以在其他事物中创建依赖，特别是注解和包。

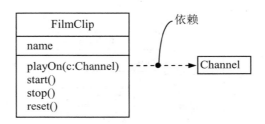

图 3.13　类的依赖关系

类的关联关系与依赖关系的区别可从两个角度来理解。从类之间关系的强弱程度来分，关联表示类之间的很强的关系，依赖表示类之间的较弱的关系。从类之间关系的时间角度来分，关联表示类之间的"持久"关系，这种关系一般表示一种重要的业务之间的关系，需要保存的或者说需要"持久化"的，或者说需要保存到数据库中的。比如学生管理系统中的 Student 类和 Class（班级）类，一个 Student 对象属于哪个 Class 是一个重要的业务关系，如果这种关系不保存，系统就无法管理。另外，依赖表示类之间是一种"临时""短暂"的关系，这种关系是不需要保存的。比如 Student 类和 StuEditScreen（学生登录界面）类之间就是一种依赖关系，StuEditScreen 类依赖 Student 类，依赖 Student 对象的信息来显示、编辑学生信息。

设计类之间的关系遵循的原则如下：首先判断类之间是否是一种"关联"关系，若不是，再判断是否是"依赖关系"。一般情况下若不是关联关系，就是依赖关系。

依赖关系有下列情形：

（1）ClassA 中某个方法的参数类型是 ClassB，这种情况称为耦合。

（2）ClassA 中某个方法的参数类型是 ClassB 的一个属性，这种情况称为紧耦合。

（3）ClassA 中某个方法的实现实例化 ClassB。

（4）ClassA 中某个方法的返回值的类型是 ClassB。

如果出现了上述 4 种情况之一，则两个类很有可能就是"依赖"关系。

依赖关系是类与类之间的连接，依赖总是单向的。依赖关系代表一个类依赖于另一个类的定义。下面的例子中，A 依赖于 B、C、D。Java 代码如下：

```
public class A{
    public B getB(C c,D d){
    E e = new E();
    B b = new B(c,d,e);
    }
}
```

有一些衍型可以应用到类图中的类和对象之间的依赖关系上。

3. 类的泛化关系

类的泛化关系是一般类目（称为超类或父类）和较特殊的类目（称为子类或孩子类）之间的关系。通过子类到父类的泛化关系，子类继承父类的所有结构和行为。在子类中可以增加新的属性和操作，也可以覆写父类的操作。在泛化关系中，子类的实例可以应用到父类的实例所应用的任何地方，这就意味着子类替代父类。在大多数情况下使用单继承就够了。使用多继承时，如果一个子类有多个父类，并且这些父类的结构和行为有重叠，那么就会出现问题。很多情况下，可以用委派来代替多继承，其中子类仅从一个父类继承，然后用聚合来获得较次要的父类的属性和操作。

4. 类图的实现关系

UML 模型图中，类图的实现关系表示一个模型元素实现了另一个模型元素定义的操作，一般是指一个类实现了一个接口定义的方法。在面向对象的概念中，接口只定义方法，并不实现这个方法。它用来给其他类继承，并用类的操作实现它定义的方法，通过这种方法就能够将定义和抽象分开，利于代码的维护。接口是一组操作的集合，其操作用于描述类或构件的一个服务，因此，接口描述了类或构件必须实现的合约。一个接口可以由多个这种类或构件实现，一个类或构件也可以实现多个接口。

5. 类图关系建模的选择策略

当用依赖关系和泛化关系建模时，可能是对表示了不同重要级别或不同抽象级别的类建模。给定两个类间的依赖，则一个类依赖另一个类，但后者没有前者的任何信息。给定两个类间的泛化关系，则子类继承父类的信息，但父类没有任何子类所特有的信息。总之，依赖关系和泛化关系都是不对称的，而关联建模是在相互对等的两个类之间建模。依赖是使用关系，泛化是"is a kind of"关系，而关联描述了类的对象之间相互作用的结构路径。

在用 UML 对关系建模时，要遵循以下策略。仅当被建模的关系不是结构关系时，才使用依赖关系，边界类、控制类和一些实体类之间的关系用依赖关系表示，主要反映一个对象使用另一个对象的属性和/或方法。仅当关系是"is a kind of"关系时，才使用泛化关系。常用聚合代替多继承；不要引入循环的泛化关系；一般要保持泛化关系的平衡；继承的层次不能太深，也不能太宽，可以寻找可能的中间抽象类。关联主要用于对象间有结构关系的地方，需要永久存储的实体类之间的关系用关联关系，主要反映对象之间的结构连接多重性；不要用关联来表示暂时关系，如过程的参数或局部变量。

3.2.3 类图的抽象层次

按照 Steve Cook 和 John Dianiels 的观点，类图分为概念层、说明层和实现层。类图的抽象层次表示如图 3.14 所示。

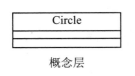

概念层

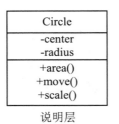

说明层

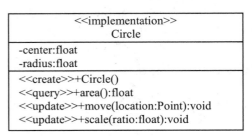

实现层

图 3.14 类图的抽象层次表示

（1）概念层。概念层描述应用领域中的概念。实现它们的类可以从这些概念中得出，但两者并没有直接的映射关系。事实上，一个概念模型应独立于实现它的软件和程序设计语言。

（2）说明层。说明层描述软件的接口部分，而不是软件的实现部分。面向对象开发方法非常重视区别接口与实现之间的差异，但在实际应用中却常常忽略该差异。这主要是因为 OO 语言中类的概念将接口与实现合在了一起。大多数方法受到语言的影响，也仿效了这种做法。现在这种情况正在发生变化，可以用一个类型（type）描述一个接口，这个接口可能因为实现环境、运行特性或者用户的不同而具有多种实现。

（3）实现层。实现层考虑实现问题，提供类的细节，才真正有类的概念，并且揭示软件的实现部分。这可能是大多数人最常用的类图，但在很多时候，说明层的类图更易于开发者之间的相互理解和交流。

要正确地理解类图，首先应正确地理解上述 3 种层次。虽然将类图分成 3 个层次的观点并不是 UML 的组成部分，但是它们对建模或者评价模型非常有用。尽管迄今为止人们似乎更强调实现层，但这 3 个层次都可应用于 UML，实际上，另外两个层次更有用。

类图技术是面向对象设计方法的核心，在系统开发的不同阶段，类图的作用也不相同。在需求分析阶段，类图主要用于一些概念类的描述，描述研究领域的概念；在设计阶段，类图主要用于描述类的外部特性，描述类与类之间的接口；在实现阶段，类图主要用于描述类的内部实现。因为 UML 建模工具主要根据类图产生代码，所以在 UML 的 14 种图中类图是基石，最重要。

3.2.4 对象图的构成

对象图描述了一组对象及其之间的关系。用对象图说明在类图中发现的事物的实例的数据结构和静态快照。任何一个类都可以实例化为很多对象，每个对象具有不同的属性值和相同的操作。对象图显示了在某个时间点上一组对象及其之间的关系，表示出对象集、对象的状态及对象之间的关系。UML 对象的表示方式很简单：在矩形框中放置对象的名字，对象名字下加下划线，对象名的表达遵循语法"<u>对象名:类名</u>"。对象名的表达方法有 3 种：<u>object name</u>，<u>object name:Class Name</u>，<u>:Class Name</u>。

当对象的名字在上下文环境中并不重要时，可以使用一个匿名的对象来表示，即只用类名加下划线表示对象。

对象也可以用两栏的矩形框表示，第一栏为对象名，第二栏为对象的属性。带有属性的对象表示如图 3.15 所示。

对象图是类图的实例，使用与类图几乎完全相同的标识。它们的不同点在于对象图显示类的多个对象实例，而不是实际的类，如图 3.15 所示。对象图描述的是对象之间的关系，也可以理解为系统在某个时刻的图像。对象图在比较具体的层次上描述，比如描述一个系统的各个类的对象是如何组合的。对象图没有类图那么复杂，对象的表示与类的相似，只是在名字域要标明对象名和所属类名，两者用冒号分隔，属性域要标识出属性的具体值，对象之间的关系都用实线段相连，如图 3.16 所示。现在很少将对象图独立画出来，一些 CASE 工具（如 Rational Rose 2003）就没有提供对象图。对象的概念更多用在动态的 UML 模型图中。

图 3.15　对象图符号

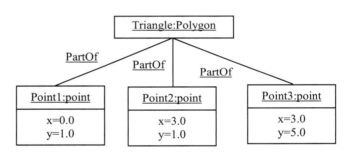

图 3.16　对象图

3.2.5　类图与对象图的区别

类图与对象图的区别见表 3.5。

表 3.5　类图与对象图的区别

项目	类图	对象图
组成	类图由类名、属性和操作组成	对象图由对象名称和对象属性组成
名称	类的名称栏只包含类名	对象的名称栏为"对象:类名"
属性	类的属性定义了所有的属性特征	对象的属性栏定义了对象属性值的当前值
操作	类图中列出了操作	对象图中不包含操作
连接	类中使用了关联连接，有名称、角色、约束等特征定义	对象使用链进行连接，链中包括名称和角色
多重性	类是一类对象的抽象，类不存在多重性	对象可以有多重性

3.3 包图

大型系统包括对大量潜在的类、接口、构件、结点、用例、图和其他元素的处理。如果直接使用类图表示整个系统，将使类图变得混乱不堪、无法理解，所以有必要把这些元素组织成较大的组块。在 UML 中，用于把建模元素组织成组的通用机制就是包。UML 把概念上相似的、有关联的、会一起产生变化的模型元素组织在一个包中。包就像一个"容器"，可用于组织模型中的相关元素以便控制模型的复杂度，使得开发人员更容易理解模型。包可以控制这些元素的可见性，使一些元素在包外是可见的，另一些元素要隐藏在包内。包也可以用来表示系统体系结构的不同视图，但是包不能执行、不能被实例化。

3.3.1 包图的图符

UML 1.x 用包来组织一个图中的所有元素，使用包的思想就是把共同工作的元素放到一个带标签的文件夹图标中。UML 2.0 把包作为一种图。在图形上，把包画成带标签的文件夹。

1. 包的名称

包中可以包含其他建模元素，UML 2.0 规定，如果包中不包含 UML 元素，包的名称应该放在矩形框内。如果它包含一些元素，名称就应该放在标签内，如图 3.17 所示。

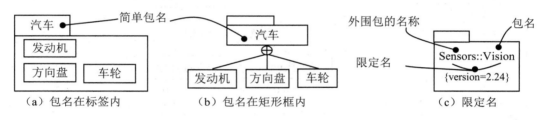

（a）包名在标签内　　　　（b）包名在矩形框内　　　　（c）限定名

图 3.17　包的表示方法

包的命名有两种方式，即简单包名（simple name）和路径包名（path name）。例如汽车是一个简单包名，而 Sensors::Vision 是路径包名。其中 Sensors 是 Vision 包的外围包，也就是说，Vision 包是嵌套在 Sensors 包中的。在一个包中不同种类的元素可以有相同的名称。如在一个包中，一个类命名为 Camera，一个构件也可以命名为 Camera，最好对一个包中的各种元素都唯一地命名。包的 Java 表示如图 3.18 所示。

图 3.18　包的 Java 表示

2. 包中的元素

系统中每个元素都只能被一个包拥有，一个包可以包括类、接口、构件、结点、协作、用例和图等。包可以嵌套在另一个包中。包拥有的或者引用的所有元素称为包的内容，包没有实例。包中的元素可以显式地以文字或图形方式显式包的内容，包中元素的表示方法如图 3.19 所示。包中的元素可以是用例，如图 3.20 所示。包中的元素也可以是构件，如图 3.21 所示。包可以拥有其他包，包中元素是包的表示如图 3.22 所示。包的系统和子系统关系如图 3.23 所示。

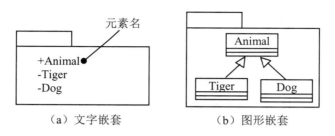

（a）文字嵌套　　　　　　　　（b）图形嵌套

图 3.19　包中元素的表示方法

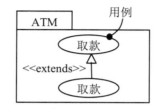

图 3.20　包中的元素是用例

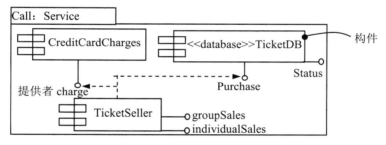

图 3.21　包中的元素是构件

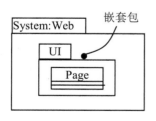

图 3.22　嵌套的包

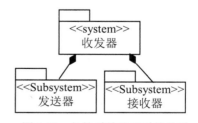

图 3.23　包的系统和子系统关系

3. 包中元素的可见性

与对类的属性和操作可以进行可见性控制相同，对包中元素也可以进行可见性控制。对包内含元素的可访问性的控制机制就是包的可见性。正如类的属性和操作的可见性控制一样，包中元素的可见性控制有 3 种：公有访问（+）、保护访问（#）和私有访问（-），其语义与类的可见性语义相同。

3.3.2 包图的关系

包与包之间的关系有依赖关系和泛化（继承）关系。

1. 包图的依赖关系

依赖关系其实是耦合的一种体现，如果两个包中的类之间存在依赖关系，那么这两个包之间也就有了依赖关系，也就存在了耦合关系。好的设计要求体现高内聚、低耦合的特性。包与包之间可以存在依赖关系，但这种依赖关系没有传递性，如图 3.24 所示。

图 3.24　包之间的依赖关系

2. 包图的泛化关系

与 UML 中其他建模元素类似，包之间也可以有泛化关系，如图 3.25 所示。其中包 WindowGUI 泛化了包 GUI，包 WindowGUI 继承了包 GUI 中的 Window 和 EventHandler 元素，同时包 WindowGUI 重新定义（即覆盖）了包 GUI 中的 Form 元素，而 VBForm 是包 WindowGUI 中新增加的元素。子包继承了父包中可见性为 public 和 protected 的元素。与子类和父类之间存在 Liskov 替换原则相同，子包和父包之间也存在 Liskov 替换原则，即子包可以出现在父包能出现的任何地方。但是在实际建模过程中，包之间的泛化关系很少用到。

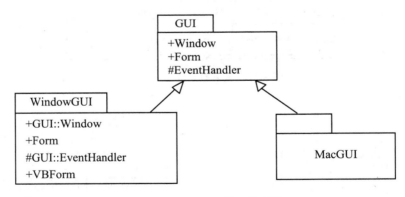

图 3.25　包之间的泛化关系

3.3.3　包的嵌套

包可以拥有其他包作为包内的元素，子包又可以拥有自己的子包，这样可以构成一个系统的嵌套结构，以表达系统模型元素的静态结构关系。在实际应用中，最好避免过深地嵌套包，两三层的嵌套差不多是管理的极限。如果要多层嵌套，就要用引入组织包。包的嵌套举例如图 3.26 和图 3.27 所示。

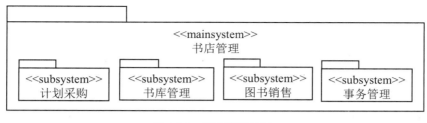

图 3.26　书店管理包图

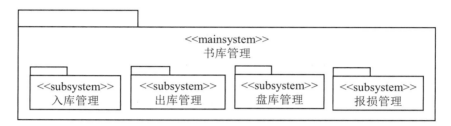

图 3.27　书库管理包图

3.3.4　包的设计原则

Robert C.Martin 总结了在面向对象的设计中对于包设计应遵循的原则：重用发布等价原则（Release Reuse Equivalency Principle，REP）、共同闭包原则（Common Closure Principle，CCP）、共同重用原则（Common Reuse Principle，CRP）、非循环依赖原则（Acyclic Dependencies Principle，ADP）、稳定抽象等价原则（Stable Abstractions Principle，SAP）、稳定依赖原则（Stable Dependence Principle，SDP）。

1. 重用发布等价原则

把类放入包中时，应考虑把包作为可重用的单元。重用主要是从用户的观点来看的。对用户来说，使用某个发布单位（构件、类、类群等），如果作者因为某种原因对其做了修改而发布了一个新的版本，用户会期望在升级为新版本之后，不会影响原系统的正常运作。也就是说，对于一个可重用（能供其他用户或系统使用）的元素（构件、类、类群等），作者应该承诺新版本能够兼容旧版本；否则，用户将拒绝使用该元素。这种设计原则与用户的使用心理有关，对于可重用的类，其开发可能比较快，开发人员会不断地推出这些可重用类的升级版本。但对于可重用类的使用者来说，不会随着可重用类的每次升级而修改自己的系统，但在需要升级时又会很容易地用新版本的可重用类替换旧版本的可重用类。一个构件要做到能够重用，必须有一个设计良好的结构，它所包含的所有元素必须也是可以重用的。因为如果一个为重用而设计的发布单位里包含了不可重用的元素，当不可重用的元素发生改变时，用户不得不改变原有系统以适应新的版本。这显然违反了重用的定义规则。也就是说，一个为重用目的而设计的发布单位里，不能包含不可重用的元素；如果包含了不可重用的元素，它将变得不可重用。重用发布等价原则规定重用粒度不能小于发布粒度，所有重用元素也必须被一起发布。发布粒度可以为包（构件）或类等实体，但一个应用往往包含了很多类，所以，具有更大的尺度的包（构件）更加适合作为发布粒度。因此，设计包的一个原则是把类放在包中时要方便重用，方便对这个包的各个版本的管理。

2. 共同闭包原则

共同闭包原则指的是把需要同时改变的类放在一个包中。例如，如果一个类的行为或结构的改变要求另一个类做相应的改变，则这两个类应放在一个包中；或者在删除了一个类后，另一个类变成多余的，则这两个类应放在一个包中；或者两个类之间有大量的消息发送，则这两个类应放在一个包中。在一个大项目中往往会有很多包，对这些包的管理并不是一项容易的工作。如果改动了一个包中的内容，则往往需要对这个包及依赖这个包的其他包重新编译、测试、部署等，这往往会带来很大的工作量，因此希望在改动或升级一个包时尽量少影响其他包。显然，当改动一个类时，如果受影响的类和这个类在同一个包中，则只对这个包有影响，其他包不会受影响。共同闭包原则就是要提高包的内聚性、降低包与包之间的耦合度。

3. 共同重用原则

共同重用原则是指把同时或者间隔时间短的建模元素放在同一个包中，不一起使用的类不放在同一个包中。这个原则与包的依赖关系有关。如果元素 A 依赖于包 P 中的某个元素，则表示 A 依赖于 P 中的所有元素。也就是说，如果包 P 中的任何一个元素做了修改，即使修改的元素与 A 完全没有关系，也要检查元素 A 是否还能使用包 P。所以如果一个包中包含的多个类之间关系不密切，改变其中一个类不会引起其他类的改变，那么把这些类放在同一个包中会对用户的使用造成不便。

重用发布等价原则、共同闭包原则、共同重用原则事实上是相互排斥的，不可能同时满足。它们是从不同使用者的角度提出的，重用发布等价原则和共同重用原则是从重用人员的角度考虑的，而共同闭包原则是从维护人员的角度考虑的。共同闭包原则希望包越大越好，而共同重用原则希望包越小越好。

一般在开发过程中，包中所包含的类可以变动，包的结构也可以相应地变动。如在开发的早期，可以以共同闭包原则为主；而当系统稳定后，可以对包做一些重构，此时要以重用等价原则和共同重用原则为主。

4. 非循环依赖原则

非循环依赖原则也称无环依赖原则，指的是包之间的依赖结构必须是一个直接的无环图形，也就是说，在依赖结构中不允许出现环（循环依赖），即不会出现包 A 依赖于包 B，包 B 依赖于包 C，而包 C 又依赖于包 A 的情况，如图 3.28 所示。在图 3.28 中修改了 B 并需要发布 B 的一个新的版本，因为 B 依赖 C，所以发布时应该包含 C，但 C 同时又依赖 A，所以又应该把 A 包含进发布版本里。也就是说，在依赖结构中，出现在环内的所有包都不得不一起发布。它们形成了一个高耦合体，当项目的规模大到一定程度，包的数目增大时，包与包之间的关系便变得错综复杂，各种测试也将变得非常困难，常常会因为某个不相关的包中的错误而使得测试无法继续。而发布也变得复杂，需要一起发布所有的包，无疑增加了发布后的验证难度。如果确实无法避免出现包之间的循环依赖，则可以把这些有循环依赖关系的包放在一个更大的包中，以消除这种循环依赖关系；或者采用创建新包的方式来消除循环依赖。如在图 3.29 中，包 C 依赖于包 A，必定包 A 中包含包 A 和包 C 共同使用的类，把这些共同的类抽取出来形成一个新的包 D。这样把包 C 依赖于包 A 的部分变成了包 C 依赖于包 D，包 A 依赖于包 D，从而打破了循环依赖关系。非循环依赖关系解决了包之间关系的耦合问题。

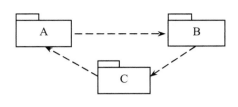
图 3.28　包的循环依赖

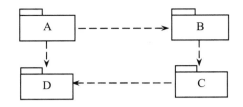
图 3.29　打破包的循环依赖

5. 稳定抽象等价原则

最稳定的包应该是最抽象的包，不稳定的包应该是具体的包，包的抽象程度与其稳定性成正比。也就是说，一个包的抽象程度越高，它的稳定性就越高；反之，它的稳定性就越低。一个稳定的包必须是抽象的；反之，不稳定的包必须是具体的。理想的体系结构应该是：不稳定的（容易改变的）包处于上层，它们是具体的包实现；稳定的（不容易改变的）包处于下层，不容易改变，但容易扩展，如图 3.30 所示。

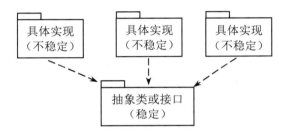
图 3.30　遵循稳定抽象等价原则的理想的体系结构

6. 稳定依赖原则

稳定依赖原则又称安定依赖原则，是指在一个设计中的包之间的依赖应该朝着稳定的方向进行，一个包只应该依赖比自己稳定的包，即朝着稳定的方向进行依赖。因为如果依赖一个不稳定的包，那么当这个不稳定的包发生变化时，本身稳定的包不得不发生变化，变得不稳定。一个包被很多其他包依赖是非常稳定的，如图 3.31（a）中的包 X 就是稳定的。因为包 X 被其他的包所依赖，它为了协调其他包，必须做很多的工作来对应各种变化。当一个包依赖于很多包时，它将变得不稳定，如图 3.31（b）中的 Y 包就不稳定。

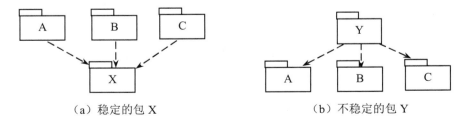
（a）稳定的包 X　　　　　　　（b）不稳定的包 Y

图 3.31　包的稳定性

可以通过下面方法判断一个包的稳定性：

$$I=Ce/(Ce+Ca)$$

式中，I（instability）——不稳定性，它的值为[0,1]，$I=0$ 时稳定，$I \neq 0$ 时不稳定；

Ca（afferent coupling）——向心耦合，指依赖该包（包含的类）的外部包（类）的数目；

Ce（efferent coupling）——离心耦合，指被该包依赖的外部包的数目。

如图 3.31（a）中的 X 的离心耦合为 0，向心耦合为 3，所以它的不稳定性 $I=0$，它是稳定的。图 3.31（b）中的 Y 的离心耦合为 3，向心耦合为 0，所以它的不稳定性 $I=1$，它是不稳定的。

包的稳定依赖原则要求一个包的不稳定性 I 要大于它所依赖的包的不稳定性，即沿着依赖的方向，包的不稳定性应该逐渐降低，稳定性应该逐渐升高，如图 3.32 所示。

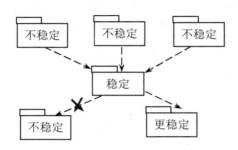

图 3.32　包的稳定依赖原则

开发软件时的一个常见问题是如何把一个大系统分解为多个较小系统。分解是控制软件复杂性的重要手段。在结构化方法中，考虑的是如何对功能进行分解；而在 OO 方法中，需要考虑的是如何把相关的类放在一起，而不再是对系统的功能进行分解。

3.4　构件图

3.4.1　构件图的图符

构件图展示了实现构件的内部构件、连接件和端口。这些图由构件标记符与构件之间的关系构成。构件指的是源代码文件、二进制代码文件和可执行文件等；而构件图就是用来显示编译、链接或执行构件之间的依赖关系。

1.　构件图符号

构件图的图符表示见表 3.6。

表 3.6　构件图的图符表示

可视化图符	名称	描述
构件	构件	构件代表可执行的物理代码模块。它是系统中可以替换的部分，遵循并提供了一组接口的实现
○	接口	一组操作的集合，用于指明类或构件的一个服务
←-----	依赖关系	有两个构件 X、Y，修改构件 X 的定义可能会引起构件 Y 定义的修改，则称构件 X 依赖于构件 Y

续表

可视化图符	名称	描述
⬜	注释体	对构件图或某个构件进行说明
——————	注释连接	将注释体与要描述的实体连接起来，表明该注解是对哪个实体的描述

2. 构件图的组成

（1）构件。构件也称组件，是软件系统中具有独立功能的部分，也是软件体系结构中重要的组成要素，它在功能和数据上构成了一个软件系统的基础。从技术上说，软件构件是一种定义良好、功能独立、可以重复应用的二进制代码集，它可以是一个功能服务块、一个经过封装的对象组，甚至可以是一个系统框架或软件应用模型。构件是系统中可替换的物理部分，它包装了实现且遵从并提供一组接口的实现。

通俗地说，构件是系统设计的一个模块化元素，它隐藏了内部的实现，对外提供一组外部接口。在系统中，满足相同接口的构件可以自由地替换，如对象库、可执行体、COM+构件及企业级 Java Beans 等。构件不仅可以为这些事物建模，而且可以表达其他参加可执行系统的事物，如表、文件及文档。与类的名称相近，构件的名称也是一个文本字符串，它可以是简单名，也可以是带路径的全名。

在 UML 1.x 中，数据文件、表格、可执行文件、文档和动态链接库等都被定义为构件。实际上，建模者习惯把它们划分为部署构件（deployment component）、工作产品构件（work product component）和执行构件（execution component）。UML 2.0 则统称它们为工件（artifact），也就是系统使用或产生的一段信息。构件定义了一个系统的功能，就好像一个构件是一个或多个类的实现一样，工件（如果它是可执行的话）是一个构件的实现。

UML 2.0 对构件图符进行了部分修改，构件图标如图 3.33（a）至图 3.33（c）所示。

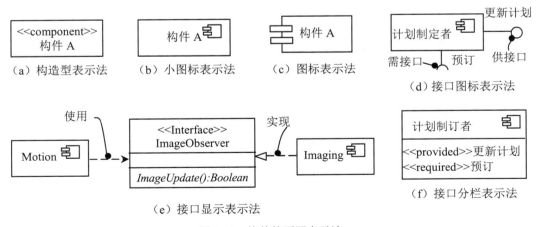

图 3.33　构件的不同表示法

UML 1.x 与 UML 2.0 的构件图的图符有较大区别，但是 UML 1.x 的符号在 UML 2.0 中仍然可以使用。UML 2.0 符号表现形式多样，并且符号集包含更多的信息。

构件的要素如下：

1）规格说明：对于构件，必须有一个它所提供服务的抽象描述。通俗地说，每个构件都必须提供特定的服务。

2）接口实现：构件是一种物理概念，必须被一个或多个实现支持，当然这些实现都必须符合规格说明。

3）受约束的构件标准：每个构件在实现时必须遵从某种构件标准。

4）封装方法：也就是构件遵从的封装标准。

5）部署方法：构件要运行时，首先要部署它。

（2）接口。接口表示了构件间的交互，接口也称连接件。接口的图标如图 3.33（d）至图 3.33（f）所示。接口由一组角色组成，连接件的每个角色定义了该连接件表示的交互的参与者，二元连接件有两个角色。

（3）依赖关系。构件之间、构件与接口之间有依赖关系。构件间的依赖关系如下：提供服务的构件称为提供者，使用服务的构件称为客户，依赖关系用带箭头的虚线表示，如图 3.34 所示。

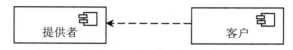

图 3.34　构件间的依赖关系

（4）注释体。对构件图或某个构件进行说明，注释用折角型符号表示。

（5）注释连接。将注释体与要描述的实体连接起来，表明该注解是对哪个实体的描述，用虚线表示。

3.4.2　构件的分类与接口

1．构件的分类

在 UML 中，将构件分为源代码构件（编译时构件）、二进制代码构件（连接时构件）和可执行代码构件（运行时构件）。

（1）源代码构件。源代码构件是在软件开发过程中产生的，是实现一个或多个类的源代码文件，用于产生可执行系统，如源代码、数据库文件、Web 文件和文档等。源代码构件图可以清晰地表示出软件所有源代码之间的关系，有了它，开发者能更好地理解源代码之间的依赖关系，如图 3.35 所示。

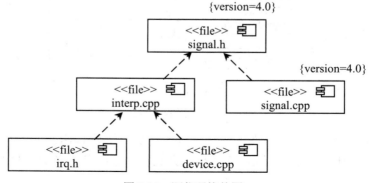

图 3.35　源代码构件图

源代码构件上可标出如下构造型符号：<<file>>表示包含源代码或数据的文件；<<Page>>表示 Web 页；<<document>>表示文档（包含文档，而不是可编译代码）。

（2）二进制代码构件。二进制代码构件是源代码构件经过编译后产生的目标代码文件，如静态库、动态库文件。目标代码文件和静态库文件在执行前连接成可执行构件，动态库文件在运行时才连接成可执行构件。

二进制代码构件可标出如下构造型符号：<<library>>用来指出是静态库还是动态库。

（3）可执行代码构件。可执行代码构件是系统执行时使用的构件。可执行代码构件图可以清晰地表示出可执行文件（*.exe）、动态链接库（*.dll）、数据库、帮助文件和资源文件等运行的物理构件之间的关系，如图 3.36 所示。另外，COM+、CORBA、企业级 Java Beans、动态 Web 页面等也属于执行构件的一部分。

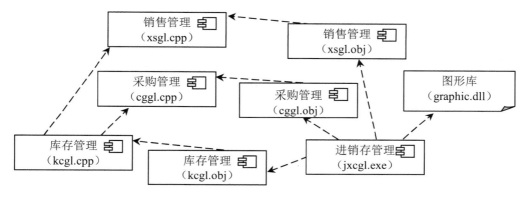

图 3.36　可执行代码构件图

图 3.36 描述的是一个进销存管理系统源代码形成执行代码的过程。该构件图表明，进销存管理系统源代码由 C++语言编写。该系统由销售管理子系统（xsgl.cpp）构件、采购管理子系统（cggl.cpp）构件和库存管理子系统（kcgl.cpp）构件构成。这 3 个子系统的构件之间连接的虚箭线表明它们之间的依赖关系。每个源代码构件经过各种独立编译形成中间目标代码（OBJ）构件，即销售管理子系统（xsgl.obj）构件、采购管理子系统（cggl.obj）构件和库存管理子系统（kcgl.obj）构件。这些目标代码构件与对应的源代码构件有依赖关系，因此，它们各自与源代码构件之间用虚箭线连接。最后，这 3 个目标代码构件与图形动态链接库（graphic.dll）构件进行统一连接处理后形成进销存管理系统的可执行软件（jxcgl.exe）构件。进销存管理系统的可执行软件（jxcgl.exe）构件对销售管理子系统（xsgl.obj）构件、采购管理子系统（cggl.obj）构件和库存管理子系统（kcgl.obj）构件及图形动态链接库（graphic.dll）构件有依赖关系，用虚箭线连接。

可执行代码构件可以由二进制构件产生，也可以直接由源代码构件产生。可执行代码构件可标出如下构造型符号：<<application>>表示一个可执行程序；<<table>>表示一个数据库表。

2. 构件的接口

面向对象的一个基本特征是封装：对象把自己的一些信息和实现细节隐藏起来。同时为了能够让其他对象访问自己，对象必须对外提供能够访问的途径，这种途径就是接口。在面向对象的程序设计语言中，接口就是指一些公共的方法。接口是一组用于描述类或构件的一个服务的操作，它是一个被命名的操作的集合。与类不同，它不描述任何结构（因此不包含任何属性），也不描述任何实现（因此不包括任何实现操作的方法）。每个接口都有一个唯一的名称。

接口描述一个构件能提供服务的操作，是一个有操作而无实现的类。通过接口可描述一个构件能提供的服务的操作集合。接口一般位于两个构件之间，阻断了两个构件之间的依赖关系，使得构件自身具有良好的封装性。UML 构件有输入接口和输出接口。UML 2.0 接口有两种表示方法，一种是使用构造型<<Interface>>；另一种是使用一个圆圈表示，如图 3.37 所示。

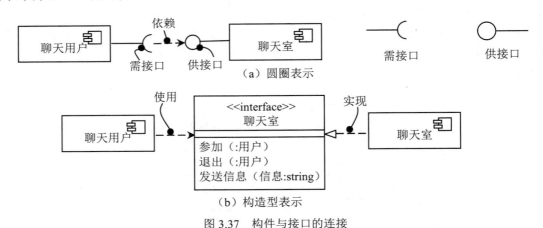

图 3.37　构件与接口的连接

构件提供的接口称为供接口，用在末端，由一个完整的圆圈接口图符表示。一个构件可以声明许多供接口。构件使用的接口称为需接口，用在末端，只由半个圆的接口符号表示，意思是一个构件向其他构件请求服务时遵循的接口。一个构件可以遵从许多需接口。一个构件可以既有供接口，又有需接口。

接口既可以用于概念建模，也可以用于物理建模。也就是说，类的接口与构件的接口是相同的概念。构件实现了类接口中定义的操作，构件与接口之间的关系叫作实现。其他构件通过接口使用该构件，或者说通过接口使用该构件的功能。

3.4.3　类与构件的关系

构件是一组逻辑元素（对象类、关系和协作等）的物理实现，是物理实体，而不是逻辑概念，具有可替换性。构件包含类，构件与类之间的关系如下所述。

1. 类与构件的相同点

类与构件的相同点：二者都有名称；都可以实现一组接口；都具有依赖、泛化、关联等关系和交互；都可以被嵌套；都可以有实例。

2. 类与构件的不同点

（1）抽象的方式不同。构件是程序代码（源代码和二进制代码）的物理抽象，构件可以驻留在结点上；类是逻辑抽象，不能单独存在于结点上。

（2）抽象的级别不同。构件表示一个物理模块，可以包含多个类，依赖于它所包含的类；类表示一个逻辑模型，只能从属于某个构件，通过构件来实现。

（3）访问方式不同。构件不直接拥有属性和操作，只能通过接口访问其他操作；类直接拥有属性和操作，可以直接访问其他操作。

（4）与包的关系不同。包可以包含成组的逻辑模型元素，也可以包含物理的构件；类可以出现在多个构件中，但是只能在一个包中定义。

3.4.4　构件图的分类

1. 组织构件

（1）用包来组织构件。可以用组织类的方式来组织构件。

（2）用构件之间的交互关系来组织构件。也可以通过描述构件之间的依赖、泛化、关联（包括聚合）和实现关系来组织构件。

2. 构件图的种类

利用构件图可以建模系统的静态实现视图。构件图描述软件构件与构件之间的依赖关系，显示代码的静态结构。构件图是在很具体的层次描述系统的物理结构，如图 3.38 所示。

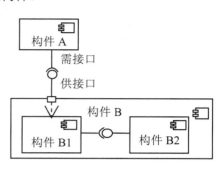

图 3.38　构件图

构件图分为简单构件图和嵌套构件图，简单构件图如图 3.39 所示，嵌套构件图如图 3.40 所示。

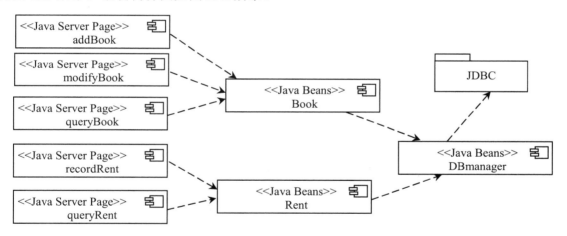

图 3.39　简单构件图

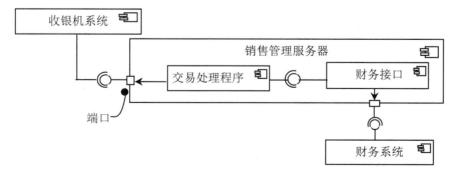

图 3.40　嵌套构件图

3.5 部署图

部署图也称配置图，用来显示系统中软件和硬件的物理架构，它由结点及其关系组成。例如计算机和设备，以及它们之间是如何连接的。部署图的使用者是开发人员、系统集成人员和测试人员。部署图用于表示一组物理结点的集合及结点间的相互关系，从而建立了系统物理层面的模型。它可以描述系统硬件的物理拓扑结构及在此结构上执行的系统软件，也能描述系统结点的拓扑结构和通信路径、结点上运行的构件、构件中的逻辑单元等。部署图最常用来表示系统的硬件设备及架构。

3.5.1 部署图的图符

部署图有几个主要的模型元素：结点、构件、对象、接口、连接、依赖关系、注释体、注释连接。部署图的图符见表 3.7。每个模型中仅包含一个部署图。

表 3.7 部署图的图符

可视化图符	名称	描述
结点	结点	一个结点代表一个物理设备或一个运行在其上的软件系统
构件 A	构件	构件代表可执行的物理代码模块
对象	对象	类的一个实例
○	接口	对外提供可见操作和属性，其他构件通过接口使用构件
——	连接	结点之间的连线，表示结点之间的关联
----→	依赖关系	有两个构件 X、Y，修改构件 X 的定义可能会引起构件 Y 定义的修改，则称构件 X 依赖于构件 Y
▭	注释体	对部署图或某个结点进行说明
------	注释连接	将注释体与要描述的实体连接起来，表明该注解是对哪个实体的描述

1. 工件

UML 2.0 正式将一个设备定义为一个执行工件的结点。工件是软件开发过程中的产品，包括过程模型（如用例模型、设计模型等），源文件，执行文件，设计文档，测试报告，构造型，用户手册等。工件表示为带有工件名称的矩形，并显示<<artifact>>关键字和文档符号。其图标像一页折了右上角的纸，如图 3.41 所示。

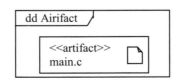

图 3.41 工件表示法

2. 构件

部署图构件如图 3.42 所示。

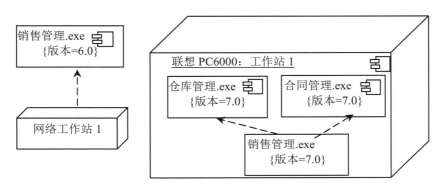

图 3.42　部署图构件

3. 结点

结点既可以是硬件元素，也可以是软件元素，如 CPU、设备和内存等；还可以是结点实例。结点与实例的区别：实例的名称带下划线，冒号放在它的基本结点类型之前。实例在冒号之前可以有名称，也可以没有名称。在 UML 2.0 中用立方体表示一个结点（与 UML 1.x 相同），并在上面标出结点的类型和名字。每个结点都必须有一个区别于其他结点的名称，名称是一个文本串。单独的一个名称叫作简单名；受限名用结点所在包的包名作为前缀。这种规范的表示法允许撇开特定的硬件来可视化结点。利用衍型还可以表示特定种类的设备和处理器。图示结点通常只显示名称，与类的显示方式相似，也可以用标记值或附加栏加以修饰以显示细节，与构件图相同，也可以在一个结点上部署一个或多个构件，如图 3.43 所示。

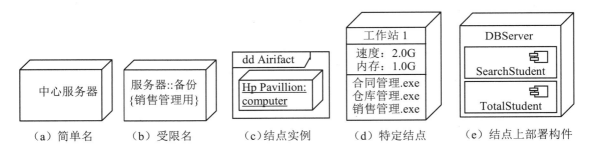

（a）简单名　　（b）受限名　　（c）结点实例　　（d）特定结点　　（e）结点上部署构件

图 3.43　结点的表示方法

结点的名称可以是包含任意数量的字母、数字及某些标点符号（冒号除外）的文本，并且可以延续多行。在实际应用中，结点名采用短名词或名词短语。像类一样，也可以为结点指定属性和操作，如可以指定一个结点具有处理器速度和内存容量等属性，并且具有打开、关闭和挂起等操作。利用结点可以对系统在其上执行的硬件拓扑结构建模。

UML 2.0 提供了若干个标准结点原型，主要包括 cd_rom、disk array、secure、storage、computer、pc、pc client、pc server、unix server、user pc。这些结点原型的图符右上角标出各自的标识。

构件和结点常常一起使用，但两者有区别。构件是参与协调执行的事物，结点是执行构件的事物。构件代表逻辑元素的物理打包，在结点上表示构件的物理部署情况。一个结点可以有一个或多个构件，一个构件可以部署在一个或多个结点上。

4. 对象

部署图对象如图 3.44 所示。

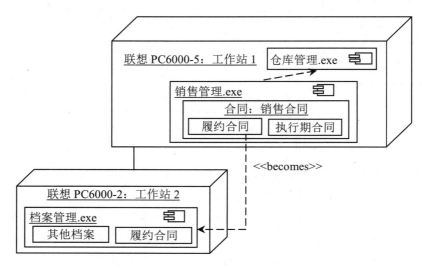

图 3.44　部署图对象

3.5.2　结点之间的关系

结点之间的关系有两种：关联关系和依赖关系。

1. 结点之间的关联关系

结点之间最常用的关系是关联关系。结点通过通信关联相互连接。结点之间的连接可以通过光缆直接进行，也可以通过卫星等方式非直接连接，通常连接都是双向的。连接用实线表示，实线上可加连接名和构造型。在连接上可以附加诸如<<TCP/IP>>、<<DecNet>>等符号，以指明通信协议或所使用的网络。常见的连接有以太网连接、串行口连接、共享总线等。结点之间的连接如图 3.45 所示，采用的是以太网和 RS-232 串行口连接。

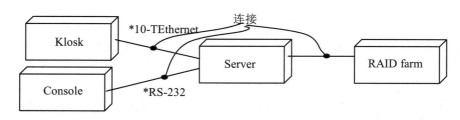

图 3.45　结点之间的连接

结点之间的通信关联如图 3.46 所示，采用的是<<TCP/IP>>协议和以太网连接。

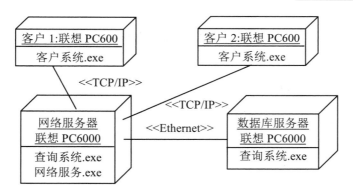

图 3.46 结点之间的通信关联

由于结点与类相似，因此可以根据自己的需要使用关联的功能，即可以包括角色、多重性和约束等。如果想对新种类的连接建模（如区分 10-TEthernet 连接和 RS-232 串行连接），则应该对这种关联使用衍型化。

2. 结点与构件之间的依赖关系

结点与构件之间的依赖关系如图 3.47 所示。

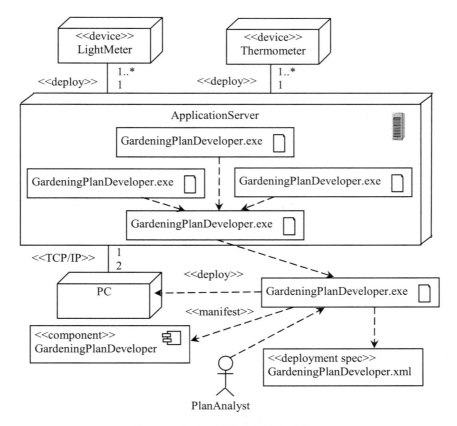

图 3.47 结点与构件之间的依赖关系

3.6 组合结构图

3.6.1 组合结构图的图符

组合结构图用于对类目（类、构件、协作）的内部结构建模。它描述系统中某个部分（即"组合结构"）的内部内容，包括该部分与系统其他部分的交互点。这种图能够展示该部分内容内部参与者的配置情况。组合结构图中引入了一些重要的概念：端口、构件、接口。端口表示如图 3.48 所示。端口将组合结构与外部环境隔离，实现了双向的封装，既涵盖了该组合结构提供的行为，同时指出了该组合结构所需的服务。基于 UML 中的"协作"概念，展示可互用的交互序列，其实际目的是描述可以在不同上下文环境中复用的协作模式。协议中反映的任务由具体的端口承担。一个构件可以包含一个或多个端口，一个端口是对一组接口的封装。端口必须有供接口，可以没有需接口。构件图和组合结构图差别较小。

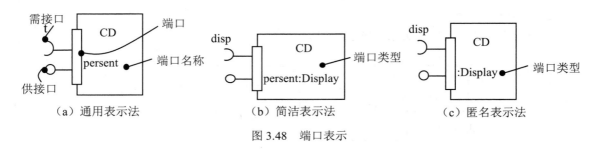

图 3.48 端口表示

3.6.2 组合结构图的绘制

组合结构图用来描述类与成员的组成结构关系、成员之间的连接关系以及端口和协作，如图 3.49 所示。

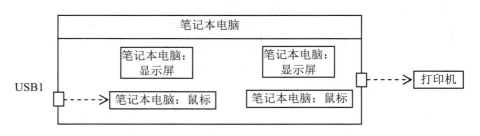

图 3.49 组合结构图

3.7 外廊图

外廊图是 UML Profiles 提供的一种通用的扩展机制，用于构建 UML 模型的特定领域。它们基于附加的构造型和标记值，将其应用到元素、属性、方法、链接、链接终端及更多。Profile 是这些扩展的集合，同时描述了一些专有的建模问题，促进该领域的建模构造。

外廊图示例如图 3.50 所示。

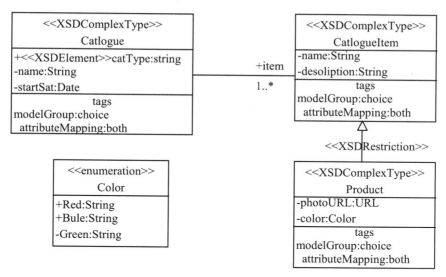

图 3.50 外廊图示例

3.8 用例图

用例图从用户的角度描述系统的行为和特征，并指出各功能的操作者。用例图是对系统、子系统和类的行为进行建模的核心。用例图展现了一组用例、参与者及它们之间的关系，它以图形化的方式描述系统与外部系统和用户的交互，强调从系统的外部参与者（主要是用户）的角度看到的或需要的系统功能。用例图描述谁将使用系统及用户期望以什么方式与系统交互。用例模型包含两部分：业务用例模型和系统用例模型。用例图用于对系统、子系统或类的行为进行可视化，使用户能够理解如何使用这些元素，并使开发者能够实现这些元素，它将系统功能划分成对参与者（即系统的理想用户）有用的需求，而交互功能部分被称作用例。用例图的主要目的是帮助开发团队以一种可视化的方式理解系统的功能需求，包括基于基本流程的"角色"之间的关系，以及系统内用例之间的关系。

3.8.1 用例图的图符

用例图模型元素有用例（use case）、参与者（actor）和关系（relation）。关系又分为关联关系（association）、包含关系（include）、扩展关系（extend）及泛化关系（generalization），如图 3.51 所示。

图 3.51 用例图图符

1. 用例

用例是系统执行的一组动作序列，并为参与者提供一个可供观察的结果，这个结果对系统的一个或多个参与者是有价值的。用例描述一个系统做什么，而不是如何做。用例分为系统用例和业务用例。用例习惯上也称系统用例，是一种软件需求定义的方法或形式。业务用例实际上是一种业务流程，它从业务组织的外部（即业务参与者的角度）定义业务组织提供的服务。业务用例还包括一些内部流程，它可能不是由业务参与者启动的，如采购流程等。因此，业务用例只是使用了用例的思想和形式而已，研究的主题是完全不同的。系统用例研究软件系统，借助用例定义软件系统需求；而业务用例研究一个目标组织，借助业务用例定义目标组织应该具有哪些业务流程，以及这些流程应该是什么样子的。可以为用例取一个简单、描述性的名称，一般为带有动作性的词。用例名可以是简单的名称，如 Place Order；也可以在用例名前加表示它所属的包的名称，称为受限名，如 Sensors::Calibrate location。用例名可以是一个文字串，其中包括任意数目的字母、数字和大多数标点符号（冒号除外，它用来分隔类目与其所属的包的名称）。用例用一个水平的椭圆表示，用例名可以显示在椭圆的上面、内部或下面，如图 3.52 所示。

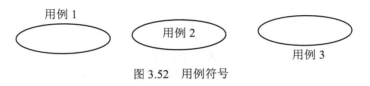

图 3.52　用例符号

2. 参与者

国内 Actor 有很多译名，如参与者、执行者、行动者、活动者等，本书采用"参与者"。参与者表示用例的使用者在与这些用例进行交互时所扮演的角色的一个紧密的集合，也称角色。角色是一个群体概念，代表的是一类能使用某个功能的人或事，角色不是指某个个体。在实际问题中，一个人可以有多种角色，一个角色可以有多个人。参与者的一个实例代表以一种特定的方式与系统进行的单独交互。系统交互指的是角色向系统发送消息，从系统中接收消息，或在系统中交换信息。参与者是用例的使用者。参与者不是指人或事物本身，而是指系统以外的，在使用系统或与系统交互中所扮演的角色。如小明是图书馆的管理员，他参与图书馆管理系统的交互，此时他既可以作为管理员参与管理，也可以作为借书者向图书馆借书，在这里小明扮演了两个角色，是两个不同的参与者。参与者用简笔人物画来表示，人物下面附上参与者的名称，如图 3.53 所示。参与者主要有 4 类：主要业务参与者、主要系统参与者、外部服务参与者和外部接收参与者。通俗地讲，参与者就是与系统打交道的人、系统、设备等。

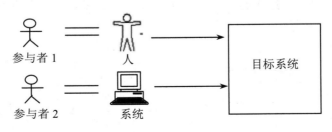

图 3.53　参与者符号

3. 关系

关系用来定义参与者、用例以及参与者与用例之间的关系。关系可分为三类：第一类是参与者与用例之间的关联关系，表明参与者主要使用系统的哪些用例；第二类为用例与用例之间的关系，主要分为包含关系、扩展关系和泛化关系；第三类为参与者与参与者之间的泛化关系。关系及其表示法见表 3.8。

表 3.8　关系及其表示法

关系	功能	表示法
关联	参与者与其参与执行的用例之间的通信途径	——————————
扩展	在基础用例上插入基础用例不能说明的扩展部分	<< extend >> - - - - - - - - - ->
泛化	用例之间的一般关系和特殊关系，其中特殊用例继承了一般用例的特性并增加了新的特性；参与者之间的泛化关系	—————————▷
包含	在基础用例上插入附加的行为，并且具有明确的描述	<<included>> - - - - - - - - - ->

（1）角色与角色的关系。角色与角色之间如果存在一般和部分的关系，则可以用泛化来表示，如图 3.54 所示。

（2）用例与参与者之间的关系。用例与参与者是关联关系，一般角色为用例的启动者，用单向关联，否则为双向关联，如图 3.55 所示。

图 3.54　角色与角色的关系　　　图 3.55　用例与参与者的关系

3.8.2　用例之间的关系

1. UML 用例图的包含关系

包含关系（include）是把几个用例的公共行为分离成一个单独的用例，使这几个用例与该单独的用例之间建立的关系。被抽取出来的单独的用例叫作被包含用例（inclusion），而抽取出公共用例的几个用例叫作基本用例（base）。包含用例是被封装的，代表在不同基本用例中复用的行为。运用包含关系，可以把公共的行为放到它自己的一个用例中，避免多次描述相同的事件流。用例划分太细时，也可以抽象出一个基本用例，来包含这些细颗粒的用例。这种情况类似于在过程设计语言中，将程序的某段算法封装成一个子过程，然后从主程序中调用该子过程。包含关系用一个带箭头的虚线段并在虚线段上以 "<<include>>" 作为标识来表示，箭头指向被包含的用例；包含关系中，在执行基本用例时一定会执行包含用例。如在银行办业务（取钱、转账和修改密码）时都需要核对账号和密码，那么这种行为可以抽取出来，形成一个包含用例，该包含用例带有复用的意义。如果缺少核对账号，取钱、转账等业务用例将不完整，核对账号也不能脱离取钱、转账等业务用例而单独存在，如图 3.56 所示。包含用例表示的是"必需"，而不是"可选"，意味着如果没有包含用例，基本用例就不完整，同时如果没有基本用例，包含用例就不能单独存在。

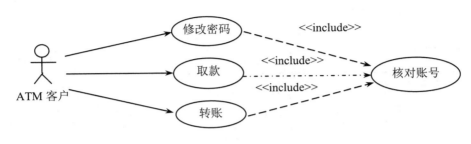

图 3.56 用例的包含关系

2. UML 用例图的扩展关系

扩展关系（extend）是将基本用例中一段相对独立且可选的动作，用扩展用例加以封装，再让它从基本用例中声明的扩展点上进行扩展，从而使基本用例行为更简练、目标更集中。扩展用例为基本用例添加新的行为，可以访问基本用例的属性，因此能根据基本用例中扩展点的当前状态来判断是否执行自己。对于包含关系而言，子用例中的业务过程是一定要插入基础用例中去的，并且插入点只有一个。而扩展关系可以根据一定的条件来决定是否将扩展用例的业务过程插入基础用例业务过程，并且插入点可以有多个。但是扩展用例对基本用例不可见。对于一个扩展用例，可以在基本用例上有多个扩展点。扩展用例带有抽象性质，表示用例场景中的某个"支流"，由特定的扩展点触发而被启动。与包含关系不同，扩展表示"可选"，而不是"必需"，意味着即使没有扩展用例，基本用例也是完整的，如果没有基本用例，扩展用例不能单独存在。如果有多个扩展用例，同一时间用例实例也只会使用其中一个例子。扩展关系以一个带箭头的虚线段表示，不同的是虚线段上显示的是"<<extend>>"，箭头指向被扩展的用例，扩展用例只能在基本用例的扩展点上进行扩展。如基本通话这个用例上可以有呼叫等待、呼叫转移等扩展的功能用例。如果对方正在通话，可以用呼叫等待；如果对方不方便接电话，可以用呼叫转移，因此可以采用扩展关系来描述，如图 3.57 所示。

图 3.57 用例的扩展关系

虽然包含和扩展两个概念在指定共同功能（include）和简化复杂用例流程时非常有用，但是这些概念常常被误用。两者的区别见表 3.9。

3. UML 用例图的泛化关系

泛化关系（generalization）描述用例之间的一般和特殊的关系，特殊用例是在继承了一般用例的特性的基础上添加了新的特性。子用例将继承父用例的所有结构、行为和关系。子用例可以使用父用例的一段行为，也可以重载它。父用例通常是抽象的。在实际应用中很少使用泛化关系，子用例中的特殊行为都可以作为父用例中的备选流存在，代表一般与特殊的关系，它与面向对象程序设计中的继承的概念是类似的。子用例从父用例继承了行为和属性，还可以添加行为和属性来改变已继承的行为。如订票是一个很泛化的用例，具体的用例可以是电话订票、网上订票等，如图 3.58 所示。

表 3.9　包含关系与扩展关系的区别

项目	包含的用例	扩展的用例
这个用例是可选的吗	否	是
没有这个用例，基本用例还完整吗	否	是
这个用例的执行是有条件的吗	否	是
这个用例改变了基本用例的行为吗	否	是

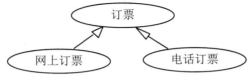

图 3.58　用例的泛化关系

一般来说，可以用"is a"和"has a"来判断使用哪种关系。泛化关系和扩展关系表示的是用例间的"is a"关系，包含关系表示的是用例间的"has a"关系。泛化关系和扩展关系有相似之处，不同的是扩展关系需要明确标明被扩展用例的扩展点，也就是说，一个扩展用例只能在基本用例的扩展点上进行扩展。在扩展关系中，基本用例一定是一个真实存在的用例，一个基本用例执行时，可以执行扩展用例，也可以不执行扩展用例。在包含关系中，基本用例可能是，也可能不是一个真实存在的用例，一定会执行包含用例部分。当需要重复处理两个或多个用例时，可以考虑使用包含关系。

3.8.3　用例描述

一些初学者认为，用例模型就是画张用例图，其实这是错误的。用例模型包括用例图和用例规格说明，有时还要辅以一些简单的活动图、状态图和顺序图等。用例图采用图形的方式，形象生动地展现了用例、参与者和系统边界之间的关系。用例图只是简单地用图描述了系统。在用例图中用例只是一个简单的"动宾"词语，无法知道其行为。因此，可以通过足够清晰的、外部人员很容易理解的文字描述一个事件流来说明每个用例的行为。

1. 用例规约描述

用例图可以直观地展现需求中的所有用例、参与者、系统边界及其之间的关系，但还不足以表达需求分析所要表达的内容。用例图必须辅以用例说明，才能完整、清楚地表达。每个用例都应该有一个用例规约文档与之相对应，该文档描述用例的事件流细节内容。事件流的描述主要用来弥补图形表示的不足和增强系统的完整性。书写事件流时，要包括用例何时以及如何开始和结束，用例何时与参与者交互，交换了什么对象，以及该行为的基本事件流和可选择事件流。用例规约描述是业务事件及用户如何与系统交互以完成的任务。完整的用例描述包括参与者，前置条件，场景（基本事件流、备选事件流和异常事件流）和后置条件等，如图 3.59 所示。

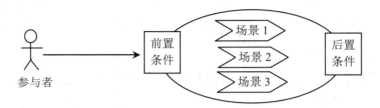

图 3.59　完整的用例

用例规约描述的内容一般没有硬性规定的格式，但一些必需的或者重要的内容还是应该写进用例描述里的。用例规约描述一般包括用例名称、参与者、用例描述（说明）、前置（前提）条件、基本操作流程、备选操作流程、异常事件流程、后置（事后）条件等。在参考了其他资料的基础上总结出的用例描述格式见表 3.10。

表 3.10　用例描述格式

描述项	说明
用例名称	表明用户的意图或用例的用途，如"查询客户资料"
用例编号[可选]	唯一标识符，在文档其他地方可以通过标识符来引用该用例
用例描述	对用例的角色、目的的简要描述
参与者	与此用例相关的参与者
优先级[可选]	一个有序的排列，1 代表优先级最高
状态[可选]	通常为进行中、等待审批、通过审查或未通过审查
前置条件	一个条件列表，这些条件必须在访问该用例前被满足
后置条件	一个条件列表，这些条件必须在完成该用例后被满足
基本操作流程	描述该用例的基本流程，指每个流程都"正常"运作时发生的事情，没有任何备选流和异常流，而只有最有可能发生的事件流
备选操作流程	表示这个行为或流程是可选的或备选的，并不是总要执行它们
异常事件流程	表示发生了某些非正常的事情时要执行的流程
被泛化的用例[可选]	此用例泛化的用例列表
被包含的用例[可选]	此用例包含的用例列表
被扩展的用例[可选]	此用例扩展的用例列表
修改历史记录[可选]	关于用例的修改时间、修改原因和修改人的详细信息
问题[可选]	与此用例的开发相关的问题列表
决策[可选]	关键决策的列表，将这些决策记录下来以便维护时使用
频率[可选]	参与者可访问此用例的频率

2. 用活动图描述用例

通常会先用文字来描述一个用例的事件流。随着对系统需求的理解进一步精化，可以对一些关键的流程以及这些流程中关键类的状态变化，使用活动图、状态图或顺序图进行图形化的展现。因此，详细描述用例的方式有用例规约描述、活动图、状态图、顺序图和通信图等。在需求分析中尚不涉及状态问题，所以没有必要用状态图、顺序图或通信图表示，但可以使用活动图对用例进行分析，因为活动图对分支、判断、循环等流程概念的表达比其他图的清晰，适合描述业务过程。用例描述采用活动图的比较多。具体见第 4 章。

3.9　状态机图

状态机是对类的单个对象行为建模。状态机是一个行为，它说明对象在它的生命周期中响应事件所经历的状态序列以及对这些事件做出的响应。状态机图展示了一个由状态、转换、事件和活动组成的状态机，用来说明系统的动态视图。状态机图对接口、类或协作的行为建模是非常重要的。状态机图强调一个对象按事件次序发生的行为。状态机由状态和转移构成，是对象局部化视图。

3.9.1　状态机图的图符

状态机图常用的模型元素有初始状态（start state）、终止状态（end state）、状态（state）、转移（transition），图符如图 3.60 所示。

图 3.60　状态机图图符

3.9.2　状态机图的组成元素

状态机图实际上是一种由状态、事件、转移、活动、动作和连接点组成的状态机，用来表示建模对象是如何改变状态的。下面简要介绍这些元素。

（1）状态。状态是给定类的对象的一组属性值，这组属性值对所发生的事件具有相同性质的反应。换言之，处于相同状态的对象对同一事件具有相同方式的反应，所以当给定状态下的多个对象接收到相同事件时会执行相同的动作，而处于不同状态下的对象会通过不同的动作对同一事件做出不同的反应。例如，当自动答复机处于处理事务状态或空闲状态时会对取消键做出不同的反应。

状态定义对象在其生命周期中的条件或状况，在此期间，对象满足某些条件，执行某些操作或等待某些事件。状态用于对实体在其生命周期中的状况建模。状态包含在状态机里，状态机用来描述对象在其生命周期中响应事件所经历的状态序列以及它们对这些事件的响应。状态机图中的状态用圆角矩形表示，它由状态名、状态变量和活动 3 部分组成。一般情况下，一个状态的状态变量部分可以省略。状态的活动部分通常包括进入/退出活动、内部转移、子状态、延迟事件和内部活动等。

1）状态名。状态名可以包含任意数量的字母、数字和某些标点符号（有些标点符号除外，如冒号），并且可以连续几行。在实际中，状态名取自系统所建模的系统词汇中的短名词或名称短语。通常，状态名中的每个单词的首字母大写，如 Idle、ShuttingDown。一个状态名在状态机图所在的上下文中应该是唯一的。状态允许匿名，即没有名称。状态的名字通常放在状态机图标的顶部。在 UML 中，图形上每个状态机图都有一个初始状态（实心圆），用来表示状态机的开始。还有一个终止状态（半实心圆），用来表示状态机的终止。其他的状态用一个圆角矩形表示。

2）进入/退出活动。入口动作和出口动作表示进入或退出这个状态所要执行的动作。入口动作用"entry/要执行的动作"表达，而出口动作用"exit/要执行的动作"表达。

3）内部转移。内部转移的结果并不改变状态本身，是对象接收到指定事件时执行 On Event 动作，但执行的结果并不改变对象状态。转移是两个状态之间的一种关系，表示当一个特定事件发生或者某些条件得到满足时，对象在第 1 个状态（源状态）下执行了一定的动作，并进入第 2 个状态（目标状态）。

动作表示在转移过程中需要做什么事情，在"/"后给出活动名称，可以省略。动作可以包括计算、发送信号给另一个对象、操作调用、创建对象和销毁对象等。

4）子状态。子状态是状态的嵌套结构，包括非正交（顺序活动）子状态或正交（并发活动）子状态。

5）延迟事件。延迟事件是处理过程被推迟的事件，它们的处理过程要到事件不被延迟的状态被激活时才会执行。当该状态被激活时，将触发该事件，同时可能导致转移（好像该事件刚刚发生）。要实施延迟的事件，需要有事件的内部队列。如果事件已发生但被列为延迟，它就会被添加到队列中。当对象进入了不会使事件延迟的状态时，将立即从该队列中取出这些事件。在 UML 中，建模人员有时需要识别某些事件，延迟对它们的响应，直到以后某个合适的时刻才执行，在描述这种行为时可以使用延迟事件。

状态的种类如下：

1）初始状态。初始状态代表状态机图的起始位置，描述对象生命周期的开始阶段，只能作为转换的源，而不能作为转换的目标。初始状态在一个状态机图中只允许有一个，用一个黑色的圆表示。

2）终止状态。终止状态是对象的最后状态，描述对象生命周期的终止阶段，是一个状态机图的终止点。终止状态只能作为转换的目标，而不能作为转换的源。终止状态在一个状态机图中可以有多个，用一个带圆形外框的黑色圆表示。

有时为了表述清楚，在不产生混淆概念的情况下，可以省略初始状态和终止状态。

3）中间状态。中间状态即上面介绍的状态，是对象执行某项活动或等待某个事件时的条件，包括名称、进入/退出活动、内部转移、子状态和延迟事件等，用圆角矩形表示。

（2）事件。事件是对于一个在时间和空间上占有一定位置的有意义的事情的规约。在状态机的语境中，一个事件是一个激励的发生，它能够触发一个状态的转移。事件可以包括信号、调用、时间推移或状态的一次改变。事件既可以是内部事件，也可以是外部事件；既可以是同步事件，也可以是异步事件。内部事件是指在系统内部对象之间传送的事件（如溢出异常）；外部事件是指在系统与其参与者之间传送的事件（如指定文本框中输入的内容）。

1）信号。信号是由对象异步地发送并由另一个对象接收的具有名字的对象，它与简单的类有许多相同之处。信号可作为状态机中一个状态转移的动作而被发送，也可以作为交互中的一条消息而被发送。一个操作的执行也可以发送信号。事实上，当建模人员为一个类或一个接口建模时，通常需要说明它的操作发送信号。消息是一个具名对象，它由一个对象异步地发送，然后由另一个对象接收。信号是消息的类目，它是消息的类型。信息可以有属性和操作。在 UML 中可以将信号建模为衍型化的类。可以用一个衍型为 send 的依赖来表示一个操作发送了一个特定的信号，如图 3.61 所示。

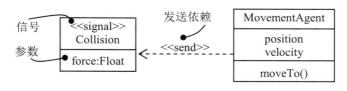

图 3.61　信号

2）调用事件。一个调用事件表示对象接收到一个操作调用请求，它是同步的。当一个对象调用另一个状态机的对象的某个操作时，控制就从发送者传送到接收者，该事件触发转移，完成操作后，接收者转到一个新的状态，并将控制返还给发送者。

3）变化事件。变化事件是状态中的一个变化或者某些条件满足的事件。在 UML 中，变化事件用关键字 when 开头的布尔表达式表示，这种事件隐含了对控制条件的连续测试。当条件从假变为真时，事件将发生，如 when time=11:59 表示绝对的时间。

4）时间事件。时间事件是经过一定的时间或者到达某个绝对时间后发生的事件。在 UML 中，时间事件用关键字 after 开头，随后跟着计算一段时间的表达式，如 after(2s)。如果没有特别的说明，表达式的开始时间为进入当前状态的时间。

（3）转移。转移是两个状态之间的关系，它指明对象在第一个状态中执行一定的动作，并当特定事件发生或特定条件满足时进入第二个状态。转移用一个带箭头的实线段表示，箭尾连接源状态（转出的状态），箭头连接目标状态（转入的状态）。还可以给转移添加标注，通过标注来描述引起状态转移的事件、条件和要执行的操作。标注的格式为"事件名[条件]/操作"，标注的每个部分都可以省略。

转移分为五部分：源状态、事件触发器、监护条件、效应和目标状态，如图 3.62 所示。

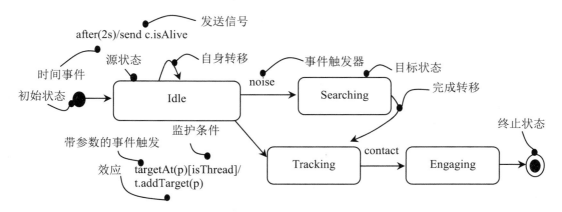

图 3.62　转移

1）源状态。源状态即受转移影响的状态。如果一个对象处于源状态，当该对象接收到转移的触发事件且监护条件（如果有）满足时，将激活一个离开的转移。

2）事件触发器。事件触发器是能够引起状态转移的事件，源状态的对象识别了这个事件，则在监护条件满足的情况下激活转移。

3）监护条件。监护条件是触发转移必须满足的条件，它是一个布尔表达式，放在事件触发器的后面。监护条件由一个用方括号括起来的布尔表达式表示，当转移的触发事件发生时，将对监护条件进行求值。只要监护条件不重叠，就可能会有来自同一个源状态并具有同一个事件触发器的多个转移。监护条件只能在事件触发时被计算一次，即只在引起转移的触发器事件发生后才被计算。从一个状态引出的多个转移可以有相同的触发器事件，但是每个转移必须具有不同的监护条件，且可以被省略。

4）效应。效应是可执行的行为（比如动作），是在转移激活时执行的行为。效应可以包括在线计算、操作调用、另一个对象的创建或撤销，或者向一个对象发送信号。操作可以包括操作调用（调用状态机的拥有者及其他可见对象）、创建或破坏其他对象，或者向另一个对象发送信号。在发送信号的情况下，信号名称以关键字"send"为前缀。操作是可执行的、不可分割的计算过程，这意味着它不会被事件中断，而会一直运行到结束为止。它与活动正好相对，因为活动可能被其他事件中断。转移只发生在状态机静止时，也就是它不再执行来自前一个转移的效应时。一个转移的效应以及任何相关的进入和退出效应都必须执行完毕，才允许其他事件引发新的转移。而 do 活动可以被事件中断。

5）目标状态。目标状态即在转移完成后的活动状态。

转移的种类如下：

1）外部转移（复合转移）。外部转移是一种改变对象状态的转移，是最常见的一种转移。外部转移用从源状态到目标状态的带箭头的实线表示。

2）内部转移。一旦处于某个状态内，遇到在不想离开该状态下处理的事件，此时发生的转移叫作内部转移。内部转移使事件可以在不退出状态的情况下在状态内得到处理，从而可避免触发进入或退出操作。内部转移可能会有带参数和警戒条件的事件，它们代表的基本上是中断处理程序。自身转移是没有标明触发器事件的转移，是由状态中活动的完成引起的，是自然而然地完成的转移。自身转移是离开本状态后重新进入该状态，它会激发状态的入口动作和出口动作的执行。内部转移自始至终都不离开本状态，所以没有出口事件或入口事件，也就不执行入口和出口动作。

3）完成转移。完成转移是没有明确触发事件的变迁。转移的源状态在完成了任何活动（包括嵌套状态）后，完成转移被隐式地触发。完成转移也可以带一个监护条件，这个监护条件在状态中的活动完成时被赋值，而非活动完成后被赋值。

转移的种类见表 3.11。

表 3.11　转移的种类

转换种类	描述	语法
进入动作	进入某个状态时执行的动作	entry/action
退出动作	离开某个状态时执行的动作	exit/action

续表

转换种类	描述	语法
外部转移	引起状态转移或自身转移，同时执行一个具体的动作，包括引起入口动作和出口动作被执行的转移	e(a:T)[exp]/action
内部转移	引起一个动作的执行，但不引起状态的改变或不引起入口动作或出口动作的执行	e(a:T)[int]/action

（4）活动。活动是状态机中进行的非原子执行。

（5）动作。动作是一个可以执行的原子计算，它引起模型状态改变或值的返回，在图形上用一个圆角矩形表示。

转移、事件和动作之间的关系如图 3.63 所示。

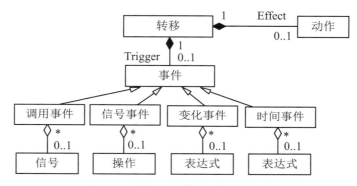

图 3.63　转移、事件和动作之间的关系

（6）连接点。UML 2.0 提供了一个新的建模符号，叫作连接点，用来表示进入一个状态或退出一个状态的位置。如图书馆中的一本书具有不同的状态。首先，它要上架，如果借阅者打电话预约这本书，管理员调出这本书，并把它的状态置为"being checked out"。如果借阅者从书架挑中这本书，并决定借阅，这本书就以其他不同的方式进入"being checked out"状态。也就是说进入"being checked out"状态可以通过两种不同的入口。另外，在借阅时还可能会出现借阅图书册数已满或者有超期的图书，此时也不能借阅，图书会直接通过一个出口从"being checked out"状态退出，如图 3.64 所示。在图 3.64 中，每个入口都用一个空心的小圆圈表示，出口则用一个带有×的小圆圈表示。这些小圆圈都标注在状态机图标的边缘。

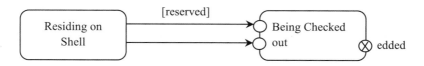

图 3.64　UML 2.0 入口和出口的表示方法

3.9.3　高级状态和转移

在 UML 中可以只使用状态和转移的基本特征来对广泛的、各种各样的行为建模。使用这些特征，最终可以产生简单状态机。然而，UML 的状态机具有许多可以帮助管理复杂行为的

高级特征。这些特征常常可以减少需要的状态和转移的数量，并且将使用简单状态机时遇到的许多通用的且有点复杂的惯用法编集在一起。这些高级特征包括进入效应、退出效应、内部转移、do 活动和延迟事件。这些特征作为一个文本串显示在状态符号的文本分栏内，如图 3.65 所示。

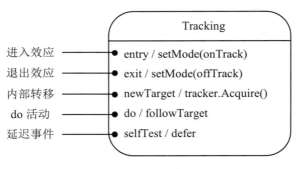

图 3.65　高级状态和转移

（1）进入效应和退出效应。在许多情况下，每当进入一个状态时，无论是什么转移使你进入，都想执行某个设置的动作；当离开一个状态时，无论是什么转移使你离开，也都想执行某个清理动作。使用简单状态机时，可以把这些动作放在每个相应的进入和退出转移来达到这种效应。然而，这样做有可能会出现危险，所以不得不每次添加一个新的转移记住这些动作。而且，修改这个动作意味着不得不触及每个相邻转移。UML 为这些提供了简洁的表示，如图 3.65 所示。在状态符号中包括一个进入效应（以 entry 标记）和一个退出效应（以 exit 标记），各自带有一个适当的动作。每当进入该状态时，就执行进入动作；每当离开该状态时，就执行退出动作。这可以通过进入效应和退出效应来顺利地完成，而不必明确地将动作放在每个输入转移或输出转移上。进入效应和退出效应不可以有参数或监护条件。然而，位于模型元素的状态机顶层的进入效应可能具有特定的参数，这些参数代表了在创建该模型元素时状态机接收的实参。

（2）内部转移。在图 3.65 中，事件 newTarget 标记了一个内部转移：如果在对象处于 Tracking 状态时该事件发生，则执行动作 tracker.Acquire，但状态维持不变，而且不执行进入动作或退出动作。内部转移不用转移箭头表示，而是表示为状态符号内部的一个转移串（包括事件名称、可选监护条件和效应）。关键字 entry、exit 和 do 都是保留字，不能用作事件名称。如果对象处于某个状态，而且该状态内的某个内部转移事件发生了，那么执行相应的效应，而不用离开和再进入该状态。内部转移可以带有参数和监护条件的事件。

（3）do 活动。在图 3.65 中，若一个对象处于 Tracking 状态，只要它在该状态中，就执行 followTarget。在 UML 中用 do 转移描述执行了一个动作后在一个状态内部所做的工作。也可以说明一个行为，如动作序列 do/op1(a);op2(b);op3(c)。如果某个事件的发生导致一个离开当前状态的转移，那么当前状态中任何正在进行的 do 活动都将会立即被终止。do 活动相当于两个效应：进入状态时的进入效应和退出状态时的退出效应。

（4）延迟事件。在图 3.65 中，带有特殊动作的 defer 的事件表示一个延迟事件。在这个例子中，事件 selfTest 可能会在 Tracking 状态中发生，但它被延迟直到该对象处于 Engaging 状态时才出现，就像刚刚发生一样（图 3.62）。

3.9.4　子状态机

状态有简单状态和组合状态。简单状态是指不包含子状态，没有子结构的状态，但它可以具有状态名、入口/出口动作、Do 动作、On Event 动作、内部转移。一个具有子状态（嵌套状态）的状态被称为组合状态或复合状态，它包括顺序（非正交的）子状态和并发（正交的）子状态等。子状态是 UML 状态机的另一个特征，它能帮助简化对复杂行为的建模。子状态是嵌套在另一个状态中的状态，子状态可能被嵌套到任意级别。嵌套的状态机最多可能有一个初始状态和一个终止状态。通过显示某些状态只能在特定环境（包含状态）中存在，子状态可以简化复杂的平面状态机。在一个状态机中可以引用另一个状态机，被引用的状态机称为子状态机。在建立结构化的大型状态模型时，使用子状态机是非常有用的。

将状态分解成互斥的子状态是对状态的一种专门化处理。一个外部状态被细分成多个内部子状态，每个子状态都继承了外部状态的转换。在某个时间只有一个子状态处于激活状态。外部状态表达了每个内部状态都具有的条件。

（1）顺序（非正交）子状态。如果一个组成状态的子状态对应的对象在其生命期内的任何时刻都只能处于一个子状态，即多个子状态之间是互斥的，不能同时存在，则这种子状态称为顺序子状态。当状态机通过转移从某种状态转入组成状态时，此转移的目的可能是这个组成状态本身，也可能是这个组成状态的子状态。如在 ATM 的行为建模中，系统可能有的 3 个基本状态是空闲（Idle）、活动（Active）和维护（Maintenance）。在 Active 状态下，顾客的行为沿着一条简单的路径执行：验证顾客，选择事务，处理这个事务，然后打印收据。打印完成后，ATM 返回 Idle 状态。可以把这些行为表示为 Validating、Selecting、Processing 和 Printing。理想的情况是，让顾客在 Validating 和 Printing 之间选择和处理多种事务。问题是在执行这个行为的任何阶段，顾客都可能决定取消事务，使 ATM 返回 Idle 状态。使用简单状态机可以实现这种情况，但是相当麻烦。而通过使用顺序子状态就会很方便，如图 3.66 所示。

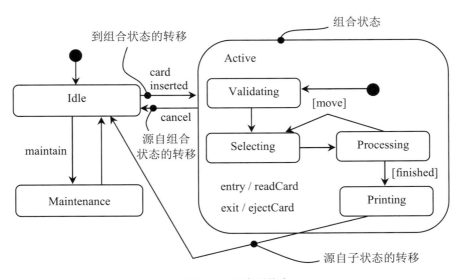

图 3.66　顺序子状态

在图 3.66 中，Active 状态有一个子结构，包括子状态 Validating、Selecting、Processing 和

Printing。当顾客将信用卡插入 ATM 机时，ATM 的状态从 Idle 转移到 Active。在进入 Active 状态时，执行进入动作 readCard。从子结构的初始状态开始，控制从 Validating 状态传递到 Selecting 状态，再到 Processing 状态。在 Processing 状态之后，控制可能返回 Selecting 状态（如顾客选择另一个事务）或转移到 Printing 状态。在 Printing 状态之后，有一个完成转移返回 Idle 状态。Active 状态有一个退出动作来吐出顾客的信用卡。cancel 事件触发了从 Active 状态到 Idle 状态的转移。在 Active 的任何子状态中，顾客都可能取消这个事务，并使 ATM 返回 Idle 状态（但只在吐出顾客的信用卡之后，它是离开 Active 状态时执行的退出动作，无论是什么原因导致了离开该状态的转移，都是如此）。如果没有子状态，在每个子结构状态中，都需要一个由 cancel 触发的转移。像 Validating 和 Processing 这样的子状态，被称作非正交或不相交的子状态。在一个封闭的组合状态的语境中给定一组不相交的子状态，对象被称为处于该组合状态中，而且一次只能处于这些子状态（或终态）中的一个子状态上。因此，非正交子状态将组合状态的状态空间分成一些不相交的状态。

一个导致离开组合状态的转移，可能以组合状态或一个子状态作为它的源。无论在哪种情况下，控制都是首先离开嵌套状态（如有退出动作则执行之），然后离开组合状态（如有退出动作则执行之），其源是组合状态的转移，本质上是切断（中断）了这个嵌套状态机的活动。当控制到达组合状态的终止子系统时，就触发一个完成转移。

（2）历史状态。历史状态代表上次离开组合状态时的最后一个活动子状态，它用一个包含字母"H"的小圆圈表示。每当转移到组合状态的历史状态时，对象便恢复到上次离开该组合状态时的最后一个活动子状态，并执行入口动作。历史状态允许一个包含非正交子状态的组合状态记住源自组织状态的转移之前的最后的活动子状态，如图 3.67 所示。

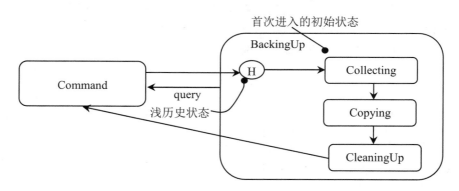

图 3.67　历史状态

如果想用一个转移激活最后的子状态，就显示从该组合状态之外直接指向该历史状态的一个转移。当第一次进入一个组合状态时，它没有历史。这就是从历史状态单独转移到一个非正交子状态的意义。这个转移的目标指明了嵌套状态机首次进入时的初态。处于 BackingUp 和 Copying 状态中时，事件 query 被发出。控制离开 Copying 和 BackingUp，并返回 Command 状态。当 Command 动作完成后，完成转移返回到组合状态 BackingUp 的历史状态。这一次，由于这个嵌套状态机有了历史，因此控制传回到 Copying（绕过了 Collecting 状态），因为 Copying 是从 BackingUp 转移之前的最后一个活动子状态。

（3）并发（正交）子状态。有时组合状态有两个或者多个并发的子状态机，此时称组合状态的子状态为并发子状态。顺序子状态与并发子状态的区别在于后者在同一层次给出两个或多个顺序子状态,对象处于同一层次中来自每个并发子状态的一个时序状态中。图 3.68是图 3.66 中 Maintenance 状态的一个扩展。Maintenance 被分解为两个正交区域:Testing 和Commanding,它们在 Maintenance 状态中嵌套显示,并用一条虚线分开。每个正交区域进一步分解为非正交子状态。当控制从 Idle 状态传送到 Maintenance 状态时,控制就分叉为两个并发的流——这个对象将同时处于 Testing 区域和 Commanding 区域。而且,当处于 Commanding区域时,这个对象将处于 Waiting 状态或者 Command 状态。

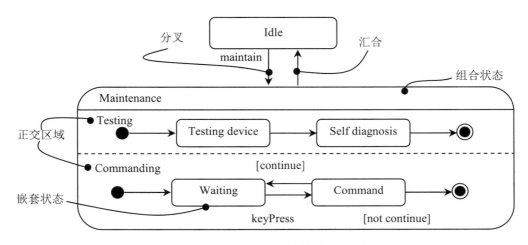

图 3.68　并发子状态

这两个正交区域的执行是并发的。最终,每个嵌套的状态机都将到达它的终态。如果一个正交区域先于另一个到达它的终态,那么这个区域的控制将在它的终态等待。当两个嵌套状态机都到达它们的终态时,来自两个正交区域的控制就汇合成一个流。每当一个转移到达一个被分解为多个正交区域的组合状态时,控制就分成与正交区域一样多的并发流。类似地,每当一个转移来自一个被分解为多个正交区域的组合子状态时,控制就汇合成一个流,这在所有情况下都成立。如果所有的正交区域都到达它们的终态,或者有一个离开封闭的组合状态显示的转移,那么控制就重新汇合成一个流。

状态机图描述了一个对象在其生命周期内经历的各种状态、状态之间的转移、发生转移的动因、条件以及转移中执行的活动。通过状态机图可以了解一个对象所能到达的所有状态以及对象收到的事件(收到的消息、超时、错误和条件满足等)对对象状态的影响(引起状态转移)等。它描述的是一个对象的事情,可以说是对类图的一种补充,帮助开发者完善某个类。

3.10　活动图

活动图是 UML 用于对系统的动态行为建模的另一种常用工具,它是状态图的一个变体。活动图用来描述一组顺序的或并发的活动,着重表现从一个活动到另一个活动的控制流,是内部处理驱动的流程。活动图很像流程图,它显示出工作步骤、判定点和分支。

3.10.1 活动图的图符

UML 活动图中包含的常用图形符号有初始结点（initial node）、终止结点（final node）、活动状态（activity）、动作状态（actions）、控制流（control flow）、对象（object）、数据存储对象（datastore）、对象流（object flows）、分支与合并（decision and merge nodes）、分叉与汇合（fork and join nodes）和泳道（partition）等。活动图图符如图 3.69 所示。

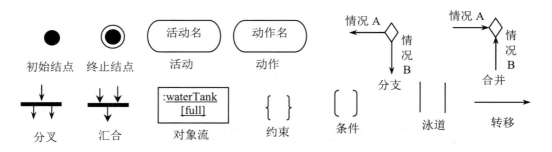

图 3.69　活动图图符

初始结点描述活动图的开始状态，与状态机图类似，用一个黑色的圆标识，活动图可以有多个起始点；终止结点描述活动图的终止状态，与状态机图类似，用一个带圆圈的黑色圆表示，活动图可以有多个终止点；活动用一个圆角的矩形表示，并标上活动名；转移描述活动之间的转换，也就是被描述对象的控制流，转移用带箭头的实线段表示，箭头指向转向的活动，可以在转换上用文字标识转换发生的条件；对象流是活动图中参与的对象，它可以发送信号给活动或是接收活动的信号，也可以表示活动的输入/输出结果，对象的表示和对象图中的表示相同；条件判断描述活动间转换的分支，只有一个流入的信息流，不同的条件下输出的信息流有不同的流向，条件判断用一个菱形表示；同步条描述活动之间的同步，一般有多个信息流流入，多个信息流流出，必须是流入的信息流都到达，流出的信息流才能同时流出，同步条用一条较粗的水平的或是垂直的实线段表示；泳道描述的是活动图中活动的分组，通常可以将活动按照某种标准分组，泳道将活动图划分出一个纵向的区域，同组的活动和对象都在这个区域中，区域之间用虚线分隔。

3.10.2 活动图的组成

活动图描述用例所要进行的活动以及活动间的约束关系，有利于识别并行活动。活动图是通过一系列活动描述对象的行为，对象可以是程序、模块、子系统、系统。通过活动图，可以了解描述对象要进行的各种任务和过程，能够演示出系统中哪些地方存在功能，以及这些功能和系统中其他构件的功能如何共同满足前面使用用例图建模的商务需求。活动图组成如图 3.70 所示。

1. 动作状态

动作状态是指原子的、不可中断的动作，并在此动作完成后通过完成转换转向另一个状态。它与活动状态相似，但是它们是原子活动，并且当它们处于活动状态时不允许发生转换。动作状态有如下特点：

（1）动作状态是原子的，它是构造 UML 活动图的最小单位。

（2）动作状态是不可中断的。

（3）动作状态是瞬时的行为。

（4）动作状态可以有入转换，入转换既可以是动作流，也可以是对象流。动作状态至少有一条出转换，这条转换以内部的完成为起点，与外部事件无关。

（5）动作状态与状态机图中的状态不同，它不能有入口动作和出口动作，更不能有内部转移。

（6）在一张 UML 活动图中，动作状态允许出现在多处。

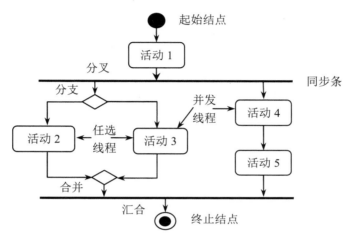

图 3.70　活动图组成

2. 活动状态

活动状态表示过程中命令的执行或工作流程中活动的进行。与等待某个事件发生的一般等待状态不同，活动状态等待计算处理工作的完成。当活动完成后，执行流程转入活动图中的下一个活动状态。当一个活动的前导活动完成时，活动图中的完成转换被激发。活动状态通常没有明确表示出引起活动转换的事件，当转换出现闭包循环时，活动状态会异常终止。活动状态用于表达状态机中的非原子的运行，并能够进一步被分解，它们的活动可以由其他的活动图表示。而且，活动状态不是原子的，也就是说它们可以被中断。可以把活动状态看成一个组合，它的控制流由其他的活动状态和动作状态组成，如工资报表申报审批可以看作一个活动状态，然后可分解成报表生成、报表提交、报表审批、报表发布 4 个动作状态。活动图的特点如下：

（1）活动状态可以分解成其他子活动或者动作状态。

（2）活动状态的内部活动可以用另一个 UML 活动图来表示。

（3）与动作状态不同，活动状态可以有入口动作和出口动作，也可以有内部转移。

（4）动作状态是活动状态的一个特例，如果某个活动状态只包括一个动作，那么它就是一个动作状态。

UML 中活动状态和动作状态的图标相同，但是活动状态可以在图标中给出入口动作和出口动作等信息。

3．分叉和汇合

活动图可以包含并发线程的分叉控制。对象在运行时可能会存在两个或多个并发运行的控制流，为了对并发的控制流建模，UML 中引入了分叉与汇合的概念。分叉用于将动作流分为两个或多个并发运行的分支，而汇合用于同步这些并发分支，以达到共同完成一项事务的目的。活动图不仅能够表达顺序流程控制，还能够表达并发流程控制，如果排除了这一点，活动图很像一个传统的流程图。

4．泳道

泳道将 UML 活动图中的活动划分为若干组，并把每组指定给负责这组活动的业务组织，即对象。在 UML 活动图中，泳道区分了负责活动的对象，它明确地表示了哪些活动是由哪些对象进行的。这种分配可以通过将活动组织成用线分开的不同区域来表示。在包含泳道的 UML 活动图中，每个活动只能明确地属于一个泳道。

在泳道的上方可以给出泳道的名字或对象的名字，该对象负责泳道内的全部活动。泳道没有顺序，不同泳道中的活动既可以顺序进行也可以并发进行，动作流和对象流允许穿越分隔线。每条泳道代表整个工作流程的某个部分的职责，该职责由组织的某个部门执行。泳道最终可以由组织单元或者业务对象模型中的一组类来实施。

泳道之间的排序并不会影响语义。每个活动状态都指派了一条泳道，而转移可能跨越数条泳道。

5．对象流

对象流是动作状态或者活动状态与对象之间的依赖关系，表示动作使用对象或动作对对象的影响。用 UML 活动图描述某个对象时，可以把涉及的对象放置在 UML 活动图中并用一个依赖将其连接到进行创建、修改和撤销的动作状态或者活动状态上，对象的这种使用方法就构成了对象流。

对象流中的对象有以下特点：

（1）一个对象可以由多个动作操作。

（2）一个动作输出的对象可以作为另一个动作输入的对象。

（3）在 UML 活动图中，同一个对象可以多次出现，它的每一次出现表明该对象正处于对象生存期的不同时间点。

对象流用带有箭头的虚线表示。如果箭头是从动作状态出发指向对象，则表示动作对对象施加了一定的影响。施加的影响包括创建、修改和撤销等。如果箭头从对象指向动作状态，则表示该动作使用对象流所指向的对象。对象流状态表示活动中输入或输出的对象。如果活动有多个输出值或后继控制流，那么箭头背向分叉符号。同理，多输入箭头指向汇合符号，对象结点和可中断的区域等用得少。

6．活动的分解

一个活动可以分为若干个动作或子活动，这些动作和子活动本身又可以组成一个 UML 活动图。不含内嵌活动或动作的活动称为简单活动，嵌套了若干活动或动作的活动称为组合活动。组合活动有自己的名称和相应的子 UML 活动图。

3.11　交互图

交互图显示一个交互，由一组对象和它们之间的关系构成，其中包括在对象之间传递的消息。根据使用交互的目的不同，UML 2.0 可以用多种图来表达交互，如顺序图、通信图、定时图、交互概览图。系统动态交互建模主要用顺序图和通信图。每种图提供适应不同情况的能力，但顺序图是交互图中语义最丰富、表现力最强的一种图。

3.11.1　顺序图

顺序图通过描述对象之间的交互来表达被描述对象的行为。顺序图显示多个对象间的动作协作，它以图形化方式描述在一个用例或操作的执行过程中对象如何通过消息互相交互，重点是显示对象之间发送消息的时间顺序，因此也称时序图。与前面介绍的 UML 模型图可以随意组织模型元素不同，顺序图有一定的结构，可以将顺序图看成一个二维坐标，在顺序图中水平方向为对象维，沿水平方向排列参与交互的对象类角色；竖直方向为时间维，按时间递增顺序列出各对象类角色发出和接收的消息。

1. 顺序图图符

顺序图是显示对象之间交互的图，这些对象是按时间顺序排列的。特别地，顺序图中显示的是参与交互的对象及对象之间消息交互的顺序。UML 动态模型图中的顺序图用来显示对象之间的关系，并强调对象之间消息的时间顺序，同时显示了对象之间的交互。顺序图是一个表，其中显示的对象沿 X 轴排列，而消息沿 Y 轴按时间顺序排列。顺序图由对象类角色、生命线、激活期和消息构成，图符见表 3.12。

表 3.12　顺序图图符

可视化图符	名称	描述
对象	对象类角色和生命线	用于表示顺序图中参与交互的对象，每个对象的下方都带有生命线，用于表示对象存在的时间段
	激活期	表示在这个时间段内对象处于活动状态
←	消息	用于表示对象之间传递的消息
◄------	返回消息	表示返回调用者的消息
	注释体	对顺序图或某个具体对象进行说明
------	注释连接	将注释体与要描述的实体连接起来，表明该注解是对哪个实体的描述

2. 顺序图的组成

（1）类角色（class role）。类角色代表顺序图中的对象在交互中扮演的角色，位于顺序图顶部的对象代表类角色，类角色一般代表实际的对象。在顺序图中，对象类角色一般只给出名称，其命名规则与在对象类图中相同，对象符号和对象图中对象所用的符号相同，如图 3.71 所示。将对象置于顺序图的顶部意味着在交互开始时对象就已经存在了，如果对象的位置不在顶部，那么表示对象是在交互的过程中被创建的。

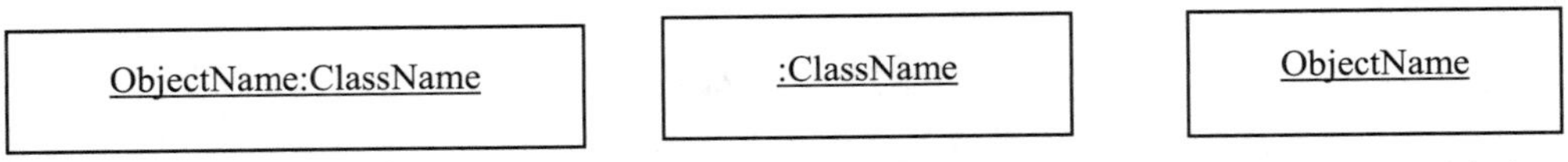

ObjectName:ClassName
:ClassName
ObjectName

（a）显示类名和对象名　　（b）只显示类名　　（c）只显示对象名

图 3.71　类角色的表示

（2）生命线（lifeline）。生命线是一条垂直的虚线，表示顺序图中的对象在一段时间内的存在。每个对象的底部中心的位置都带有生命线，生命线是一个时间线，从顺序图的顶部一直延伸到底部，所用的时间取决于交互持续的时间。同一条生命线上的时序是重要的，生命线上的时距并不重要，生命线只表示相对的时序，所以生命线不是一个时间标尺。生命线的虚线被一个矩形方块代替，用来表示此时对象处于激活状态，在对象生命线末尾用一个“×”标识对象生命期的结束。生命线如图 3.72（a）所示。

（3）激活期（activation）。激活期又称控制焦点，表示对象执行一个动作的期间，即对象激活的时间段。由位于生命线上的一个窄矩形框表示，其中的矩形称为激活条或控制期，对象就是在激活条的顶部被激活的，对象在完成自己的工作后被激活，如图 3.72（b）所示。当一个对象在激活期时，该对象处于激活状态，能够响应或发送消息，执行动作或活动；当一个对象不在激活期时，该对象处于休眠状态，什么事都不做，但它仍然存在，等待新的消息来激活它。

theCustomer:
SafeCharIterator
theRequestOrder:
RequestOrder

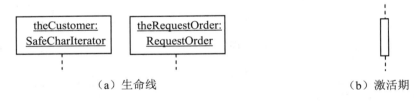

（a）生命线　　（b）激活期

图 3.72　生命线与激活期

（4）消息。消息是对象间通信的信息，可以是控制信息、数据信息等。消息可以分为简单消息、同步消息、异步消息和返回消息。

（5）控制操作符。把控制操作符表示为顺序图的一个矩形区域，其左上角有一个写在小五边形内的文字标签，用来表明控制操作符的类型。操作符作用于穿过它的生命线，这是操作符的主体。如果一条生命线并不在某个控制符的范围之内，那么这条生命线可能在操作符的顶部中断，然后在其底部重新开始。

（6）分支与从属流。在 UML 中有两种方法修改顺序图中消息的控制流，分别是分支和从属流。分支是指从同一点发出的多个消息并指向不同的对象，根据条件是否互斥，可以有条件和并行两种结构。从属流是指从同一点发出多个消息，指向同一个对象的不同生命线。

3. 消息和消息发送

在面向对象技术中，对象间的交互是通过对象间消息的传递来完成的。消息是对传送信息的对象之间进行的通信的规约，其中有对将要发生的活动的期望。一个消息实例的接收可以看作一个事件的发生。

在传送消息时，对消息的接收通常会产生一个动作，这个动作可能引发目标对象以及该对象可以访问的其他对象的状态改变。在 UML 中有以下动作：

（1）调用：调用某个对象的一个操作。对象也可以给自己发送消息，引起本地的操作调用。

（2）返回：给调用者返回一个值。

（3）发送：向对象发送一个信号。

（4）创建：创建一个对象。

（5）撤销：撤销一个对象，对象也可以撤销自己。

消息的表示如图 3.73 所示。

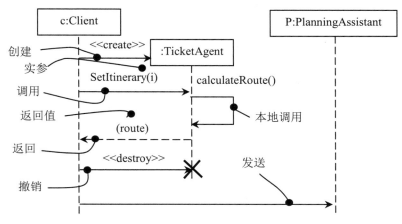

图 3.73　消息的表示

在 UML 的行为模型中均用到消息，当一个对象调用另一个对象中的操作时，即完成了一次消息传递。当操作执行后，控制便返回调用者。当一个对象调用另一个对象中的操作或者向它发送一个信号时，可以向消息提供实参。类似地，当一个对象将控制返回给另一个对象时，也可以对返回的值建模。消息也适用于信号发送，信号是向目标对象异步传送的对象值。发送信号之后，发送对象将继续自身的执行，目标对象在收到信号消息时将自行决定如何处理该信号。通常信号将触发目标对象的状态机中的状态转移，触发一个状态转移将引发目标对象执行一些动作并转移到一个新的状态。在异步消息传输系统中，进行通信的对象将并发且独立地执行。它们通过传递消息来共享一些值，所以不存在共享内冲突的危险。

对象通过相互间的通信（消息传递）进行合作，并在其生命周期中根据通信的结果不断改变自身的状态。在 UML 中，消息图形用带有箭头的线段将消息的发送者和接收者联系起来，箭头的类型表示消息的类型，如图 3.74 所示。

（1）简单消息（flat/simple message）。简单消息是不考虑同步或异步的问题的一种消息。因为有时不需要关心是同步还是异步，有时甚至不知道。尤其在高层分析时，有时没有必要指定一个消息是同步还是异步的。

（2）同步消息（synchronous message）。同步消息=调用消息。消息的发送者把控制传递给消息的接收者，然后停

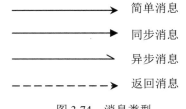

图 3.74　消息类型

止活动，等待消息的接收者放弃或者返回控制，这是最常见的消息，用来表示同步的意义，由发送消息的来源对象指向负责执行的目标对象。不一定是指定操作的消息才算是同步消息，只要来源对象会等待目标对象执行结束才继续发送下一个消息的情况，就算是同步消息，即在消息完成之前以及该消息发送的任何消息完成之前，工作流被中断。调用消息用实线和实心箭头表示。一般地，调用消息的接收者必须是一个被动对象，即它是一个需要通过消息驱动才能执行动作的对象。另外，调用消息必有一个配对的返回消息，为了图的简洁和清晰，与调用消息配对的返回消息可以不用画出。

（3）异步消息（asynchronous message）。消息发送者通过消息把信号传递给消息的接收者，然后继续自己的活动，不等待接收者返回消息或者控制。异步消息的接收者和发送者是并发工作的。异步消息使用实线和开口箭头表示。异步消息的接收者必须是一个主动对象，即它是一个不需要通过消息驱动就能执行动作的对象。

（4）返回消息（return message）。返回消息表示从过程调用返回。目标对象执行结束时，会发出回复消息给来源对象。返回消息在 UML 中用虚线和开口箭头表示，从负责执行的目标对象反向指回来源对象。返回消息表示控制流返回调用对象。如果是从过程调用返回，则返回消息是隐含的，返回消息可以不用画出来。但对于非过程调用，如果有返回消息，则必须明确表示出来。在画顺序图时，有请求消息（同步、异步消息），就必须有返回消息。来源对象若发送同步消息，会等待；若发送异步消息，就不等待了。

另外，还有以下的消息。

（5）自关联消息（self-message）。自关联消息表示方法的自身调用以及一个对象内的一个方法调用另外一个方法。

（6）阻止消息（stop message）。阻止消息是指消息的发送者发送消息给消息的接收者，如果接收者无法立即接收消息，则发送者放弃这个消息。阻止消息是 Rose 扩充的消息类型，在 Rose 中用折回箭头表示，如图 3.75 所示。

（7）超时消息（time-out message）。超时消息的发送者发送消息给消息的接收者并按指定的时间等待，如果接收者无法在指定的时间内接收消息，则发送者放弃这个消息，如图 3.76 所示。

图 3.75　阻止消息　　　　　　　　　　图 3.76　超时消息

（8）返身消息（reflexive message）。返身消息也称自返消息，是指消息的发送者发送消息给自身。

消息箭线从源对象指向目标对象，其上标有消息内容标签。消息标签的格式如下：

[序号] [警戒条件] *[循环] [返回值表:=]操作名（参数表）

序号：常用正整数 1,2,3,…,n 表示。在顺序图中可以省略，但是在通信图中不可以省略。

警戒条件：为一个布尔表达式。满足警戒条件时才能发送消息，默认时表示消息无条件发送。

4. 顺序图中的结构化控制

序列性的消息能很好地说明单一的线性的序列，但是通常需要展示条件和循环。有时需要展示多个序列的并发执行。在顺序图中用结构化控制操作符能展示这种高层控制，符号如图 3.77 所示。

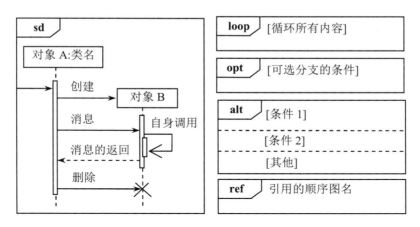

图 3.77　顺序图控制操作符

下面是常见的控制类型：

（1）可选执行。可选执行的标签是 opt。如果进入操作符时监护条件成立，那么该控制操作符的主体就会得到控制。监护条件是一个用方括号括起来的布尔表达式，它可能出现在主体内部任何一条生命线的顶端，可以引用该对象的属性。

（2）条件执行。条件执行的标签是 alt。控制操作符的主体用水平虚线分割成几个分区，每个分区表示一个条件并有一个监护条件。如果一个分区的监护条件为真，就执行这个分区。但是最多只能执行一个分区，如果有多于一个监护条件为真，那么选择哪个分区是不确定的，而且每次执行的选择可能不同。如果所有的监护条件都不为真，那么控制将跨过这个控制操作符而继续执行。其中的一个分区可以用特殊的监护条件[else]，如果其他所有区域的监护条件都为假，那么执行该分区。

（3）并行执行。并行执行的标签是 par。用水平虚线把交互区域分割为几个分区。每个分区表示一个并发计算。当控制进入交互区域时，并发地执行所有的分区；在并行分区都执行完后，该并行操作符标识的交互区域也就执行完毕。每个分区内的消息是顺序执行的。并发并不总意味着物理上的同时执行。并发其实是指两个动作没有协作关系，而且可按任意次序发生。如果它们确实是独立的动作，那么它们还可以交叠；如果它们是顺序的动作，那么它们可以按任意次序发生。

（4）循环（迭代）执行。循环执行的标签是 loop。在交互区域内的顶端给出一个监护条件。只要在每次迭代之前监护条件成立，那么循环主体就会重复执行。一旦在交互区域顶部的监护条件为假，控制就会跳出该交互区域。

图 3.78 展示了顺序图的结构化控制示例。用户启动这个序列，第一个操作符是循环操作符，圆括号内的数字(1,3)表示循环执行的最少次数和最多次数，因为最少是一次，所以在检测条件之前主体至少执行一次。在循环内，用户输入密码，系统验证它。只要密码不正确，该循环就会继续。但是，如果超过了三次，那么无论如何循环都会结束。下一个操作符是可选操作符。如果密码是正确的，就执行这个操作符的主体，否则跳过该顺序图后面的部分。可选操

符的主体内还包括了一个并行操作符。正如图 3.78 所表明的，操作符可以嵌套。并行操作符有两个分区：一个让用户输入账号，另一个让用户输入数额。因为这两个分区是并行的，所以没有规定应该按照什么次序输入两者，按照什么次序输入都可以。一旦并行操作符的两个动作都被执行过，那么该并行操作符执行完毕。可选操作符的下一个动作是银行向用户交付现金。至此，顺序图执行完毕。

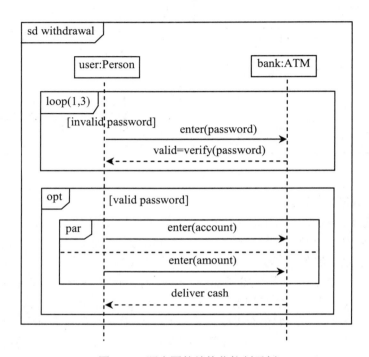

图 3.78   顺序图的结构化控制示例

5．时间约束的表示

在顺序图上，如果消息的箭头与生命线垂直，那么表明立即发送该消息。如果箭头是倾斜的，那么表明该消息的传送有一定的时间延迟，其间可以传送其他消息。建模人员可在顺序图的时间轴附近用标签定义消息上的时间约束。时间约束表示示例如图 3.79 所示。

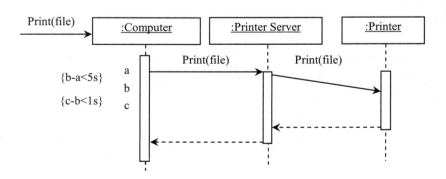

图 3.79   时间约束表示示例

6. 顺序图的改进

对于顺序图，UML 2.0 主要做了以下三处改进。

（1）允许顺序图中明确地表达分支判断逻辑。这是一种非常实用的功能，能够将以前通过两张图才能表达的意思通过一张图就表达出来。但这并不意味着顺序图擅长表达这种逻辑，所以并不需要在顺序图中展现所有的分支判断逻辑。

（2）允许"纵向"与"横向"地对顺序图进行拆分与引用。这就解决了以前一张图由于流程过多，造成幅面过大、浏览不便的问题。

（3）提供了一种新图，称为"交互概览图"，可以直观地表达一组相关顺序图之间的流转逻辑。以前遇到这种情况时，通常只能通过活动图间接表达。

3.11.2　通信图

通信图是协作的图形表示，在 UML 1.x 版中称为协作图，也有的称为合作图。所谓协作是一种静态结构，它是一个系统对实现某些服务所涉及的对象及其交互的投影。一个协作定义了一组对某些服务有意义的参加者及其之间的联系，这些参加者定义了交互中对象扮演的角色。

通信图类似于顺序图，通信图对在一次交互中有意义的对象和对象间的链建模。除了显示消息的交互以外，通信图还显示对象及其关系。通信图强调收发消息的对象或角色的结构组织。通信图对应于简单的顺序图。通信图不允许含有交互框架、交互引用等复杂结构。通信图可以看成在对象图的基础上，加入了对象之间的消息通信以描述对象之间的交互。与顺序图不同，通信图的重点是在空间上描述对象的交互。

通信图除了具有对象图的模型元素之外，就是加入了消息（message），消息是对象之间的通信，从而实现对象的交互，如图 3.80 所示。消息可以分为指向源的简单消息、指向目标的简单消息、指向源的异步消息、指向目标的异步消息、指向源的同步消息、指向目标的同步消息。指向源和指向目标都表示简单消息的流向，只是图形表示的指向不同而已。

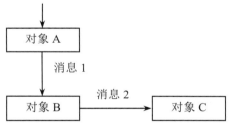

图 3.80　消息的传递

1. 通信图图符

通信图是 UML 动态模型图的另一种表现形式，它是强调发送和接收消息的对象的结构组织的交互图。通信图只对相互间有交互作用的对象和这些对象间的关系建模，而忽略了其他对象和关联。通信图可以被视为对象图的扩展，但它除了展现出对象间的关联外，还显示了对象间的消息传递。

通信图用来建模对象或者参与者之间的交互，描述这些对象或者参与者之间是如何进行通信的，即通信图用于描述系统行为是如何由系统的成分协作实现的。通信图中包括的建模元素有对象（包括参与者实例、多对象），消息，链等，见表 3.13。当且仅当两个对象对应的类之间存在关联时，对象之间才可能存在链接。两个类中存在这种关联表明两个类的实例之间存在一条通信路径（即链接），一个对象可以通过它向另一个对象发送消息。通信图可以看作类图和顺序图的交集。要想创建一个系统，这些类的实例（对象）需要彼此通信和交互。换句话说，它们需要协作。

表 3.13　通信图图符

可视化图符	名称	描述
▭	对象	用于表示通信图中参与交互的对象
▱▱▱	多对象	用于表示通信图中参与交互的多对象
———	连接	用于表示对象之间的关系
◄———	消息	用于表示对象之间发送的消息
▭	注释体	对通信图或某个具体对象进行说明
– – – –	注释连接	将注释体与要描述的实体连接起来，表明该注解是对哪个实体的描述

在通信图中，多对象指的是由多个对象组成的对象集合，一般这些对象是属于同一个类的。当需要把消息同时发送给多个对象而不是单个对象时，就要使用"多对象"这个概念。在通信图中，多对象用多个方框的重叠表示，如图 3.81 所示。

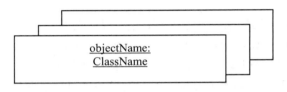

图 3.81　多对象

通信图中的消息类型与顺序图中的相同，但为了说明交互过程中消息的时间顺序，需要给消息添加顺序号。顺序号是消息的一个数字前缀，是一个整数，由 1 开始递增，每个消息都必须有唯一的顺序号。

通信图中链的符号和对象图中链所用的符号是相同的，即一条连接两个类角色的实线。为了说明一个对象如何与另一个对象连接，可以在链的末路上附上一个路径构造型。

2.　通信图的组成

通信图中包括如下元素：

（1）类角色（class role）。类角色代表通信图中对象在交互中扮演的角色。在通信图中，矩形中的对象代表类角色，类角色代表参与交互的对象，它的命名方式与对象的命名方式相同。

（2）关联角色（association role）。关联角色代表通信图中的连接在交互中扮演的角色，通信图中的连线代表关联角色。

（3）消息流（message flow）。消息流代表通信图中对象间通过链接发送的消息。通信图中类角色之间的箭头表明在对象间交换的消息流，消息由一个对象发出，由消息指向的对象接收。链接用于传输或实现消息的传递。消息流上标有消息的序列号和类角色间发送的消息，一条消息会触发接收对象中的一项操作。消息定义的格式如下：

消息类型标号　控制信息:返回值:= 消息名　参数表

消息的类型与顺序图的相同，有返回消息、同步消息和异步消息。

消息的标号有以下三种：

顺序执行：按整数大小顺序执行。标号为 1,2,…,*n*。

嵌套执行：标号中带小数点。标号为 1.1,1.2,1.3,…。

并行执行：标号中带小写字母。标号为 1.1.1a,1.1.1b,…。

多数情况下，只对单调的、顺序的控制流建模。然而，有时需要对包括迭代和分支在内的更复杂的流建模，此时就需要用到控制信息。控制信息有条件控制信息和迭代控制信息，如图 3.82 所示。迭代表示消息的重复序列，如*[I＝1..*n*]。如果仅表明迭代，不表示细节，则只用*号。迭代表示该消息（以及嵌套消息）将按照给定的表达式重复。图 3.82 展示了在 turnOn() 消息上添加的迭代子句。这个修饰以*号开始，后面是用方括号括起来的迭代子句。这个例子表示 turnOn 消息将依次被发出（1～*n*）。如果消息是被并发发出的，则*号后面可以跟一个双竖线，即*||[I＝1..*n*]。类似地，警戒条件表示消息执行与否取决于一个布尔表达式的值。对条件建模时，在消息序号前面加一个条件子句，如[x>y]。图 3.82 中，startup 消息上的警戒条件表示消息将在警戒条件为真时执行。即当温度低于预期的最低温度时执行。一个分支点上的多个可选择的路径采用相同的序号,但每个路径必须由不重叠的条件唯一区分。对于迭代和分支,UML 并没有规定括号中表达式的格式，可以使用伪码或某个特定的编码语言的语法。

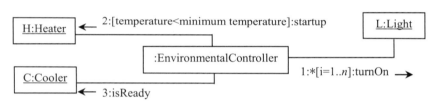

图 3.82　通信图中的迭代子句和警戒条件

3. 通信图与顺序图的关系

通信图与顺序图的功用相似，都是用来表示一群对象互传信息的交互情况。只是通信图强调的是参加交互的对象的组织，采用网状图形，重点是对象之间的链接，可以看成类图与顺序图的交集。它为读者提供了在协作对象结构组织的语境中观察控制流的一个清晰的可视化轨迹。通信图建模对象或者角色，以及它们彼此之间是如何通信的。而顺序图采用栅栏状图形，强调依次发送信息。如果强调时间和顺序，则使用顺序图；如果强调上下级关系，则选择通信图。用两种方式建立的图具有等价的语义，并且从一个图转换为另一个图时不会丢失信息。

3.11.3　定时图

1. 定时图的组成

最后一种新增的、特别适合实时和嵌入式系统建模的交互图称为定时图（timing diagram），也有的称为时间图。定时图关注沿着线性时间轴、生命线内部和生命线之间的条件改变。它描述对象状态随着时间改变的情况，很像示波器，适合分析周期和非周期性任务。它展现了消息跨越不同对象或角色的实际时间，而不仅仅关心消息的相对顺序。它是一种可选的交互图，采用了一种带数字刻度的时间轴来精确地描述消息的顺序，展示交互过程中的真实时间信息，具体描述对象状态变化的时间点以及维持特定状态的时间段及其时间约束。它主要用于表示在交互过程中不同对象状态改变之间的定时约束。定时图有多种形式。定时图也表示状态变化，但是它注重状态与时间的关系，用来表示对象在某个状态停留了多久后将转换到下一个状态。门禁系统处理的时序图如图 3.83 所示。

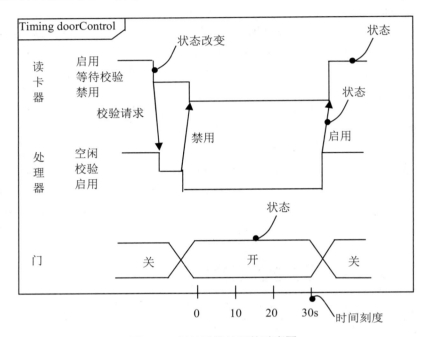

图 3.83　门禁系统处理的时序图

在图 3.83 中，一开始读卡器是启用的（等用户来刷卡），处理器是空闲的（没有验证的请求），门是关闭的。用户使用门禁系统时，电子门禁系统的控制逻辑是当用户刷卡时，读卡器就进入了"等待校验"的状态，并发送一个消息给处理器，处理器就进入了校验状态。如果校验通过，就发送一个"禁用"消息给读卡器（因为门打开时，读卡器就可以不工作了），使读卡器进入禁用状态，并且自己转入启用状态，此时门的状态变成了"开"。门"开"30s（根据时间刻度得知）之后，处理器将会把它再次"关"上，并且发送一个"启用"消息给读卡器（门关闭了，读卡器又重新工作了）。此时读卡器再次进入启用状态，而处理器又回到空闲状态。

从上面例子不难看出，定时图包含的图元并不多，主要包括生命线、状态、状态变迁、消息、时间刻度。

2．定时图与顺序图的关系

定时图与顺序图坐标轴交换了位置，定时图的时间坐标是横坐标表示时间的延续；用生命线的"凹下凸起"来表示状态的转移，生命线处于不同的水平位置代表对象处于不同的状态，状态的顺序可以有意义，也可以没有意义。生命线可以跟在一条线后面，在这条线上显示不同的状态值。可以显示一个度量时间值的标尺，用刻度表示实际时间间隔。顺序图是一种强调消息时间顺序的交互图。

3．定时图与状态机图的关系

定时图很像心电图，通过高高低低的曲线强调状态的变化。因为状态机图用来表示对象因为事件的触发而转换状态，所以它注重事件与状态的关系。

分析模型中的交互图侧重于分析类的职责分配和交互流程，而设计模型中的交互图侧重于设计类的引入和实际方法的调用与流程控制。先确定参与交互的对象、对象之间的关系（通信图），然后确定对象间的消息交互流程（用同步调用、异步消息、返回消息表示），并利用交互片断（顺序图）或迭代标记及监护条件来表示循环结构和分支结构。

3.11.4   交互概览图

1. 交互概览图图符

交互概览图是 UML 2.0 新增的图之一，它描述交互（特别关注控制流）。交互概览图是将活动图和顺序图嫁接在一起的图。交互概览图并没有引入新的建模元素，其所有的图示法都已经在活动图和顺序图中阐述过了。它使用活动图的表示法，活动图展示了一系列活动组成的步骤。如果每个活动都用顺序图或通信图（或者是二者的结合体）来进一步地描述，就会得到 UML 2.0 中的新图——交互概览图。交互概览图如图 3.84 所示。

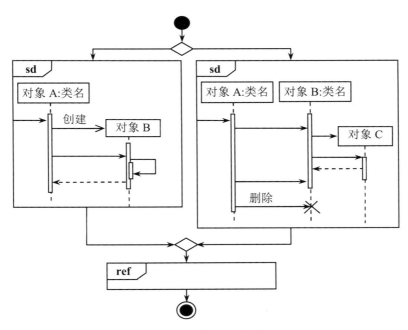

图 3.84   交互概览图

2. 交互概览图的形式

交互概览图有两种形式：一种是以活动图为主线，对活动图中某些重要活动结点进行细化，即用一些小的顺序图对重要活动结点进行细化，描述活动结点内部对象之间的交互；另一种是以顺序图为主线，用活动图细化顺序图中某些重要对象，即用活动图描述重要对象的活动细节。

3. 交互概览图的绘制步骤

交互概览图的绘制步骤如下：决定绘制的策略，选择哪种图为主线，然后用另一种图来细化某些重要的结点信息。

交互概览图的绘制过程是根据应用要求选择绘制主线。如系统有一个生成订单汇总信息的要求：如果下订单的客户是系统外的，则通过 XML 来获取信息；如果下订单的客户是系统内的，则从数据库中获取信息。本描述说明，其活动控制流涉及一个分支，根据客户数据是否在系统内部选择不同的获取方法，然后生成汇总信息。因此，可以用活动图为绘制主线。订单生成汇总交互概览图如图 3.85 所示。

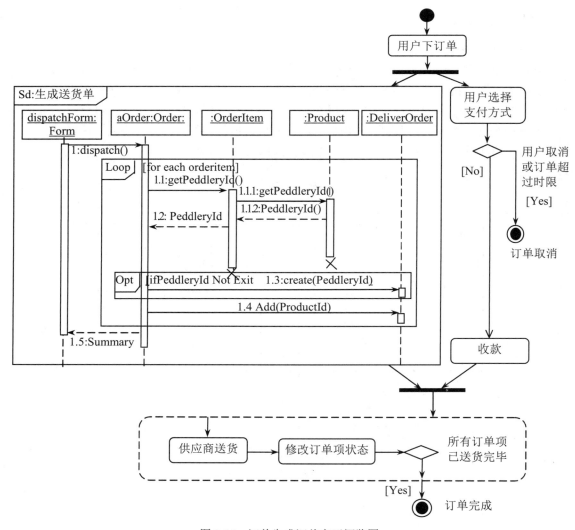

图 3.85　订单生成汇总交互概览图

3.12　UML 各种图的应用

UML 主要用于软件密集型系统，在企业信息系统、银行与金融服务、电信、国防/航天、运输、零售、医疗电子、科学、基于 Web 的分布式服务等领域都有应用。它既可以用于面向对象方式建立软件系统的模型，也可以描述非软件领域的系统；既可以对任何具有静态结构的系统建模，又可以对具有动态行为的系统建模。对于复杂工程建模，单一图形不可能包含所需的所有信息，常常需要多种图结合使用。现在用得多的是 UML 1.4 版的 9 种图，如图 3.86 所示。

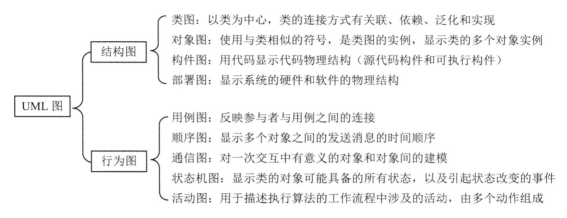

图 3.86　UML 概要图

3.12.1　结构图应用

结构图用于描述系统应用的静态结构，应用较多的是类图、对象图、构件图和部署图。

（1）类图。类图描述系统中类的静态结构，展示了一组类、接口和协作及其之间的关系。其描述的静态关系在系统整个生命周期都是有效的。类图用于描述类模型，从系统总体结构的设计直至代码的实现都使用类图。现实世界中任何事物都可以看作具有某些属性和动态行为的对象。类与类之间有多种联系，如相互关联（消息的传递）、依赖性（一个类依赖或使用另一个类）、特化（一个类是另一个类的特例或子集）和包（将一些类并入一个包中），所有这些联系以及类的属性和行为都可以在类图中清晰地加以描述。类图适合用于软件开发的各个阶段。系统可有多个类图，在高层给出类的主要职责，在低层给出类的属性和操作。对逻辑数据库模式建模、对系统词汇建模、对简单协作建模时都可使用类图，可用它表示概念模型。

（2）对象图。对象图展示了一组对象及其之间的关系。用对象图说明类图中反映事物实例的数据结构和静态快照，是类图的一个实例。对象图显示类的多个对象实例，而不是实际的类。对象图是类的一种实例化，描述系统在某个时刻可能包含的对象和相互关系。一张对象图表示的是与其对应的类图的一个具体实例，即系统在某个时期或者某个特定时刻可能存在的具体对象实例及其之间的具体关系。

（3）构件图。构件图描述代码构件的物理结构及各构件之间的依赖关系。构件图可以对源代码、可执行版本、物理数据库和自适应系统 4 种情况建模。构件可以是源代码构件、二进制目标构件、可执行构件或者文档型构件。构件图说明各种构件之间的依赖关系。

（4）部署图。部署图展现了运行时处理结点及其构件的部署。它描述系统硬件的物理拓扑结构及在此结构上执行的软件，它说明系统结构的静态部署视图，即说明发布、交付和安装的物理系统。部署图通常为嵌入式系统、客户/服务器系统和完全分布式系统建模。在 UML 分析和设计模型时，应尽量避免把模型转换成某种特定的编程语言。

3.12.2 行为图应用

行为图用于描述系统动态行为的各个方面，应用较多的是用例图、顺序图、通信图、状态机图和活动图。

（1）用例图。用例图展现了一组用例、用户及其之间的关系，即从用户角度描述系统功能，并指出各功能的操作者，用于收集用户实际需求所采用的一些方法中。用例图描述系统的功能及外部的使用者，即确定谁来使用系统，使用系统做什么。用例就是系统提供的功能的一种描述，参与者是可能使用这些用例的人或者外部系统，二者之间的联系描述了"谁使用哪个用例"。用例图注重从系统外部参与者的角度描述系统需要提供哪些功能，并指明这个系统的使用者是谁。

（2）顺序图。顺序图展现了一组对象和由这组对象收发的消息，用于按时间顺序对控制流建模，说明系统的动态视图，强调时间和顺序。顺序图描述多个对象之间的动态协作关系。顺序图的重点在于它非常直观地展示了对象之间传递消息的时间顺序，反映了对象之间的一个特定的交互过程，如在系统执行过程中某个特定时刻发生的事情。

（3）通信图。通信图展现了一组对象及其之间的连接以及这组对象收发的消息，强调上下层次关系，强调收发消息对象结构组织，按组织结构对控制流建模。

（4）状态机图。状态机图展示了一个特定对象的所有可能状态及由各种事件发生而引起的状态间的转移，强调一个对象按事件次序发生的行为。状态机图是对类的一种补充描述，它展示此类对象具有的所有可能状态以及某些事件发生时状态转移的情况。只针对重要的类画状态机图，状态机图可以描述整个系统、子系统或类的动态方面，还可以描述用例的一个脚本。

（5）活动图。活动图是特殊的状态机图。活动图的主要应用如下：

1）描述用例的行为。活动图对用例描述尤其有用，它可以建模用例的工作流，显示用例内部和用例之间的路径；它也可以向读者说明需要满足什么条件用例才有效，以及用例完成后系统保留的条件或者状态。

2）为工作流程建模。活动图对理解业务处理过程十分有用。可以画出描述业务工作流的活动图，与领域专家进行交流，明确业务处理操作是如何进行的，将有什么样的变化。可以显示用例内部与用例之间的路径，说明用例的实例如何执行动作以及如何改变对象状态。

3）描述复杂过程的算法。在这种情况下使用的活动图与传统的程序流程图的功能相似。活动图是 UML 版的程序流程图，常规的顺序、分支过程在活动图中都能得到充分的表现。每个活动图只能有一个开始状态，但是可以有无数个结束状态。很多人将 UML 的活动图理解为大家经常使用的流程图，特别是在活动图中也可以使用泳道。但要注意，UML 的活动图与一般的流程图是有区别的。

接下来就要充分地与客户沟通，找出业务流程的错误与不足之处。这一步对建立正确的系统模型至关重要。此处产生的错误会延续到系统验收、部署阶段，会极大地增加开发成本。因此必须与用户反复沟通，获得用户的认可，并尽量找出所有的分支情况。

活动图与流程图的区别如下：

1）流程图注重描述处理过程。它的主要控制结构是顺序、分支和循环，各个处理过程之间有严格的顺序和时间关系。而 UML 活动图描述的是对象活动的顺序关系所遵循的规则，它注重的是系统的行为，而非系统的处理过程。

2）UML 活动图能够表示并发活动的情形，而流程图不能。

3）UML 活动图是面向对象的，而流程图是面向过程的。所以两者的最大区别在于，活动图是以 OOAD 为指导的，以对象为分析基础，配合状态机图使用，为的是对用例的执行流程进行描述，而不是以现实中的业务流程为视角。

用例图、顺序图和活动图的关系如图 3.87 所示。

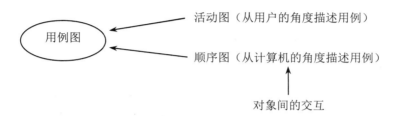

图 3.87　用例图、顺序图和活动图的关系

交互图和类图可以相互补充。类图对类的描述比较充分，但对对象之间的消息交互情况表达不够详细；而交互图不考虑系统中的所有类和对象，但可以表示系统中某几个对象之间的交互。交互图描述对象之间的消息发送关系，而不是类之间的关系。交互图中一般不会包括系统中所有类的对象，但同一个类可以有多个对象出现在交互图中。

UML 主要图与开发阶段之间的关系如图 3.88 所示。

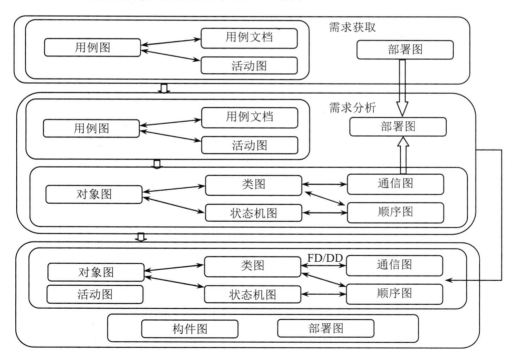

图 3.88　UML 主要图与开发阶段之间的关系

UML 广泛应用于系统开发从需求分析、系统设计到系统测试的不同阶段。系统设计包括功能设计（FD）和详细设计（DD）。开发的每个阶段主要应用的图如下：

需求获取：用例图、活动图、部署图。

需求分析：类图、对象图、顺序图、通信图、部署图和状态机图。

系统设计：类图、状态机图、顺序图、通信图、活动图、构件图和部署图。

测试：单元测试用类图；集成测试用部署图和通信图；确认测试用用例图等。

UML 是一份详细的规范，但并不是每次都要用到它的所有方面。这种表示方法的一个子集足以表达大多数分析和设计问题中的语义。用 UML 建模时需要注意的问题：对软件开发过程是有要求的，必须是用例驱动，以架构为中心，迭代和递增地开发。基于 UML 2.0 的 App 设计思想如图 3.89 所示。如果软件开发组织的软件开发过程不能满足这三点要求，那么 UML 的使用效果就会大打折扣。

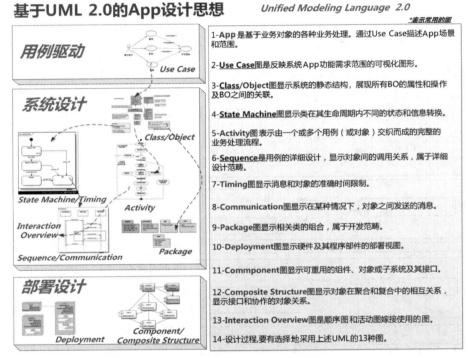

图 3.89　基于 UML 2.0 的 App 设计思想

UML 建模过程是一个迭代递增的开发过程。使用此方法，不是在项目结束时一次性提交软件，而是分块逐次开发和提交软件。实施阶段由多次迭代组成，每次迭代都包含编码、测试和集成，所得产品应满足项目需求的某个子集，或提交给用户，或纯粹内部提交。每次迭代都包含软件生命周期的所有阶段。同时，每次迭代都要增加一些新的功能，解决一些新的问题。以类图为例，在需求分析阶段，类图是研究领域的概念，是概念层描述；在设计阶段，类图描述类与类之间的接口，是说明层描述；而在实现阶段，类图描述软件系统中类的实现，是实现层描述。实现层描述更接近软件实现中的具体描述，但概念层和说明层描述更易于不同领域专家之间的理解和交流。

一旦你深入了解 UML 中更多的细节用法之后，你就会明白除了图形表示法之外，还需要了解更多才行，这就是 UML 工具复杂的原因。

小　　结

　　UML 是一种描述语言，它提供了多种类型的模型描述图。图由各种图形元素组成，用于展示系统的某个部分或方面。而视图是由特定的一组图组成的，某些图可能同时从属于多个视图，体现出视图之间的重叠。在建立一个系统模型时，通过定义多个反映系统不同方面的视图，才能对系统做出完整、精确的描述。UML 模型图各有侧重，如用例图侧重描述用户需求，类图描述的是系统的结构，顺序图描述的是系统的行为，构件图描述的是系统的模块结构。类图、对象图和用例图对一个系统或者至少是一组类、对象或用例建模，而状态机图只对一个对象类建模。RUP 往往与 UML 联系在一起，对软件系统建立可视化模型可以帮助人们提高管理软件复杂性的能力。包可用于组织模型中的相关元素。包之间可以存在依赖关系，但这种依赖关系没有传递性。在设计包时，应遵循重用等价原则、共同闭包原则、共同重用原则、非循环依赖原则等。虽然 UML 中提供了很多图，以帮助我们进行分析和设计，但还是不可能完整列出所有可能会用到的有用图形。衍型、标记值和约束是 UML 提供的用来增加新的构造块、创建新的特性和说明新的语义的机制。用衍型可以为 UML 增加新的事物，用标记值可以为 UML 的衍型增加新的特性，用约束可以增加新的语义或扩展已存在的规则。

复习思考题

一、选择题

1. 用例之间的关系主要有（　　）。
   A．聚合　　　　　　　B．继承　　　　　　　C．扩展　　　　　　　D．包含
2. 基于用例图的需求捕获的第一步就是确定系统的参与者，在寻找系统参与者时，可以根据（　　）等问题确定。
   A．系统同环境如何进行交互　　　　B．由谁安装系统
   C．系统为哪些对象提供信息、服务　　D．系统的使用者是谁
3. 如果用例 B 是用例 A 的某项子功能，并且建模者确切地知道在 A 对应的动作序列中何时调用 B，则称（　　）。
   A．用例 A 扩展用例 B　　　　　　　B．用例 A 继承用例 B
   C．用例 A 包括用例 B　　　　　　　D．用例 A 实现用例 B
4. 如果用例 A 与用例 B 相似，但 A 的动作序列是通过改写 B 的部分或者扩展 B 的动作获得的，则称（　　）。
   A．用例 A 实现用例 B　　　　　　　B．用例 A 继承用例 B
   C．用例 A 扩展用例 B　　　　　　　D．用例 A 包括用例 B
5. 如果用例 A 与用例 B 相似，但 A 的功能比 B 的多，A 的动作序列是通过在 B 的动作序列中的某些执行点上插入附加的动作序列构成的，则称（　　）。
   A．用例 A 扩展用例 B　　　　　　　B．用例 A 包含用例 B
   C．用例 A 继承用例 B　　　　　　　D．用例 A 实现用例 B

6．在 UML 中，（ ）表示使用软件系统的功能，与软件系统交换信息的外部实体。

    A．参与者   B．类   C．用例   D．用例图

7．用例之间的关系主要有（ ）。

    A．包含   B．继承   C．扩展   D．聚合

8．消息的类型有（ ）。

    A．同步   B．异步   C．简单   D．复杂

9．UML 图不包括（ ）。

    A．用例图   B．类图   C．状态图   D．流程图

10．（ ）是构成用例图的基本元素。

    A．参与者   B．泳道   C．系统边界   D．用例

11．下面不是用例间主要关系的是（ ）。

    A．扩展   B．包含   C．依赖   D．泛化

12．下列关于状态机图的说法中，正确的是（ ）。

    A．状态机图是 UML 中对系统的静态方面进行建模的 5 种图之一

    B．状态机图是活动图的一个特例，状态机图中的多数状态是活动状态

    C．活动图和状态机图是对一个对象的生命周期进行建模，描述对象随时间变化的行为

    D．状态机图主要用于对多个对象参与的活动过程建模，而活动图更强调对单个对象建模

13．对反应型对象建模一般使用（ ）。

    A．状态机图   B．顺序图   C．活动图   D．类图

14．顺序图由类角色、生命线、激活期和（ ）组成。

    A．关系   B．消息   C．用例   D．实体

15．在 UML 的状态机图中，转换通常由（ ）构成。

    A．动作   B．触发事件   C．源状态   D．目标状态

16．UML 的类图包含（ ）等抽象的层次。

    A．概念层   B．说明层   C．实现层   D．业务层

二、判断题

（ ）1．UML 建模语言是由事物、关系和公共机制构成的层次关系描述的。

（ ）2．状态机图是 UML 中对系统进行静态建模的 5 种图之一。

（ ）3．泳道是一种分组机制，描述了状态机图中对象执行的活动。

（ ）4．同步消息和异步消息的主要区别：同步消息的发送对象在消息发送后，不必等待消息处理，可立即继续执行；而异步消息的发送对象必须等待接收对象完成消息处理后，才能继续执行。

（ ）5．类图中的角色是用于描述该类在关联中扮演的角色和职责的。

（ ）6．类图用来表示系统中类和类与类之间的关系，是对系统动态结构的描述。

（ ）7．用例模型的基本组成部件是用例、角色和用例之间的联系。

（ ）8．类之间有扩展、使用、组合等关系。

（ ）9．顺序图描述对象之间的交互关系，重点描述对象间消息传递的时间顺序。

（　　）10．活动图显示动作及其结果，着重描述操作实现中完成的工作以及用例实例或类中的活动。

三、填空题

1．在 UML 提供的图中，_____用于描述系统与外部系统及用户之间的交互。

2．用例图的两个最核心的元素是_____与_____。

3．用例的组成要素是_____、_____和_____。

4．用例中的主要关系有_____、_____和_____。

5．用例图中以实线方框表示系统的范围和边界，在系统边界内描述的是_____，在系统边界外描述的是_____。

四、综合题

1．UML 中的状态机图、通信图、活动图、顺序图在系统分析中各起到什么作用？

2．UML 2.0 包括哪些图？

3．简述类图与定时图之间的关系。

4．简述用例图、活动图、顺序图之间的关系。

5．什么是包？

6．什么是包的泛化和包的依赖？

7．包和类有何区别？

8．哪些模型元素可以组成包？

9．当把模型元素组成一个包时，应该考虑哪些问题？

10．为超市管理系统绘制相应的包图。

第4章 面向对象系统分析

学习目标

知识目标	技能目标
（1）掌握面向对象系统分析的过程。	（1）能够进行需求分析。
（2）掌握系统用例模型的设计。	（2）能够撰写系统规格说明书。
（3）掌握 UML 的用例模型建模方法。	（3）能够绘制用例图、类图和对象图。
（4）掌握对象与类图的设计。	

知识结构

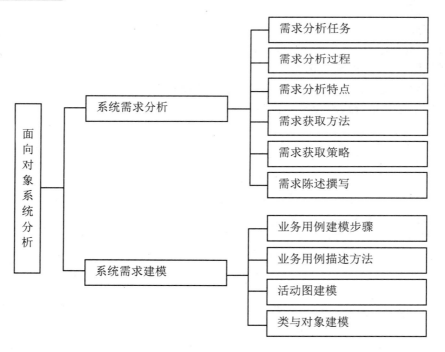

UML 本身只是工具，面向对象分析、设计才是面向对象开发的灵魂。系统分析，顾名思义就是要发现系统需要做什么，而不是如何做。发现系统要做什么的过程分成两步。首先，弄清楚用户到底需要系统做什么，即捕获用户的需求；其次，为满足用户的需要，系统应该做什么，即完成系统分析。需求分析是软件生命周期中的一个重要阶段，也是开发系统要做的第一步工作。客户需求是系统开发的源泉，系统要做什么都是由需求得来的。尤其是系统必须具有

的功能和性能、系统要求的运行环境以及预测系统发展的前景。UML 软件开发过程中的需求分析阶段，主要通过建立用例模型来描述系统的业务需求，必要时可以用用例规约或活动图来进一步描述相关用例的功能。本章重点是进行需求分析，指导学生识别系统的参与者，提取和发现业务用例，分析用例之间的关系，并建立系统的业务用例模型，然后用用例规约或活动图描述功能。本章将通过一个实例——图书馆管理信息系统讲解面向对象分析。

经常听到学生抱怨，说学了 UML 不知该如何用，或者画出 UML 图却觉得没什么作用。其实，就 UML 本身来说，它只是一种交流工具，是一种标准化交流符号，在面向对象分析和设计的过程中作为开发人员之间、开发人员与客户之间传递信息的工具。另外，UML 也可以看作面向对象思想的一种表现形式。下面通过实例讲解如何进行面向对象的分析，如何更好地应用 UML 工具。

4.1　系统需求分析

面向对象分析就是抽取和整理用户需求并建立问题域精确模型的过程，实际上是需求分析。通常，面向对象分析过程从分析陈述用户需求的文件开始，可由用户（包括出资开发该软件的业主代表及最终用户）单方面写出需求陈述，也可由系统分析员配合用户，共同写出需求陈述。当软件项目采用招标方式确定开发单位时，"标书"往往可以作为初步的需求陈述。

在面向对象建模的过程中，建模过程中的分类工作往往很难，系统分析员必须认真向专业领域专家学习。继承关系的建立实际上是知识的抽取过程，它必须反映出一定深度的领域知识，这不是系统分析员单方面努力就能做到的，必须有领域专家的密切配合才能完成。

4.1.1　系统需求分析概述

需求分析是开发过程中的第一重要阶段，如果不能准确地理解客户需要什么，那么就无法构造出正确的系统。如果不了解客户的应用领域及客户需要解决的问题，那么所有的用例分析都无济于事。客户需求将决定整个项目要承办方具体做什么，承办方只有明确了客户的需求，才能进行系统设计、编程、测试和维护等工作。在初始需求阶段，需要获得客户的业务模型，然后根据业务模型建立计算机系统。要建立一个符合客户需要的计算机系统，首要条件是彻底弄清楚客户的业务，而不是预先假设已有一个计算机系统，再让客户假想计算机系统帮他们做什么。然而，大多数情况下，用户并不清楚自己究竟想要什么。因此，期望仅仅依靠用户获得完整的需求是完全不现实的。所以，在需求分析阶段，开发人员必须进行细致的调查研究，以便较好地理解客户的要求，将客户非形式化的需求陈述转化为完整的需求定义，再由需求定义转换到相应的需求规格说明。

1. 需求分析的任务

从广义上来看，需求分析包括需求的获取、分析、需求规格说明、需求变更、需求验证、需求管理等一系列需求工程。从狭义上来看，需求分析是指需求的分析、定义过程。需求分析就是分析软件用户的需求是什么。在软件工程中，需求分析指的是在建立一个新的或改变一个现存的系统时描写新系统的目的、范围、定义和功能所要做的所有工作。需求分析是软件工程中的一个关键过程。在这个过程中，系统分析员和软件工程师确定顾客的需要。只有在确定了这些需要后才能够分析和寻求新系统的解决方法。由于每个人对新系统的功能和特征都有自己的观点和期望，因此调查研究活动通常会产生相互矛盾的需求。需求分析的目的就是发现和解决需求中的这些问题并达成一致意见。调查研究和需求分析活动联系非常密切，并且经常交织在一起。如果在调查研究的过程中获取的需求被查出存在问题，就需要分析员对这些问题进行专门的分析。

需求分析阶段的工作包括定义需求、分析与综合、编制需求规格说明书和评审等。

（1）定义需求。定义需求就是从系统角度理解软件，确定对所开发系统的综合要求，并提出这些需求的实现条件，以及需求应该达到的标准。这些需求包括功能性需求和非功能性需求。功能性需求描述一个系统必须提供的活动和服务（做什么）；非功能性需求描述一个满意的系统的其他特征、特点和约束条件等，包括系统的性能需求（要达到什么指标），环境需求（如机型、操作系统等），可靠性需求（不发生故障的概率），安全保密需求，用户界面需求，资源使用需求（软件运行所需的内存、CPU 等），软件成本消耗与开发进度需求，以及预先估计以后系统可能达到的目标等。

（2）分析与综合。逐步细化所有的软件功能，找出系统各元素间的联系、接口特性和设计上的限制，分析它们是否满足需求，剔除不合理部分，增加需要部分，最后综合成系统的解决方案，给出要开发的系统的模型（做什么的模型）。

（3）编制需求规格说明书。描述需求的文档称为软件需求规格说明书，是需求分析阶段的成果，作为提交给下一个阶段的文档资料。

（4）评审。对功能的正确性、完整性和清晰性以及其他需求给予评价。评审通过才可进行下一个阶段的工作，否则重新进行需求分析。

2. 需求分析的过程

需求分析阶段的首要工作是深入了解用户的实际工作领域，通过客户与软件开发人员之间的沟通，了解客户的需求。然后与问题领域专家讨论，分析问题领域的业务范围、业务规则和业务处理过程，明确系统的责任、范围和边界，确定系统的需求，并建立需求模型。在 UML 中，需求模型使用用例图来表示。面向对象需求分析的过程如图 4.1 所示。

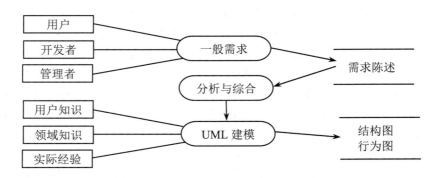

图 4.1　面向对象需求分析的过程

需求分析的详细过程如图 4.2 所示。

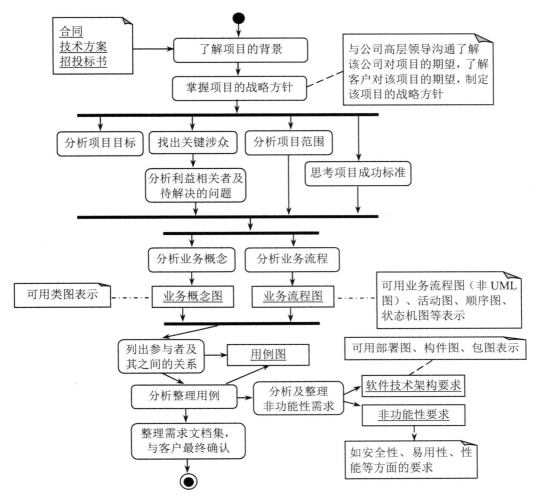

图 4.2　需求分析的详细过程

3. 需求分析的特点

需求分析是一项重要的工作，也是最困难的工作。需求分析有以下特点：

（1）用户与开发人员很难进行交流。在软件生命周期中，其他 4 个阶段都是面向软件技术问题的，只有本阶段是面向用户的。需求分析是对用户的业务活动进行分析，明确在用户的业务环境中软件系统应该"做什么"。但是在开始时，开发人员和用户双方都不能准确地提出系统要"做什么"。因为软件开发人员不是用户问题领域的专家，不熟悉用户的业务活动和业务环境，且不可能在短期内弄清楚；而用户不熟悉计算机应用的有关问题。由于双方不了解对方的工作，又缺乏共同语言，因此交流时存在隔阂。

（2）用户的需求是动态变化的。对于一个大型而复杂的软件系统，用户很难精确、完整地提出它的功能和性能要求，一开始只能提出一个大概、模糊的功能，只有经过长时间的反复认识才能逐步明确，有时进入设计、编程阶段才能明确，更有甚者，到开发后期还在提新的要求，无疑给软件开发带来了困难。

（3）系统变更的代价呈非线性增长。需求分析是软件开发的基础。假定在该阶段发现一个错误，解决它需要用一个小时的时间，到设计、编程、测试和维护阶段解决则要花更多倍的时间。

4.1.2 系统需求获取

面向对象分析的第一步，就是获取客户的需求。需求是客户在项目立项时就有的一个远景。客户需求将决定整个项目中需要承办方具体做些什么，即承办方的任务。承办方在明确了需求后，就可以开始后期的设计、实施、测试、部署等工作。需求获取在软件工程中非常重要，因为后续的设计、实施等都基于软件需求。如果软件需求获取不正确或在需求开发过程中很多功能没有挖掘出来，那么在后期选择弥补时，将会造成项目延期以及成本大幅度增加的严重后果。需求获取的目的是通过各种途径获取客户需求信息，由于在实际工作中，大部分客户无法完整地讲述其需求，因此需求获取是一件看似简单但做起来很难的事情。

1. 软件需求的层次

软件需求分为 3 个层次，如图 4.3 所示。

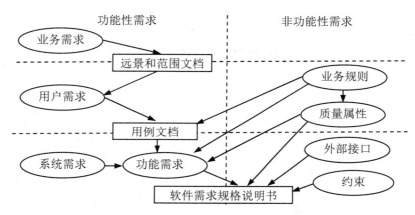

图 4.3　需求分析的 3 个层次

软件需求的内容见表 4.1。

表 4.1　软件需求的内容

需求层次	内容	提出者
业务需求	反映组织机构或客户对系统高层次的目标要求。它是系统的指导需求，这个需求比较空	一般由组织的高层提出
用户需求	描述用户使用产品时要实现的任务。通常在问题定义的基础上进行用户访谈、调查，对用户使用的场景进行整理，从而建立用户角度的需求。用户需求必须能够体现软件系统将给用户带来的业务价值，或用户要求系统必能完成的任务。也就是说，用户需求描述了用户能使用系统做些什么	一般是由组织的中层和操作层提出的需求，中层突出流程，就是整个框架；操作层一般提出具体的细节性需求
功能需求	系统分析员描述开发人员在产品中实现的软件功能，用户利用这些功能完成任务，满足业务需求	功能需求除了来自用户需求，还来自系统需求、业务规则、质量属性等

要获取功能需求，首先要获取业务需求和用户需求。在需求获取过程中，要明确需要获

取的信息（What）、获取信息的来源和渠道（Where）以及如何获取需求（How）。

2. 需求获取的原则

（1）系统性原则。从整体出发，对问题进行全面的分析比较。调查从系统的总目标出发，逐步分解，逐步求精，逐步细化。即根据调查目的和调查目标，对各项问题进行分类，规定每项问题应调查收集的资料。

（2）计划性原则。在调查前要列出详细计划，有针对性地对目标进行调查，做到有的放矢。可以列出调查表，通过拟定调查表，搜集有关信息管理系统的基础资料。制定调查的工作进程、工作进度，可以使整个调查活动有序地进行，使每位从事调查工作的人员行动有方向。对调查进度进行监督检查，可以及时发现问题，克服薄弱环节，保证整个调查顺利进行。

（3）科学性原则。要对调查所得数据进行科学分析，切忌主观臆断，只有坚持科学性原则，才能在错综复杂的环境中减少或避免调查失误，为信息系统的建立提供科学依据。

（4）前瞻性原则。业务过程是不断变化的，用户的需求也是变化的。调查结果会随着经济环境、政治气候等诸多因素的变化而变化。在调查中要考虑需求的可变性，否则就不能了解潜在的需求。

3. 明确需要获取的信息

需求分析师应在需求获取前明确需要获取的信息，以确保在实施需求获取时有的放矢。通常需要获取的信息有三大类：与问题域相关的背景信息（如业务资料、组织结构图和业务处理流程等）；与要解决的问题直接相关的信息；用户对系统的特别期望与施加的所有约束信息。

具体了解如下内容：

（1）现行系统的概况。要了解现行系统的发展历史、现状、规模、经营状况、业务范围、与外界的联系，确定系统的边界；对系统的组织结构进行调查，了解各部门的权限、职责、人员分工和关系等；了解系统的资源状况，现有系统的物资、资金、设备、建筑平面布局和其他的资源。如果配备了计算机，要了解计算机的功能、容量和外设等情况；了解系统的约束条件，如系统在资金、人员、设备、处理时间和方式等方面的限制条件和规定；系统目前运行的薄弱环节；系统目前的开发状况、投入的资金、人员等；各部门对现行系统和拟建系统的态度，是否满意以及满意的程度等。

（2）系统外部环境。现行系统和外部环境有哪些联系，哪些外部条件制约系统的发展。

（3）现行系统的资源。现行系统有哪些资源，信息系统的状况等。

（4）用户资源和要求。开发新系统用户可以提供的人力、物力和财力等情况，用户的时间要求、功能要求、非功能要求和开发目标等。在统一过程中，功能性需求和非功能性需求按照 FURPS 模型进行的分类见表 4.2。

表 4.2　功能性需求和非功能性需求按照 FURPS 模型进行的分类

需求类型	FURPS 模型	内容
功能性需求	功能性（functional）	特性、功能、安全性
非功能性需求	可用性（usability）	人性化因素、帮助、文档
	可靠性（reliability）	故障频率、可恢复性、可预测性
	性能（performance）	响应时间、吞吐量、准确性、有效性、资源利用率
	可支持性（supportability）	适应性、可维护性、国际化、可配置性

（5）业务流程及数据信息。要弄清楚某项业务做什么、为什么做、由谁来做、在哪里做、何时做以及如何做，在做的过程中产生了哪些数据等。

What：做什么？已经做过了什么？遵循什么程序？

Why：为什么需要经过这些流程？能否改变这些流程？

Who：谁来做？谁负责执行系统中的各项程序？为什么要他来做？可否换他人来做？

Where：在哪里做？要执行的业务流程在哪里？为什么？它们可以在哪些地方执行？如果在其他地方执行是否更有效？

When：什么时间做？程序什么时候执行？为什么在这个时间执行？是否有最佳的执行时间？

How：如何做？流程如何执行？为什么要这样执行？是否可以采用其他的方式将它做得更好？

（6）现行系统存在的问题。在初步调查中可以设计一些调查表，通过这些调查表可以更好地搜集信息，了解现行系统存在的主要问题。

4. 获取需求的来源和渠道

需求分析师还应确定获取需求信息的来源与渠道，以提高需求分析师在需求获取阶段的工作效率，使得搜集的信息更有价值、更全面。

（1）需求信息的来源。需求信息的来源有组织正式报告（对于手工系统）、各种卡片、报表、会议决议、现行系统的说明性文件（局部计算机化的系统）、各种流程图、计算机文件（或数据库），系统的数据组织结构、组织外的数据来源、上级下达的各种文件和各项任务指标、与本单位密切相关的其他单位的有关信息。

（2）获取需求的渠道。获取需求的渠道有客户或用户、公司的研发管理部门、公司的技术管理部门、项目的实施部门、营销管理部门、旧系统的研发项目组和项目组内部等。

5. 需求获取方法

项目经理应选择至少一种需求获取方法来获取相关的需求。需求获取方法主要有询问法、观察法、实验法、抽样调查法、查阅档案资料法、联合需求计划。

（1）询问法（questioning）。询问法是将所要调查的事项以当面、书面或电话等方式，向被调查者提出询问，以获得所需的资料，它是市场调查中最常见的一种方法。通常应该事先设计好询问程序及调查表或问卷，以便有步骤地提问。询问法通过面谈、电话、邮寄及留置问卷等方式进行调查。面谈调查是调查人与被调查人面对面地询问有关问题，从而取得第一手资料的一种调查方法。在面谈前要做好准备，设定面谈的对象、目标、问题等，做好面谈记录。该方法具有回收率高、信息真实性强、搜集资料全面等优点，但所需费用高，调查结果容易受调查人业务水平和态度的影响。电话调查是通过电话向被调查人询问以获取相关信息的方法。这种方式速度快、省时间、费用低，但由于通话时间不宜过长，因此不易搜集到深层信息。邮寄调查是通过邮寄的方式调查相关信息的方法。这种方式调查区域广泛、调查成本低、真实性强、结果可靠。但回收率低、回收时间长，并且调查者难以控制回答过程。留置问卷调查是面谈调查和邮寄调查的结合，常采用调查表（questionnaire）。

（2）观察法（observation）。观察法是由调查人员到各种现场进行观察和记录的一种调查方法。被调查者往往是在不知不觉中被观察调查的，总是处于自然状态，因此，搜集的信息较客观、可靠、生动、详细。但这种方法一般只能观察到事实的发生，观察不到行为的内在因素，所需费用也高。

（3）实验法（experimentation）。实验法是先在小范围内进行实验，然后研究是否大规模推广的一种调查方法，如业务的吞吐量、各项工作的时间、费用等。这种方法比较科学、结果准确，但调查成本高、实验时间长。

（4）抽样调查法。从调查对象中选择部分作为样本加以调查，再从调查结果中推断出总体情况的调查方法。抽样（sample）可以采用系统抽样（system sample）、分层抽样（stratified sample）和随机抽样（random sample）等方式进行，样本的主要作用是代表整体。

（5）查阅档案资料法。调查人员通过查阅企业的各种文档、表格和数据库，如企业的计划、财务记录与报表、各种档案、工作记录、汇报总结、统计数据、各种录音、录像资料、流程图、设计文档和教师操作手册等来获取所需的基本信息。

（6）联合需求计划（Joint Requirement Planning，JRP）。联合需求计划也称联合应用开发（Joint Application Development，JAD），它是一个方法论，将一个应用程序的设计和开发中的客户或最终用户聚集在一起，通过一连串的合作研讨会获得需求，也称 JRP 会议。通常通过 2～5 天的集会，让开发者与顾客能够快速有效，而且深入地探讨需求并取得共识。具体结果是产生完整的需求文件。传统调查方法中，开发者通过一系列面谈或查阅资料等得到客户信息来调研系统需求，联合需求计划被认为其成倍地加快了开发的速度，并且增强了客户的满足感，因为客户参与了开发的全过程。

计划一个 JRP 会议包括以下 3 个步骤：

1）选择 JRP 会议地点。JRP 会议应该在公司工作地点以外召开。在外面举行 JRP 会议，与会者的精力集中在与 JRP 会议有关的问题和活动上，避免他们在工作地点被打断和分心。JRP 会议的典型房间布局如图 4.4 所示。

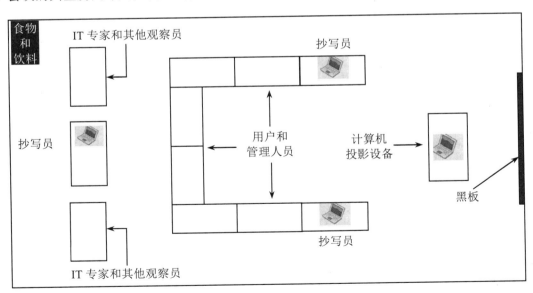

图 4.4　JRP 会议的典型房间布局

2）选择 JRP 会议参加者。参加者包括 JRP 主持人、抄写员和用户团体代表。

3）准备 JRP 会议议程。JRP 主持人必须准备材料，以简要地向与会者介绍会议的范围与目标。会议议程应该包括开始、主题和结论 3 个部分。开始部分用于交流会议的预期，沟通基本规则，影响或激发与会者参与；主题部分用于细化要在 JRP 会议中涉及的主题或问题；结论部分用于留出时间总结当天的会议，提醒与会者将继续讨论会议中没有解决的问题。JRP 会议的成功很大程度上取决于计划以及 JRP 会议主持人和抄写员的能力。

调查结果对照表见表 4.3。

表 4.3　调查结果对照表

调查类型	搜集资料
通过与用户交谈搜集的信息	面谈记录、有效的调查问卷、观察记录、会议记录
现有的文档和文件	商业使命和战略声明、商业表格和报告及计算机显示样例、操作手册、作业描述、培训手册、现有系统的流程图和文档、咨询报告
基于计算机的信息	联合设计会议的结果、现有系统的 CASE 存储库内容和报告、系统原型的现实报告

此外，获取需求还可以采用快速原型方法，即快速建立起一个可在计算机上运行的原型系统，通过原型系统让分析员与用户不断交流，以更准确地提炼出用户的需求。

6. 需求获取策略

在进行需求调查研究时，通常不要直接进行面谈，而是先搜集可以通过其他方法搜集的信息。需求获取的策略是：了解现有文档、表格、报告和文件；如果合适，观察工作中的系统；根据已经搜集到的信息，设计并分发调查表，澄清没有完全理解的问题；进行面谈来验证和澄清最困难的问题；对于没有理解的功能需求或者需要被验证的需求，可以构造获取原型；使用合适的调查研究技术验证事实。这个策略并不是不可改变的，可根据实际情况选择调查策略，但基本思想是在面谈之前搜集尽可能多的信息。

4.1.3　系统需求陈述

用自然语言书写的需求陈述通常存在歧义、内容不完整、不一致等问题。通过分析，可以发现和改正原始陈述中的这些问题，补充遗漏的内容，从而使需求陈述更完整、更准确。因此，不应该认为需求陈述是一成不变的，而应该把它作为细化和完善实际需求的基础。在分析需求陈述的过程中，系统分析员需要反复多次地与用户协商、讨论、交流信息，还应该通过调研了解现有的类似系统。

1. 需求陈述的撰写

为获得正确的业务模型，要建立需求（场景）陈述。通常，需求陈述的内容包括问题范围、功能需求、性能需求、出错处理需求、接口需求、约束、应用环境、假设条件及将来可能提出的要求等。总之，需求陈述应该阐明"做什么"，而不是"如何做"；应该描述用户的需求，而不是提出解决问题的方法；应该指出哪些是系统必要的性质，哪些是可选的性质。应该避免对设计策略施加过多的约束，也不要描述系统的内部结构，因为这样做将限制实现的灵活性。需求陈述对系统性能及系统与外界环境交互协议进行描述。此外，其对采用的软件工程标准、模块构造准则、将来可能做的扩充以及可维护性要求等方面进行描述。

书写需求陈述时，要尽量做到语法正确，而且应该慎重选用名词、动词、形容词和同义词。很多分析人员书写的需求陈述都把实际需求和设计决策混为一谈。系统分析员必须把需求与实现策略区分开，后者是一类伪需求，分析员至少应该认识到它们不是问题域的本质性质。需求陈述可简可繁。对人们熟悉的传统问题的陈述可以详细；对陌生领域项目的需求，开始时可能写不出具体细节，因此需要反复地与客户进行沟通。

绝大多数需求陈述都是有二义性的、不完整的甚至不一致的。某些需求有明显错误，还有一些需求虽然表述得很准确，但它们对系统行为存在不良影响或者实现起来造价太高。另外，一些需求初看起来很合理，但并没有真正反映用户的需要。需求陈述仅仅是理解用户需求的出发点，它并不是一成不变的文档。不能指望没有经过全面、深入分析的需求陈述是完整的、准确的、有效的。随后进行的面向对象分析，就是全面、深入地理解问题域和用户的真实需求，建立起问题域的精确模型。

系统分析员必须与用户及领域专家密切配合、协同工作，共同提炼和整理用户需求。在这个过程中，很可能需要快速建立起原型系统，以便与用户更有效地交流。

2. 需求陈述撰写实例

自动取款机（ATM）的组成如图 4.5 所示。

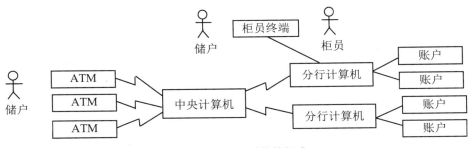

图 4.5 ATM 系统的组成

ATM 系统的需求陈述如下：

某银行拟开发一个自动取款机系统，它是一个由自动取款机、中央计算机、分行计算机及柜员终端组成的网络系统。ATM 和中央计算机由总行投资购买。总行拥有多台 ATM，分别设在全市各主要街道上。分行负责提供分行计算机和柜员终端。柜员终端设在分行营业厅及分行下属的各储蓄所内。该系统的软件开发成本由各分行分摊。

银行柜员使用柜员终端处理客户提交的储蓄事务并维护账户。他们可以使用银行自己的计算机直接进行通信。客户可以用现金或支票向自己拥有的某个账户内存款或开新账户。客户也可以从自己的账户中取款。通常，一个客户可能拥有多个账户。柜员负责把客户提交的存款或取款事务输入柜员终端，接收客户交来的现金或支票，或付给客户现金。柜员终端与相应的分行计算机通信，分行计算机具体处理针对某个账户的事务并维护账户。

拥有银行账户的客户有权申请领取现金兑换卡。使用现金兑换卡可以通过 ATM 访问自己的账户。目前仅限于用现金兑换卡在 ATM 上提取现金（即取款），或查询有关自己账户的信息（如某个指定账户上的余额）。将来可能还使用 ATM 办理转账、存款等事务。

所谓现金兑换卡就是一张特制的磁卡，上面有分行代码和卡号。分行代码可以唯一标识总行下属的一个分行，卡号确定了这张卡可以访问哪些账户。通常，一张卡可以访问客户的若干个账户，但是不一定能访问这个客户的全部账户。每张现金兑换卡仅属于一个客户，但是同一张卡可能有多个副本，因此，必须考虑同时在若干台 ATM 上使用相同的现金兑换卡的可能性。也就是说，系统应该能够处理并发访问。

当用户把现金兑换卡插入 ATM 之后，ATM 就与用户交互，以获取有关这次事务的信息，并与中央计算机交换关于事务的信息。首先，ATM 要求用户输入密码，接下来 ATM 把从这张卡上读到的信息以及用户输入的密码传给中央计算机，请求中央计算机核对这些信息并处理这次事务。中央计算机根据卡上的分行代码确定这次事务与分行的对应关系，并且委托相应的分行计算机验证用户密码。如果用户输入的密码是正确的，ATM 就要求用户选择事务类型（取款、查询等）。当用户选择取款时，ATM 请求用户输入取款额。最后，ATM 从现金出口吐出现金，并且打印出账单交给用户。系统要保存适当的记录，要有安全保障。系统必须能够正确处理对同一账户的并发访问。

4.2　系统需求建模

过去人们使用数据模型、过程模型、原型系统，以及需求规格说明之类的工具来描述需求，但是这些工具对没有受过软件开发实践教育的用户来说很难理解。因此，系统开发应该以用户为中心进行。用例是一种描述系统需求的方法，使用用例的方法来描述系统需求的过程就是用例建模。UML 中，建模过程一般都是从用例图开始的。用例建模被认为是描述信息系统功能需求的最佳实践，用例模型描述系统外部的参与者所理解的系统功能，它由用例图和用例描述组成，用例描述可以用用例规约描述或活动图描述，如图 4.6 所示。针对每个业务用例都绘制出相应的活动图，再将其中的“活动”整合，就得出所有备选系统用例。

图 4.6　用例模型

用例模型有两类：业务用例模型和系统用例模型。从字面的意义来看，确实很难分清两者的区别。RUP 定义为“业务用例是从一个外部的、增加值的角度来描述一个业务过程。为了给这个业务的涉众创造价值，业务用例是超越组织边界的业务过程，很可能包括合作伙伴和供应商”。这个定义标识了一些重要点，如一个业务用例描述的是业务过程，而不是软件系统过程。一个业务用例为涉众创造价值，这些涉众要么是业务参与者，要么是业务工作者。系统用例的设计范围就是这个计算机系统设计的范围，它是一个系统参与者，与计算机系统一起实现一个目标。系统用例就是参与者如何与计算机技术联系，而不是业务过程。

业务用例模型仅关注企业部门的业务，而系统用例模型关注系统本身实现后的互动。业务用例模型和系统用例模型有共同的图素，但是其意义是完全不同的。

4.2.1 业务用例建模

用例模型的建立通常过程：先画用例图，然后对用例图编写用例说明。在编写用例说明时，对一些复杂的、认为有必要的地方，绘制活动图、状态图或顺序图，方便阅读者理解。用例图关注的是三部分内容：用例、参与者和关系。

1. 业务用例建模概述

需求分析主要是定义业务用例模型。业务用例模型的目的在于描述企业的内部组织结构；描述企业各部门的业务；关注角色和系统的交互界面。业务用例是站在系统外看系统的功能，即以整个系统为研究对象的，它由业务参与者发起。而系统用例是以系统内某个具体功能为研究对象，它的发起者可能是业务工人或者业务实体。用例图是 UML 图中较重要和常用的一种，常用于软件开发的分析阶段，也能用于软件的系统测试阶段。

业务用例模型关心的是系统做什么，而不是如何实现。因此，它首先描述待开发系统的功能需求；其次，它把系统看成黑盒子，从外部参与者的角度来理解系统；再次，它驱动了需求分析之后各阶段的开发工作，不仅在开发过程中保证了系统所有功能的实现，而且被用于验证和确认所开发的系统，从而影响开发工作的各个阶段和 UML 的各个模型。业务用例建模的目的是将需求规约变为可视化模型，并得到用户确认；给出一个清晰的、一致的关于系统做什么的描述，确定系统的功能要求；提供从功能需求到系统分析、设计、实现各阶段的度量标准；为最终系统测试提供基准，据此验证系统是否达到功能要求；为项目目标进度管理和风险管理提供依据。用例模型是需求分析阶段的主要成果。

2. 业务用例建模的步骤

在初始需求阶段必须使用业务主角，牢记业务主角是客户实际业务里的业务参与者，没有计算机系统，没有抽象的计算机角色，业务主角必须在实际的业务里找到对应的岗位或人。虽然业务工人也是业务的参与者，但是他们只是被动地参与进来了，处于系统边界内，却参与了业务执行过程。根据业务参与者确定每个参与者相关的业务用例，最后细化每个用例的用例规约。具体如下：

（1）确定系统的业务主角和业务工人，确定将要设计的系统范围及其边界。

（2）确定每个参与者期望的系统行为，即参与者对系统的基本业务需求。

（3）把这些系统行为作为基本用例。在建立业务模型、查找业务用例时必须使用业务主角，而不是普通的参与者。在寻找业务主角时要抛开计算机，就算没有计算机系统，这些业务人员仍存在。

（4）进一步分解复杂的用例，并确定底层用例及用例间的关系。

（5）进一步细化每个用例。利用包含关系和扩展关系分解公共行为，并区分异常的行为。

（6）寻找每个用例发生的前提条件和发生后对系统产生的结果。

（7）寻找每个用例在正常条件下的执行过程。

（8）寻找每个用例在非正常条件下的执行过程。

（9）用 UML 建模工具画出分层的用例模型图，并编写出每个业务用例的用例描述。

（10）审核业务用例模型。

（11）编写业务用例模型图的补充说明文档。

　　当进行一个项目的需求分析时，首先要听用户谈他们的需求，或者看用户提交的业务需求文档。用户一定会提出一个又一个的功能或要求，每个要求就是最初的用例。分析这些用例，关注它们的每个参与者及其之间的关系，就形成了最初的用例模型。在采用用例分析的方式与客户沟通需求时，应当着重关注参与者及目标，即每个功能的参与者是谁，完成这个功能的目标是什么，以及如何完成这个目标。此时的用例说明采用概述的方式，即只进行主成功场景（基本流程）的描述。此后，继续细化用例，各个用例的替代场景（分支流程）被逐渐整理出来，再一步步细化用例。另外，由于开发人员对一些需求的认识一开始可能存在偏差，因此需要不断更正用例描述。同时，用户可能提出一些新的功能，形成一些新的用例。如此反复数轮之后，项目需求的整体框架才逐渐清晰。然后应该讨论系统边界，对用例模型进行又一次调整。

　　业务用例建模需要注意的问题如下：

　　（1）业务用例是仅从系统业务角度关注的用例，而不是具体系统的用例。它描述的是"应该实现什么业务"，而不是"系统应该提供什么操作"。例如，在实际系统中，"登录"肯定要作为一个用例，但这是软件系统中的操作，而用户关注的业务是不包含"登录"的。

　　（2）业务用例仅包含客户"感兴趣"的内容。

　　（3）业务用例的所有用例名应该让客户看懂，如果客户看不懂某个用例名，那么该用例也许就不适合作为业务用例。

　　（4）业务用例模型的重点是用例说明，而不是用例图。建立用例模型时，绘制用例图可能只花费几十分钟，而编写用例说明要花费数小时甚至数天。用例图只是给人最直观的展示，而用例说明才是对业务需求最详尽的描述。

4.2.2　确定系统边界和范围

1.　确定系统的边界

　　任何一个系统都有一个边界问题。边界问题就是确定系统与相邻系统的交接部分。定义系统边界就是定义系统的范围，即哪些元素属于本系统，哪些元素属于相邻系统，明确系统目标范围。对一般的物质性系统，其边界通常比较容易通过物理方法确定，以物理的形式表达，如小区边界可以以围墙或街道划分，企业边界可以用围墙或用业务范围划分等。但对信息系统的边界，学术界一直没有一种权威的定义和表示方法。其难度主要在于信息系统是一个融于物质系统的特殊系统，其本身既包含有一定的物质成分，又包含有一些非物质成分。同时，所有这些成分几乎都融于其相邻的系统中，难以单独分割。

　　信息系统边界的定义对分析与设计信息系统十分重要。有了明确的边界，就知道了信息系统分析与设计的范围，可以更好地分析与设计信息系统的内部流程、信息处理方式和信息组织方式；同时可以更好地确定设计的信息系统与外部信息系统的信息联系。特别是在企业信息系统的多个子系统分析与设计的过程中，子系统边界的确定对整个信息系统的信息流程优化等方面有举足轻重的意义。

　　信息系统的边界可以从两个方面进行定义：一是通过界定其构成元素来区分它与环境的关系；二是通过界定其边界关系来区分它与环境的联系。这样可以归纳出信息系统的边界定义：信息系统的边界就是信息系统内部构成元素与外部有联系实体之间的信息关系的描述与分割，并不需要在它们之间划一条物理边界，而只需要弄清它们之间信息输入与输出的分割。确定边界意味着找出系统内有什么、系统外有什么。

在定义需求时，必须定义要开发的计算机系统的边界，即确定哪些是系统需求，哪些是与系统相关的操作过程的需求，哪些是系统范围之外的需求。由于需求提供者常常不太了解系统应该包含哪些内容，因此，他们可能会提出不恰当的需求。需要通过系统边界定义初步剔除明显在系统范围之外的需求，以免这些需求干扰后续的分析过程。检查每项原始需求，将它们区分为系统需求、过程需求和应该拒绝的需求。主要考虑如下问题：

（1）某项需求是否是基于不完整的或者不可靠的信息做出的？

（2）某项需求的实现是否需要在系统已定义的数据库之外的信息？

（3）某项需求是否与系统的核心功能相关？

（4）某项需求是否牵涉系统之外的功能或者设备的性能？

问题（1）和问题（2）可以判断是否为过程需求。如果是过程需求，则要求系统的操作者提供这些信息，否则需要复审系统应该处理的数据。

问题（3）和问题（4）可以判断是否是系统边界以外的需求。如果是，则它可能是不必要的需求，也可能是无法实现的需求。

对于操作过程相关的需求和系统边界之外的需求，必须准备一些技术的论据和经济的论据，说明这些需求被拒绝的理由。这些论据应该是基于这个组织已定义的业务目标或者系统可行性研究的结果。

信息系统边界的定义就是分割信息系统与外部环境的信息输入与输出，即在连接外部环境实体的信息中哪些信息是由信息系统内部产生而输出到外部环境的，哪些信息是由外部环境实体产生而输入到信息系统内部的。信息系统边界的表示方法不止一种，但系统用例图是表示边界的最好的方法。

在 UML 用例图中，用一个方框来表示系统的边界。所有用例都放在方框内，所有动作者都放在方框外。动作者和用例之间用直线相连。方框内的每件事物都是系统的一部分，方框外的每件事物都是系统的外部。参与者画在边界的外面，用例画在边界的里面。因为系统边界的作用有时不是很明显，所以在画图时可省略。

2. 确定系统的范围

在确定好系统的参与者和用例后，系统的边界就确定了。然后就需要确定项目的范围，清晰地定义项目的范围，将不需要做的事情放到一边，同时为需要做的事情划分优先级。

系统范围是指整个系统中安全基线涉及的对象和考虑的范围，系统范围确定是一个划定系统安全边界的过程，该边界界定了安全基线的管辖范围，即将系统划分为内部和外部两部分，系统内部即安全基线的系统范围，系统外部即系统环境，而系统安全边界正是这两部分的接口。如果用户不打算在当前项目中构建整个系统，则需要清晰地定义系统将要包括的成分。使用需求优先级的方法确定系统必须包含的事情，并确定没有必要包含的事情。定义系统边界和细化用例时，可能会发现系统的更多需求。

4.2.3　确定参与者

在画用例图的过程中，参与者往往是第一个被确定的，因为系统或者用例在开始时是模糊的，但是参与系统的角色是最容易明晰的。有了参与者之后，根据参与者与系统的交互，以及参与者要求的功能，可以进一步确定系统和用例。

如何寻找参与者呢？可以参考的信息源如下：标示系统范围和边界的上下文图；现有的系统文档和系统手册；项目会议和研讨会的记录；现有的需求文档、项目章程或工作陈述。

业务用例模型的参与者总是在系统之外，他们从来都不是系统的一部分，他们可以是业务主角或者业务工人。确定业务工人最直接的方法是判断在边界之内还是边界之外，如果尚不清楚边界，可以通过以下三个方法判断：

（1）他是主动向系统发出动作的吗？

（2）他有完整的业务目标吗？

（3）系统是为他服务的吗？

如果这三个问题的答案是否定的，那么他一定是业务工人。

寻找参与者可以从以下问题入手：在银行 ATM 系统例子中，参与者有客户和柜员终端。

4.2.4 确定业务用例

用例描述的是一个系统（子系统、类、接口）做什么，而不是如何做。在建模时，重要的是区分清楚外部视图和内部视图的界限。

业务用例定义标识了一些重要点，比如：

一个业务用例描述的是业务过程，而不是软件系统过程。

一个业务用例为涉众创造价值。这些涉众要么是业务参与者，要么是业务工作者。

一个业务用例可以超越组织的边界。有些架构师对这一点有非常严谨的态度。许多业务用例确实超越了组织的边界，但是有些业务用例仅仅关注一个组织。

Podeswa 在 *UML for the IT Business Analyst* 中对业务用例的定义："业务过程是描述这个业务的具体工作流的，是一次涉众与实现业务目标的业务之间的交互，它可能包含手工和自动化的过程，也可能发生在一个长期的时间段中。"

这个定义表明了通过实现业务目标创造价值的观点。它通过把一个业务过程描述成一个可能包含手工和自动化过程的具体工作流来详述 RUP 的定义。这个定义还指出，工作流可能发生在一个长期时间段中，所有这些都十分重要。

用例强调的是一组场景，这组场景不多，但相互之间存在功能上的共性，就像一个大功能模块下的多个子模块。这组场景中的每个场景又分别形成一个个子用例。子用例再细分，又可以形成各自的子用例。用例分析就是这样由粗到细地逐步细分，从而形成一系列用例图。用户利用银行的 ATM 自动提款机系统提款就是一个用例。用例是一个描述参与者如何使用系统来实现其目标的一组场景的集合。

寻找业务用例的方法如下：

（1）从原始需求中寻找包含的功能。

（2）未来的系统需要与哪些系统发生信息交互？

（3）哪些人将操作未来的软件系统？

（4）系统有哪些受限的条件？

（5）未来的软件界面如何组织？

（6）系统的响应有哪些去向？

一个用例应有明确、有效的目标，一个真实的目标应完备地表达主角的期望，一个有效的目标应当在系统边界之内，由主角发动，具有明确后果。用例的执行结果对参与者来说是可观测且有意义的，如后台进程监控在需求阶段不应该作为用例出现，而应该作为系统需求在补充规约中定义。

在实际分析中，一种普遍的错误认识是认为用例就是功能。从使用者观点出发描述软件是非常适合的。使用者把观点告诉需求收集人员，他希望这个系统是什么样的，他将如何使用这个系统，希望获得什么结果，那么软件按照使用者要求提供实现，就不会偏离使用者的预期。使用者的观点实际上就是用例的观点，一个用例就是一个参与者如何使用系统、获得什么结果的集合。通过分析用例，得出结构性和功能性的内容，最终实现用例，也就实现了用例的观点。功能是脱离使用者愿望存在的。我们常常说工具具有某个功能，描述的是工具，而不是站在使用者角度描述使用者的愿望。功能用来描述某个事物能做什么，与使用者的愿望无关，描述的是事物固有的性质。用例描述的是使用者的愿望和对系统的使用要求，是一个系统性的工作，这个系统性的工作非常明确，形成一个系统性的目标。一个用例是使用者对目标系统的一个愿望，是一个完整的事件。为了完成这些事件，需要经过很多步骤，但是如果这些步骤不能完整地反映参与者的目标，就不能作为用例。业务用例是用例版型中的一种，专门用于需求阶段的业务建模。业务建模是针对客户业务建立模型。严格来说，业务建模与计算机模型无关，只是业务领域的一个模型，通过业务模型可以得到业务范围，帮助需求人员理解客户业务，并在业务层面上与客户达成共识。例如图书馆借书系统，计算机可以自动提示读者逾期没有归还图书，但是在业务建模时不应该将计算机包括进来。之所以不能引入计算机，是因为业务范围不等于系统范围，不是所有的业务都能用计算机实现，不在计算机中实现的业务就不进入系统范围，就不能作为一个需求。

在银行 ATM 系统例子中，业务用例有账户管理、存款管理、取款管理、账号余额查询、转账管理、修改密码等。

4.2.5　绘制业务用例图

建立业务模型、查找业务用例都必须使用业务主角，而不是普通参与者。业务主角是客户实际业务里的参与者，没有计算机，就没有抽象的计算机角色。参与者位于系统边界外面，如果边界内和边界外的参与业务的人都作为参与者建模，则会产生混乱。如何区分是不是参与者，可通过如下方法判断：看他是否主动向系统发出工作；是否有完整的业务目标；系统是否为他服务。参与者主要有四类：主要业务参与者、主要系统参与者、外部服务参与者和外部接收参与者。如超市收银系统，收银员是该系统的参与者，而超市客户不是。

参与者、用例以及用例间的关系已经明确，此时需要用一种比较直观的方式来表达这些信息。用例图是显示一组用例、参与者及其之间关系的图，一个用例模型由若干个用例图描述。对于一个系统来说，不同的人进行用例分析后得到的用例数目不同。用例是有一定粒度的，开发者往往很难确定用例粒度。如果用例粒度很大，那么得到的用例就会很少；如果用例粒度很小，那么得到的用例就会很多。如果用例过多，会造成用例模型过大，设计难度会增大；如果用例过少，会造成用例粒度太大，不利于进一步的分析。一个基本用例可以分解出许多更小的关键精化用例，这些小的精化用例展示了基本用例的核心业务。与泛化关系不同，精化关系表示由基本对象可以分解为更明确、精细的子对象，这些子对象并没有增加、减少、改变基本对象的行为和属性，仅仅是更加细致和明确化了。从业务模型中分析出实现业务目标的核心行为和实体，从关键业务结构构建一个易于理解的业务框架，这些关键概念就是对业务用例的精化。精化是进行分层。

银行 ATM 系统的业务用例图如图 4.7 所示。

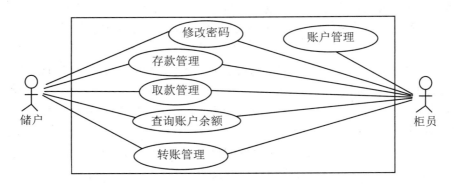

图 4.7　银行 ATM 系统的业务用例图

在业务建模阶段，一个用例描述一项完整的业务流程，如取钱、报装电话、借书等，而填写申请单、查找书目不是用例。在概念建模阶段，用例能描述一个完整的事件流。可以理解为一个用例描述一项完整业务中的一个步骤，需要归纳和抽象出业务用例中的关键概念模型并为之建模。如宽带业务中有申请报装和申请迁移地址用例，在分析时，可归纳和分解为提供申请资料、受理业务、现场安装等多个业务流程。用例图分析到多细，应当由业务需求的情况决定。分得过粗，不足以说清楚业务的相关细节，或者是一张用例图信息过多，影响人们的理解；分得过细，不仅会增加工作量，还会丢失许多用例间的关系，得不偿失。总之，较复杂的部分细一些，较简单的部分粗一些，保证每个用例图都能保持强烈的相关性，以指导日后的功能划分。

4.2.6　业务用例描述

1．用例说明

用例说明在用例模型中的作用甚至超过了用例图。寥寥几页的用例图，需要数十页甚至上百页的用例说明来描述。用例说明需要按照一定的格式，对所有用例图中的所有用例进行描述，如果有必要，还要对参与者、系统边界和部分术语进行描述。

用例模型描述必须达到以下要求：

（1）语言的互通。用例模型采用的语言必须既能让业务人员看懂，以便给予业务确认，又能让技术人员看懂，以便进行日后的设计开发。因此，用例模型的描述必须是对业务需求最平实的表述，站在业务人员的角度说明问题，不能掺杂过多的技术语言。同时，要站在技术的角度进行分析，详细清楚地表述各个功能的操作流程，且不能使用过于专业的业务术语，或者对必要的业务术语进行解释，能让技术人员看懂。

（2）清晰准确。用例模型描述必须清晰准确地表达每个业务需求，在建立用例模型描述时，必须明确每个术语、每段表述，不能存在二义性。

（3）最全面和详尽的业务需求。用例模型描述必须从各个角度，全面地反映客户对系统的期望。用例模型描述对业务需求把握得越全面、越详尽，项目出现偏差和风险的概率就越小。这就要求从各个角度进行分析。

要做到以上 3 点其实并不容易，所幸的是，用例规格说明规范为我们提供了一个良好的范例。虽然用例描述看起来简单，但事实上它是捕获用户需求的关键一步，虽然很多人能给出用例描述，但描述中往往存在很多错误或不恰当的地方，在描述用例时容易犯的错误如下。

（1）只描述参与者的行为，不描述系统的行为，见表 4.4。

表 4.4　用例描述 1

用例名称	取款
用例描述	客户从 ATM 机上提取现金
基本事件流	1．客户插入 ATM 卡，并输入密码。 2．客户按"取款"按钮，并输入取款数目。 3．客户取走现金、ATM 卡以及收据。 4．客户离开

（2）只描述系统的行为，不描述参与者的行为，见表 4.5。

表 4.5　用例描述 2

用例名称	取款
用例描述	客户从 ATM 机上提取现金
基本事件流	1．ATM 系统获得 ATM 卡和密码。 2．设置事务类型为"取款"。 3．ATM 系统获取要提取的现金数目。 4．验证账户上是否有足够储蓄金额。 5．输出现金、数据和 ATM 卡。 6．系统复位

以上两个用例描述错误的原因是没有理解用例描述的作用，即描述参与者与系统的交互过程。既然是交互过程，就要有来有往，"用户做什么"和"系统做什么"应该成对出现在描述中。

取款用例的规约描述见表 4.6。

表 4.6　用例描述 3

用例名称	取款
用例描述	客户从 ATM 机上提取现金
参与者	客户、ATM
前置条件	ATM 处于准备就绪状态
后置条件	用例结束时重新返回准备就绪状态

续表

用例名称	取款
基本事件流	1. 客户插入 ATM 卡。 2. ATM 从银行卡磁条（或芯片）中读取账号代码，并检查它是否属于可用的银行卡。 3. ATM 要求用户输入密码。 4. ATM 机验证账号代码和密码是否正确，对于此事件流，账号是有效的，密码是正确的。 5. ATM 机显示本机上的可用选项，本事件流为"取款"。 6. 客户选择"取款"选项。 7. ATM 机显示可提取的已有金额。 8. 客户输入要提取的金额。 9. ATM 系统获取要提取的现金数目，然后将卡 ID、密码、金额以及账号信息发送给银行系统启动验证，验证账户上是否有足够储蓄金额，并对授权请求给予答复，批准完成提款，并更新账号余额。 10. ATM 机清点并向客户提供现金，显示请客户取走现金。 11. 客户取走现金和银行卡。 12. ATM 机打印收据并相应的更新内部记录。
备选事件流 1——银行卡无效	在基本事件流 2 中，验证银行卡，如果银行卡无效，则银行卡被退回，同时显示相关信息
备选事件流 2——密码错误	在基本事件流 3 中，如果客户输入的密码次数达到规定的次数，则吞卡。同时，ATM 机返回准备就绪状态，本用例终止
备选事件流 3——ATM 没有现金	在基本事件流 7 中，如果 ATM 内没有现金，则取款选型无法使用
备选事件流 4——ATM 现金不足	在基本事件流 8 中，如果客户输入的金额多于 ATM 机内的现金数额，则显示相关的信息。并返回基本流 6
备选事件流 5——ATM 取款超过限额	在基本事件流 8 中，如果客户在 24 小时取款达到了允许提取的最多金额，则 ATM 显示适当的信息，并返回基本流 6
异常事件流 1——记录错误	在基本流 12 中，ATM 无法更新内部记录，则 ATM 机进入"安全模式"，在此模式下所有功能将暂停使用，同时向银行系统发送一条适当的报警信息，表明该 ATM 机暂停工作
异常事件流 5——退出	客户终止相应的交易操作退出，交易终止，银行卡随之退出
异常事件流 5——警报	ATM 含有大量的传感器，如果某个传感器被激活，则警报信号将发送给警方，而且 ATM 进入"安全模式"，暂停使用，直到采用适当的重启或者初始化处理
扩展点	待定
非功能需求	ATM 响应客户的时间不超过 15s
业务规则	单日取款不得超过 20000 元
备注	在第 1 次迭代中，根据迭代计划，需要核实取款用例已经正确实施。此时尚未实施整个用例，只实施了下面的事件流： 基本流——提取预设金额； 备选事件流 2——ATM 内没有现金； 备选事件流 3——ATM 内现金不足； 备选事件流 4——密码有误； 备选事件流——账号不存在/账号类型有误； 备选事件流——账号金额不足

2. 活动图描述业务用例

业务用例工作流程说明了业务为向所服务的业务主角提供其所需的价值而必须完成的工作。业务用例由一系列活动组成，它们共同为业务主角生成某些工件。工作流程通常包括一个基本工作流程和一个或多个备选工作流程。工作流程的结构由活动图说明。活动状态代表了一个活动、一个工作流步骤或一个操作的执行。

4.2.7　活动图的构建

要创建一个 UML 活动图，需要反复执行下列步骤。

1. 标识需要绘制活动图的用例

一个系统用例模型包含多个用例图，每个用例图又包含多个用例，一般情况下，不需要对每个用例绘制活动图，只有实现该用例的步骤繁杂或者有特殊需要时才绘制。因此，要首先确定建模的内容，即要对哪个用例建立活动图。在银行 ATM 系统中，需要对"存款"用例绘制活动图。

2. 建模每个用例的主路径

在创建用例的活动图时，需要先确定该用例的一条明确的执行工作流程，建立活动图的主路径，然后以该路径为主线进行补充、扩展和完善。

3. 建模每个用例的从路径

首先根据主路径分析其他可能出现的工作流的情况，这些可能是活动图中还没有建模的其他活动，可能是处理错误或者执行其他的活动。然后处理不同进程中并发执行的活动。

4. 添加泳道来标识活动的事务分区

将活动用线条分成一些纵向的矩形，这些矩形称为泳道。每个矩形属于一个特定的对象或部门（子系统）责任区。使用泳道可以把活动按照功能或所属对象的不同进行组织。属于同一个对象的活动都放在同一个泳道内，对象或子系统的名字放在泳道的顶部。银行 ATM 取款活动图如图 4.8 所示。

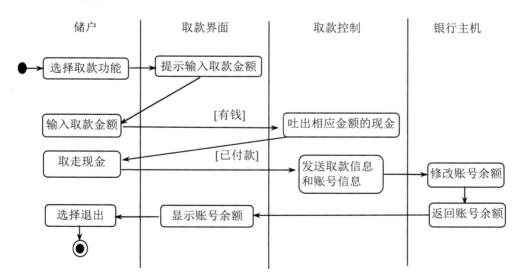

图 4.8　银行 ATM 取款活动图

5. 改进高层的活动

对于一个复杂的系统，需要将描述系统不同部分的活动图按照结构层次关系进行排列。一个活动图中的一些活动可以分解为若干个子活动或动作，这些子活动或动作可以组成一个新的活动图。采用结构层次的表示方法，可以在高层只描述几个组合活动，其中每个组合活动的内部行为在展开的低一层活动图中进行描述，便于突出主要问题。

6. 进一步完善细节

对前面的活动图进行补充和完善。

业务流程描述采用 UML 的活动图。

活动图是描述系统在执行某个用例时的具体步骤的，它主要表现的是系统的动作。从活动图中可以看出系统是如何一步一步地完成用例规约的，主要用于业务建模阶段。活动图描述的是整个系统。可以说活动图是对用例图的一种细化，帮助开发者理解业务领域。

为了使业务流程活动图便于理解，活动图涉及的业务活动尽量不超过 10 个，一般（7±2）个比较合适。如果业务流程涉及的业务活动太多，则可把相关的连续执行的业务活动封装成一个业务活动，让业务流程活动图具有层次。在 UML 2.0 中，活动图增加了许多新特性。例如泳道可以划分层次、增强丰富的同步表达能力、在活动图中引入对象等。

活动图与流程图的区别：活动图能够表示并发活动的情形，而流程图不能；活动图是面向对象的，而流程图是面向过程的。

4.3 需求分析规格说明

软件需求说明（Software Requirements Specification，SRS）的编制是为了使用户和软件开发者双方对该软件的初始规定有一个共同的理解，使之成为整个开发工作的基础。根据《计算机软件需求规格说明规范》（GB/T 9385－2008），软件需求说明包括以下内容：

1 引言

SRS 的引言部分应当提供整个 SRS 的概述，包括以下各条：目的；范围；定义、简称和缩略语；引用文件；综述。

1.1 目的

本条宜描述 SRS 的目的；说明 SRS 的预期读者。

1.2 范围

本条宜通过名称识别要生产/开发的软件产品；必要时，说明软件产品将做或不做什么；描述规定的软件的应用，包括相关的收益、目标和目的；如果上层规格说明（如系统规格说明）存在，与上层规格说明类似的陈述保持一致。

1.3 定义、简称和缩略语

本条宜提供对正确解释 SRS 所要求的所有术语、简写和缩略语的定义，这些信息可以通过引用 SRS 中的一个或多个附录，或者引用其他文件的方式来提供。

1.4 引用文件

本条宜提供 SRS 引用的所有文件的完整清单；标识出每个文件的名称、报告编号（适用时）、日期、出版组织；标明可以获得引用文件的来源。

1.5　综述

本条宜描述 SRS 的其余章条包含的内容；说明 SRS 是如何组织的。

2　总体描述

本条宜描述影响产品及其需求的一般因素，而不叙述具体的需求。相反，它提供需求的背景并使它们更易理解，而在 SRS 的第 3 章将详细定义这些需求。

产品描述；产品功能；用户特点；约束；假设和依赖关系和需求分配等。

2.1　产品描述

本条宜把产品置于其他有关产品的全景之下。如果产品是独立的和完全自我包含的，这里宜如实给予陈述。正如常出现的那样，如果 SRS 定义的产品是较大系统的组成部分，则本章宜将软件的功能性与较大系统的需求相联系，而且宜识别软件和系统之间的接口。

使用框图展示较大系统的主要部分、相互联系以及外部接口是有帮助的。

本条也宜描述在各种不同的约束下软件如何运行。如这些约束包括：系统接口；用户界面；硬件接口；软件接口；通信接口；内存；运行；现场适应性需求等。

2.2　产品功能

本条宜给出软件将执行主要功能的概要。例如，某个会计程序的 SRS 可在此部分关注顾客账户维护、顾客财务报表及发票准备，而不涉及这些功能要求的大量细节。

有时，本条需要的功能概要可直接从分配具体功能到软件产品的更高层规格说明（如果存在）中摘录。为了清晰，应当注意：功能宜以这样的方式组织，以使顾客或第一次阅读该文件的任何读者对功能列表容易理解；可以使用文本或图示的方法，显示不同的功能及其之间的关系。这样的图示不必显示产品的设计，但简要显示变量之间的逻辑关系。

2.3　用户特点

本条宜给出软件产品预期用户的一般特征，包括教育程度、经验、专业技术情况。它不宜指出具体的需求，但宜给出 SRS 第 3 章中为何规定某些具体需求的原因。

2.4　约束

本条宜给出将会限制开发人员选择的任何其他事项的一般描述。这些包括：法规政策；硬件局限（如信号时间要求）；与其他应用的接口；并行操作；审核功能；控制功能；高级语言需求；信号握手协议（如 XON-XOFF、ACK-NACK）；可靠性需求；应用的关键性；安全和保密安全考虑。

2.5　假设和依赖关系

本条宜列出影响 SRS 规定需求的每个因素。这些因素不是软件设计的限制条件，但是，它们的任何变更可能影响 SRS 中的需求。例如，某个假设可能是软件产品指定的硬件具有某个特定操作系统，如果事实上该操作系统不能使用，那么 SRS 将做相应的修改。

2.6　需求分配

本条宜识别可能推迟到系统将来版本的需求。

3　具体需求

本章宜包括足够详细的所有软件需求，使设计人员能够设计系统以满足这些需求，并且使测试人员能够测试该系统满足这些需求。贯穿本章，对于用户、运行人员或其他外部系统，每个规定的需求应当是外部可理解的。这些需求至少应当包括，每个系统输入（激励）、每个系统输出（响应）以及系统通过响应某个输入或支持某个输出所执行的所有功能。由于这通常是 SRS 篇幅最大和最主要部分，以下原则适用：规定的具体需求宜符合 GB/T 9385－2008 4.4 描述的所有的特征；具体需求宜引用较早的相关文件；所有的需求宜是唯一可标识的；宜注意需求组织，使其具有最大的可读性。

在考察组织需求的具体方式之前，了解 GB/T 9385－2008 5.4.1 到 5.4.7 组成需求的各个不同项是有益的。

3.1 外部接口

本条宜是软件系统所有输入和输出的详细描述。它宜是对 GB/T 9385－2008 5.2 的接口描述的补充，不宜重复前面已有的信息。

宜包括以下内容和格式：项的名称；目的描述；输入源和输出目的地；有效范围、准确度和/或容限；测量单位；定时；与其他输出/输入的关系；屏显格式/组织；窗口格式/组织；数据格式；命令格式；结束消息。

3.2 功能

功能需求宜定义软件在接收和处理输入以及处理和产生输出中必须发生的基本动作。一般情况下使用"系统应……"的方式来陈述。这些包括：对输入有效性的核查；操作的准确顺序；异常情况响应，包括：溢出；通信设施；错误处理和恢复；参数影响；输入与输出的关系，包括：输入/输出顺序、从输入到输出转换的公式。

尽管将功能需求划分为子功能或子过程可能是适当的，但这并不意味着软件设计同样以这样的方式划分。

3.2.1 信息流

3.2.1.1 数据流图 1

3.2.1.1.1 数据实体

3.2.1.1.2 有关的过程

3.2.1.1.3 拓扑图

3.2.1.2 数据流图 2

3.2.1.2.1 数据实体

3.2.1.2.2 有关的过程

3.2.1.2.3 拓扑图

……

3.2.1.n 数据流图 n

3.2.1.n.1 数据实体

3.2.1.n.2 有关的过程

3.2.1.n.3 拓扑图

3.2.2 过程描述

3.2.2.1 过程 1

3.2.2.1.1 输入数据实体

3.2.2.1.2 过程算法或公式

3.2.2.1.3 受影响的数据实体

3.2.2.2 过程 2

3.2.2.2.1 输入数据实体

3.2.2.2.2　过程算法或公式

3.2.2.2.3　受影响的数据实体

……

3.2.2.*m*　过程 *m*

3.2.2.*m*.1　输入数据实体

3.2.2.*m*.2　过程算法或公式

3.2.2.*m*.3　受影响的数据实体

3.2.3　数据构建规范

3.2.3.1　构建 1

3.2.3.1.1　记录类型

3.2.3.1.2　组成字段

3.2.3.2　构建 2

3.2.3.2.1　记录类型

3.2.3.2.2　组成字段

……

3.2.3.*p*　构建 *p*

3.2.3.*p*.1　记录类型

3.2.3.*p*.2　组成字段

3.2.4　数据词典

3.2.4.1　数据元素 1

3.2.4.1.1　名称

3.2.4.1.2　表示法

3.2.4.1.3　单位/格式

3.2.4.1.4　精确度/准确度

3.2.4.1.5　范围

3.2.4.2　数据元素 2

3.2.4.2.1　名称

3.2.4.2.2　表示法

3.2.4.2.3　单位/格式

3.2.4.2.4　精确度/准确度

3.2.4.2.5　范围

……

3.2.4.*q*　数据元素 *q*

3.2.4.*q*.1　名称

3.2.4.*q*.2　表示法

3.2.4.*q*.3　单位/格式

3.2.4.*q*.4　精确度/准确度

3.2.4.*q*.5　范围

……

3.3 性能需求

本条宜规定软件或人与软件互作用的整体静态的和动态的数量化需求。静态数量化需求可能包括：支持的终端数量；支持同时运行的用户数量；要处理的信息量和类型。

有时，静态数量需求包含在命名为"能力"的独立部分。

动态数量化需求可能包括，如在正常和高峰工作负载条件，在某时段内处理的事务处理数、任务数和数据量。所有这些需求宜以可测量的方式规定。如应在小于 1s 内处理 95% 的交易量。而不是：操作方不需等待事务处理结束。

注： 适用于某个具体功能的数量化限制，通常作为该功能处理描述部分予以规定。

3.4 数据库逻辑需求

宜规定将置于数据库的任何信息的逻辑需求。这可包括：不同功能使用的信息类型；使用频度；访问能力；数据实体及其之间的关系；完整性约束；数据保存需求。

3.5 设计约束

宜规定可能由其他标准、硬件局限等引发的设计约束。

3.6 软件系统属性

有一些软件属性可以作为需求。规定所要求的软件属性是重要的，这样才能客观地验证属性的实现情况。GB/T 9385 - 2008 5.4.6.1 到 5.4.6.5 给出了部分示例。

4.4 类与对象建模

面向对象分析产生分析模型。分析时用例模型作为输入，对用例模型进行分析，把系统分解为相互协作的分析类，通过类图、对象图描述对象、对象的属性和对象之间的关系。类图用于对系统的静态结构建模，在系统分析阶段，类图主要用于显示角色和提供系统行为的实体的职责；在系统设计阶段，类图主要用于捕捉组成系统体系结构的类结构；在系统编码阶段，根据类图中的类及其之间的关系实现系统的功能。类图与其他图的关系如图 4.9 所示。

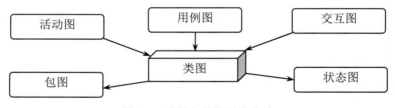

图 4.9 类图与其他图的关系

业务领域类图要描述以下三点：系统中有哪些实体，这些实体能完成什么操作，实体间的关系。

4.4.1 类图的构建

建立类模型时，应尽量与应用领域的概念保持一致，以使模型更符合客观事实，易修改、易理解和易交流。UML 图中类图的建立步骤如下：

（1）研究分析问题领域，确定系统的需求。

（2）确定类，明确类的含义和责任，确定属性和操作。

（3）确定类之间的关系。着重分析找出类之间的一般和特殊关系、部分与整体关系，研究类的继承性和多态性，把类之间的静态联系用关联、泛化、聚合、组合、依赖等联系表达出来。虽然对象类图表达的是系统的静态结构特征，但是把对系统的静态分析与动态分析结合起来，更能准确地了解系统的静态结构特征。

（4）调整和细化类及类之间的关系。调整和细化已得到的类及类之间的联系，可以解决诸如命名冲突、功能重复等问题。

（5）绘制类图并编制相应的说明。

上述做法是直接从领域分析抽取类开始的，这是常规的面向对象的系统分析与设计做法。Rational 统一过程主张采用用例驱动的系统分析与设计方法。

1. 确定系统类

识别类是面向对象方法的一个难点，也是建模的关键。可以根据用例描述中的名词确定候选类；根据用例确定类；使用 CRC 分析法寻找类；根据边界类、控制类和实体类的划分来帮助发现类；参考设计模式来确定类；对领域进行分析或利用已有领域分析结构得到类；利用 RUP 在分析和设计中寻找类。常用的类识别方法有名词识别法、系统实体识别法、用例识别法、分解与抽象技术识别法和 CRC（Class Responsibility Collaboration）分析法。

（1）名词识别法。名词识别法寻找类依托于用户需求陈述的构词分析，它的关键是识别系统问题域的实体，从系统描述中标识出名词及名词词组，其中单数名词可以标识为对象，而复数名词可以标识为类，如在学校管理信息系统中有学生、教师、学校和课程部门等类。

（2）用例识别法。用例识别法是通过分析用例图来帮助建立类，通常通过以下问题寻找类：用例描述中出现了哪些实体（实体类），这里的实体不是 Actor，而是 Actor 使用系统时所调用的实体，是处在系统边界之内的实体；用例完成需要哪些实体配合（协作类）；用例执行过程中会产生并存储哪些信息；用例要求与之关联的每个角色输入什么；用例反馈与之关联的每个角色输出什么；用例需要操作哪些设备（通信类）。如在教学管理系统中教学干事是一个参与者，但是在系统中教学干事就没有作为一个实体出现，因为教学干事处在系统边界之外，其所有工作都可以通过调用其他类的方法完成。如"学生"实体也不是在用例图中作为参与者的学生，而是作为一个系统内的业务实体，供 Actor 使用，如可以增加和删除学生、修改学生的信息等。由于常常混淆了实体和 Actor 的关系，因此画出的领域类图不准确或职责分配不准确。

（3）CRC 分析法。类－责任－协作者技术提供了一种简单的标识和组织与系统或产品需求相关的类的手段。CRC 是目前比较流行的面向对象分析建模方法。要识别一个候选类是否是一个真正的类，先确定这个候选类是否担负着职责，同时是否有协作关系。在 CRC 建模中，用户、设计者、开发人员都要参与，完成对整个面向对象工程的设计。Ambler 对 CRC 建模的描述："CRC 模型实际上是一组表示类的标准的索引卡片的集合。每张卡片分为三部分，分别描述类名、类的责任和类的协作者。"CRC 卡片是一组表示类的索引卡片，即 CRC 卡的集合。类代表一系列对象的集合，这些对象是对系统设计的抽象建模，可以是一个人、一件物品等，类名写在整个 CRC 卡的最上方。职责包括这个类对自身信息的了解，以及这些信息将如何运用。如一个人具有电话号码、地址、性别等属性，并且具有说话、行走等行为能力，这部分放在 CRC 卡的左边。协作指代另一个类，通过这个类获取需要的信息或者相关操作，这部分放在 CRC 卡的右边。销售类见表 4.7。

表 4.7　销售类

Class：销售类	
说明：完成一次销售	
职责：	协作者：
创建商品	商品类
计算总价	商品列表类
创建支付	支付类
计算找零	无

　　一旦确定系统的基本使用场景（用例），就要标识候选类，指明它们的责任和协作，即类－责任－协作者建模：责任是与类相关的属性和操作，即责任是类知道要做的事情；协作者是为某类提供完成责任所需的信息的类，即协作类。CRC 建模方法提供了一种简单标识和组织与系统或产品需求相关的类的手段。

　　CRC 卡片可以是一张真实的或虚拟的索引卡片，目的是发掘候选的类。系统分析人员应回顾需求文档，抽取对应于业务实体或事件的名词，对名词进行分类，抽取出合适的类。并非每个抽取出来的类都会成为最终类。

　　CRC 模型的建模步骤如下：

　　1）标识潜在的对象类。通常陈述中的名词或名词短语是潜在对象，它们以不同的形式展示出来，如：

　　外部实体，如其他系统、设备、人员，他们生产或消费计算机系统所使用的信息。

　　物件，如报告、显示、信函、信号，它们是问题信息域的一部分。

　　发生的事情或事件，如性能改变或完成一组机器人移动动作，它们出现在系统运行的环境中。

　　角色，如管理者、工程师、销售员，他们由与系统交互的人扮演。

　　组织单位，如部门、小组、小队，他们与一个应用有关。

　　场所，如制造场所、装载码头，它们建立问题和系统所有功能的环境。

　　构造物，如四轮交通工具、计算机，它们定义一类对象或对象的相关类。

　　回答下列问题来识别潜在对象：

　　是否有要存储、转换、分析或处理的信息？

　　是否有外部系统？

　　是否有模式（pattern）、类库和构件等？

　　是否有系统必须处理的设备？

　　是否有组织部分（organizational parts）？

业务中的参与者扮演什么角色？这些角色可以看作类，如客户、操作员等。

2）筛选对象类，确定最终对象类。可以用以下选择特征来确定最终的对象。

保留的信息：仅当必须记住有关潜在对象的信息，系统才能运作时，则该潜在对象在分析阶段是有用的。

需要的服务：潜在对象必须拥有一组可标识的操作，它们可以按某种方式修改对象属性的值。

多个属性：在分析阶段，关注点应该是"较大的"信息（仅具有单个属性的对象在设计时可能有用，但在分析阶段，最好把它表示为另一个对象的属性）。

公共属性：可以为潜在的对象定义一组属性，这些属性适用于该类的所有实例。

公共操作：可以为潜在的对象定义一组操作，这些操作适用于该类的所有实例。

必要的需求：出现在问题空间中的外部实体以及对系统的任何解决方案的实施都是必要的生产或消费信息，它们几乎总是定义为需求模型中的类。

对象和类还可以按以下特征进行分类：

确切性（tangibility）。类是表示确切的事物（如键盘或传感器）还是表示抽象的信息（如预期的输出）？

包含性（inclusiveness）。类是原子的（不包含任何其他类）还是聚合的（至少包含一个嵌套的对象）？

顺序性（sequentiality）。类是并发的（即拥有自己的控制线程）还是顺序的（被外部的资源控制）？

持久性（persistence）。类是短暂的（它在程序运行期间被创建和删除）、临时的（它在程序运行期间被创建，在程序终止时被删除）还是永久的（它存放在数据库中）？

永久对象（persistent object）。永久对象生存周期可以超越程序的执行时间而长期存在的对象。

完整性（integrity）。类是易被侵害的，即它不防卫其资源受外界的影响，还是受保护的，即该类强制控制对其资源的访问。

CRC 卡的内容可以扩充以包含类的类型和特征，见表 4.8。

表 4.8　CRC 卡片的扩充

类名	
类的类型：（如设备、角色、场所，……）	
类的特征：（如确切的、原子的、并发的，……）	
责任	协作者

3）标识责任。责任是与类相关的属性和操作，简单地说，责任是类所知道的或要做的任何事情。

标识属性。属性表示类的稳定特征，即为了完成客户规定的目标所必须保存的类的信息，一般可以从问题陈述中提取出来或通过对类的理解而辨识出来。分析员可以再次研究问题陈述，选择应属于该对象的内容，同时对每个对象回答下列问题："在当前的问题范围内，什么数据项（复合的和/或基本的）完整地定义了该对象？"

定义操作。操作定义了对象的行为并以某种方式修改对象的属性值。操作可以通过对系统过程的叙述分析提取出来，通常叙述中的动词可作为候选的操作。类选择的每个操作展示了类的某种行为。

操作大体可分为三类：以某种方式操纵数据的操作，如增、删、重新格式化、选择；完成某种计算的操作；为控制事件的发生而监控对象的操作。

4）标识协作者。一个类可以用它自己的操作去操纵其属性，从而完成某个特定的责任；也可以与其他类协作来完成某个责任。如果一个对象为了完成某个责任需要向其他对象发送消息，则说该对象和另一个对象协作。协作实际上标识了类间的关系。为了帮助标识协作者，可以检索类间的类属关系。如果两个类具有整体与部分关系（一个对象是另一个对象的一部分），或者一个类必须从另一个类获取信息，或者一个类依赖于另一个类，则它们之间往往有协作关系。

5）复审 CRC 卡片。在填好所有 CRC 卡片后，应对它进行复审。复审应由客户和软件分析员参加，复审方法如下：

A．参加复审的人，每人拿 CRC 卡片的一个子集。有协作关系的卡片要分开，即没有一个人持有两张有协作关系的卡片。

B．将所有用例/场景分类。

C．复审负责人仔细阅读用例，当读到一个命名的对象时，将令牌（token）传送给持有对应类的卡片人员。

D．收到令牌的类卡片持有者要描述卡片上记录的责任，复审小组将确定该类的一个或多个责任是否满足用例的需求。当某个责任需要协作时，将令牌传给协作者，并重复第 4）步。

E．如果卡片上的责任和协作不能适应用例，则需对卡片进行修改，这可能导致定义新的类，或在现有的卡片上刻画新的或修正的责任及协作者。

F．这种做法持续至所有的用例都完成为止。

以上，就是分析的过程，而下面的步骤就是设计了。

设计没有分析那么好描述，因为分析是"客户面"，它只关心系统本身的功能和业务，而不关心任何与计算机有关的东西。但是，设计和平台、语言、开发模型等内容关系紧密，因而很难找出一个一致的过程。但是，一般在设计过程中需要绘制实现类图。

实现类图与领域类图不同，它描述的是真正系统的静态结构，是与最后的代码完全一致的，必须准确给出系统中的实体类、控制类、界面类、接口等元素以及其中的关系。因此，实现类图是很复杂的，而且是与平台技术有关的。所以，本书不可能给出一个准确的实现类图。

实际上，往往同时使用多种类的识别方法来确定类。下面以 ATM 系统为例，说明非正式方式确定类的过程。

（1）确定候选类。通过名词法从需求陈述中确定 ATM 系统的候选对象类：银行、自动取款机（ATM）、系统、中央计算机、分行计算机、柜员终端、网络、总行、分行、软件、成本、市、街道、营业厅、储蓄所、柜员、客户、现金、支票、账户、事务、现金兑换卡、余额、磁卡、分行代码、卡号、用户、副本、信息、密码、类型、取款额、账单、访问。通过领域知识发现在 ATM 中应该有通信链路和事务日志，这两个实体也作为候选类。

（2）对候选的类进行筛选。有些以非正式方式确定的候选类是不正确的或者不必要的，需要剔除。有些类表述的意思相同或者相近，把这些冗余的去掉，如客户与用户，现金兑换卡、磁卡和副本等，保留客户和现金兑换卡这两个类。有一些与要解决的问题无关，也需要剔除，如成本、市、街道、营业厅、储蓄所等。在需求陈述中常常使用一些笼统的、泛指的名称，虽然在初步分析时把它们作为候选类，但是系统无须记忆这些信息，因此，笼统的或者模糊的类也应该去掉，如银行、网络、系统、软件、信息、访问等。有些名称实际上是对象的属性，如现金、支票、取款额、账单、余额、分行代码、卡号、密码、类型等，也要剔除。有些与实现有关的，也要剔除，如通信链路、事务日志。有些与操作有关的也应该剔除。

经过筛选，ATM 系统的类有 ATM、中央计算机、分行计算机、柜员终端、总行、分行、柜员、客户、账号、事务、现金兑换卡。

（3）反复修改。根据上面筛选出来的类进行补充完善，可以利用继承、分解等手段，使得 ATM 系统类更合理。最后 ATM 的类有输入站、ATM、柜员终端、分行、总行、事务、柜员事务、远程事务、柜员、客户、账号、现金兑换卡、卡权限、更新。

2. 组织类并确定其关系

关联关系表示不同类的对象之间的结构关系，它在一段时间内将多个类的实例连接在一起。关联描述的是类的对象之间逻辑上的关系，这些对象可以是同类的，也可以不是同类的。关联的两端称为角色，如客户和订单就存在一种关联。在 UML 中关联主要有三种形式，第一种是用一条线段标识双向的关联，称为关联；第二种是用一个有箭头的线段标识单向的关联；第三种是用一个带菱形箭头的线段表示关联两端的类是整体和部分的关系，这种关联也称聚合或组合。

在确定关联时可以采用从需求陈述中直接提取动词短语得出关联，然后从需求陈述中寻找隐含的关联，根据问题域知识得出需要的关联，再对初步确定的关联进行筛选，把前面名词分析法已经删除的类之间的连接去除，把与问题无关的或者在实现阶段考虑的关联剔除，把与瞬时事件相关的关联去掉，对一些多元的关联进行分解，去除冗余关联。另外，还要考虑继承关系，并且对关联进行详细的分析，不断补充完善。对前面使用名词法分析出来的 ATM 系统类进行组织，分析各个类之间的关系。ATM 系统类图如图 4.10 所示。

3. 构建类图的注意事项

类图几乎是所有面向对象方法的支柱。采用标准建模语言 UML 进行建模时，必须对 UML 类图引入的各种要素有清晰的理解。以下是使用类图进行建模时要注意的问题：

（1）不要试图使用所有的符号。从简单的开始，例如类、关联、属性和继承等概念。在 UML 中，有些符号仅用于特殊的场合和方法中，只有需要时才使用。

（2）根据项目开发的不同阶段，用正确的观点绘制类图。如果处于分析阶段，应绘制概念层类图；当开始着手软件设计时，应绘制说明层类图；当考察某个特定的实现技术时，则应绘制实现层类图。

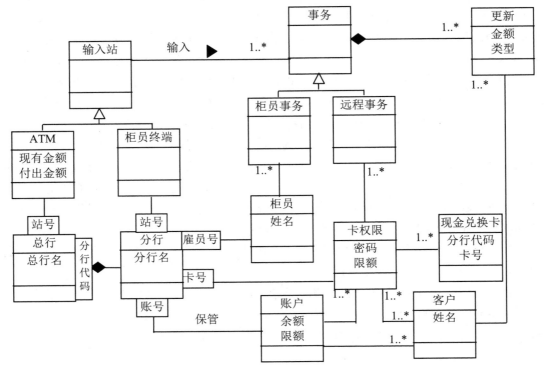

图 4.10　ATM 系统类图

（3）不要为每个事物都绘制一个模型，应该把精力放在关键的领域。最好只绘制几张较关键的图，经常使用并不断更新修改。使用类图的最大危险是过早地陷入实现细节。为了避免该危险，应该将重点放在概念层和说明层。如果已经遇到了一些麻烦，可以从以下几个方面来反思设计的模型；模型是否真实地反映了研究领域的实际；模型和模型中的元素是否有清楚的目的和职责（在面向对象方法中，系统功能最终是分配到每个类的操作上实现的，该机制称为职责分配）；模型和模型元素的大小是否适中。过于复杂的模型和模型元素是很难生存的，应将其分解成多个相互合作的部分。构造完类图后，要对照模型与目标问题，验证其是否合理。

（4）抽象类不能创建实例类，抽象类用斜体字表示类名，表明只能为它的子类创建实例。类似地，为了表示操作是抽象的，用斜体来显示操作名称。

4.4.2　对象图的构建

对象图（object diagram）是表示在某个时刻一组对象及其之间关系的图，由结点以及连接这些结点之间的连线组成。把类图实例化后就得到对象图，所以说对象图是对包含在类图中的事物的实例建模，是类图的一个特例，其表示方法也类似于类图。它们的不同点在于对象图显示类的多个对象实例，而不是实际的类。一个对象图是类图的一个实例。由于对象存在生命周期，因此对象图只能在系统某个时间段内存在。

对象图显示对象集及其关系，代表了系统某个时刻的状态，如图 4.11 所示。对象图可以表达类关系的细节；捕获实例和连接；在分析和设计阶段创建；捕获交互的静态部分；举例说明数据/对象结构；详细描述瞬态图；由分析人员、设计人员实现开发。对象图用于对协同的静态设计视图和静态交互视图建模，包括对某个时刻的系统快照建模，表示出对象集、对象状态以及对象之间的关系。

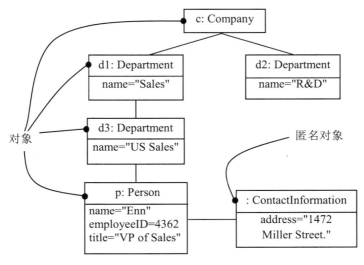

图 4.11 对象图

1. 对象图的建模过程

对象图展现了一组对象及其之间的关系，描述了在类图中建立的事物的实例的静态快照。对象图一般包括对象和链。一般来讲，对象图可以从以下两个方面来分析：对象是一个实体，在某个时刻具有确定的值；对象是一个身份持有者，不同时刻拥有不同的值。

为了绘制对象图，首先需要确定对象。确定参与交互的各对象的类，可以参照相应的类图和交互图。然后确定对象间的关系，如依赖、泛化、关联等；针对交互在某特定时刻各对象的状态，使用对象图为这些对象建模；建模时，系统分析师要根据建模的目标绘制对象的关键状态与关键对象之间的连接关系。

2. 类图与对象图的区别

类图与对象图的区别见表 4.9。

表 4.9 类图与对象图的区别

类图	对象图
类具有三个分栏：名称、属性和操作	对象图只有两个分栏：名称和属性
在类的"名称"分栏中只有类名	对象的名称形式为"对象名:类名"，匿名对象的名称形式为":类名"
类的"属性"分栏中定义了所有属性的特征	对象只定义了属性的当前值
类中列出了操作	对象图中不包含操作，因为对同属于同一个类的对象而言，其操作是相同的
类使用关联连接，关联具有名称、角色、多重性及约束等特征定义	对象使用链连接，没有多重性
类代表的是对对象的分类，必须说明可以参与关联的对象的数目	对象代表的是单独的实体，涉及多重性

在面向对象分析与设计中，多数情况下使用类图，很少使用对象图。在分析的初期，为了获取重要对象及其之间的关联，使用对象图进行描述，或者需要对某些重要的对象进行重点描述。还有就是描述对象之间的交互、瞬时状态变化等。

4.5 面向对象系统分析建模实例

下面以大家熟悉的"图书馆管理信息系统"为例介绍需求分析，并用用例图、用例描述、活动图和类图表示。

4.5.1 需求陈述

由于"图书馆管理信息系统"很复杂，因此下面仅以高校"图书管理"为例进行介绍。在对图书管理系统进行详细调查与分析后，写出其需求陈述的文档。

"图书馆管理信息系统"的用户需求陈述如下：

在图书流通管理系统中，管理员要为每个读者建立借阅账户，并给读者发放不同类别的借阅卡（借阅卡可提供卡号、读者姓名、类别、单位、职称等）。持有借阅卡的读者可以借阅、归还、预约和续借图书，不同类别的读者，可借阅图书的范围、数量和期限不同。读者来图书馆借书，可先查询馆中的图书信息，可以按书名、作者、图书编号、关键字进行查询。如果查到则记下书号，交给流通组工作人员，等待办理借书手续。如果该书已经被全部借出，可做预约登记，等待有书时被通知。如果图书馆没有该书的记录，可进行缺书登记。

办理借书手续时要先出示借阅证，借阅图书时，先输入读者的借阅卡号，系统验证借阅卡的有效性和读者是否可继续借阅图书。如果借阅卡无效，让读者到办公室进行补办；如果借书数量超出规定，则不能继续借阅；如果有过期图书，则需要缴纳罚款；如果可以借书，则显示读者的基本信息（包括照片）供管理员人工核对。借书时，系统登记图书证编号、图书编号、借出时间和应还书时间。如果是预约图书，还要修改预约记录。

当读者还书时，流通组工作人员根据图书证编号找到读者的借书信息，查看是否超期。如果已经超期，则进行超期处罚；如果图书有破损、丢失，则进行破损及丢失等处罚。登记还书信息，做还书处理，同时查看是否有预约登记，如果有则发出到书通知。

图书采购人员采购图书时，要注意合理采购。如果有缺书登记，则随时进行采购。采购到货后，编目人员验收、编目、上架、录入图书信息、发到书通知。图书馆管理人员定期对图书进行盘库，如果图书丢失或旧书淘汰，则将该书从书库中清除，即注销图书。

以上是图书管理系统的基本需求。经过与图书馆工作人员的反复交流，他们提出了下列建议：

（1）当借阅的图书到期时，希望能够提前以短信或电子邮件方式提示读者。

（2）读者希望能够实现网上查询和预约图书。

（3）应用系统的各种参数设置最好是灵活的，由系统管理人员根据需要设定，如借阅期的上限、还书提示的时间、预约图书的保持时间等。

4.5.2　需求分析

为了理解系统要解决的业务问题，以便掌握用户需求，可以采用用例图进行需求建模。用例图通过列出用例和角色，显示用例和角色的关系，从而给出目标系统功能。

1．业务用例建模

业务用例建模过程如下：

（1）确定参与者。通过对系统需求陈述的分析，可以确定系统有如下参与者：读者、流通组工作人员、办公室工作人员、采购员、编目人员。读者可以查询图书信息和个人借阅信息，还可以在符合续借的条件下自己办理预约及续借图书；流通组工作人员完成读者借书、还书、预约和续借图书及罚款等管理工作；办公室工作人员为读者办理借书证有关事宜；采购人员对图书进行采购；编目人员进行图书的编目。

（2）确定用例。在确定参与者之后，结合图书管理的领域知识，进一步分析系统的需求，识别出的用例有借书、还书、缺书登记、预约、取消预约、查询、通知、读者管理、图书管理、处罚、采购、编目、图书催还等。

（3）业务用例的审查与细化。要逐一对业务用例进行审核。用例的审核必须有用户参与，可以通过用户访谈和讨论会的形式对系统用例进行审核。确定每个用例实现了用户的哪些需求；是不是用户的每个需求都有相应的用例来实现；基本路径和扩展路径是否完备，是否存在冗余。

（4）确定用例之间的关系。确定参与者和用例之后，进一步确定用例之间的关系。图书管理业务用例图如图 4.12 所示。

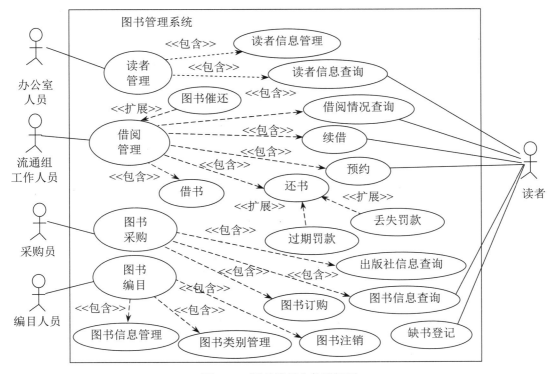

图 4.12　图书管理业务用例图

2．业务用例描述

（1）业务用例规约描述。在建立完用例图后，需要为图书流通管理系统业务用例图中某些用例编写用例文档。用例文档中应包括如下内容：名称；描述；前置条件；后置条件；活动的基本过程和扩展活动等。在用例文档中还可以添加可选内容，如参与者、状态、扩展点、被包含的用例、变更历史等。如借阅的用例描述如下。

用例名称：借书。

用例描述：当读者借书时，读者将图书和借阅证交给流通组工作人员。流通组工作人员启动该用例，检查读者借阅卡的有效性及借阅记录，检查图书是否在库，完成读者借书活动。

参与者：图书管理员。

前置条件：流通组工作人员要先执行登录用例，才能启动借书用例；读者号存在；图书号存在；图书在库。

后置条件：建立并存储借阅信息，如果有预约记录，还要删除预约记录；图书库存减少；创建一条借还书记录。

活动的基本过程：

  ① 输入读者账号；

  ② 输入图书编号；

  ③ 添加一条借书记录；

  ④ "图书信息表"中"现有库存量"−1；

  ⑤ "读者信息表"中"已借书数量"+1；

  ⑥ 提示执行情况；

  ⑦ 修改预约记录；

  ⑧ 清空读者、图书编号等输入数据；

  重复第②～⑧步，直到图书管理员选择结束借阅；

  ⑨ 选择"退出"；

  ⑩ 返回上一级界面；

扩展路径：读者号不存在，显示读者无效；读者号存在，借书数量已经超出限制，显示数量超出限制；读者号存在，图书号无效，显示图书不存在；图书号、读者有效，图书不在库存，转预约处理。

（2）业务用例活动图表示。读者借书的活动图如图 4.13 所示。

4.5.3 系统开发方案

1．新系统目标

图书馆管理信息系统是为了适应图书馆综合管理的需求，改变传统管理模式，加速图书馆管理的自动化、标准化和科学化，而建立的一个整体性的图书馆操作系统。它可以为图书馆管理决策部门提供可靠的信息依据，为提高图书馆的社会效益服务。具体如下：

（1）在图书馆采访、编目、流通、阅览等业务部门全部实现自动化管理，书目数据实现标准化。

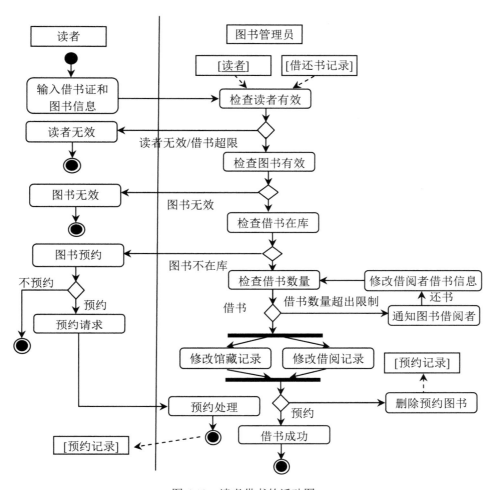

图 4.13　读者借书的活动图

（2）充分发挥图书馆馆藏的作用，提高藏书利用率。

（3）读者可通过公共查询系统进行馆藏查询、个人数据查询，实现远程查询。

（4）自行办理图书预约、续借手续，自动进行各种统计和计算，提供辅助决策支持，以缩短决策周期。

了解图书馆服务的相关信息，加强与读者沟通，还可根据不同授权，检索、利用图书馆光盘镜像服务器提供的中文镜像数据、光盘数据等。

2．新系统方案

（1）系统规划及初步开发方案。根据系统的开发目标以及现行系统存在的主要问题，建议新系统采用计算机网络系统，能与校园网及 Internet 连接，便于与供书商交流。能够实现业务管理自动化；输入、输出标准化；文献存储高密度化；情报利用大众化。新系统具有图书的采编、流通、读者服务和系统维护等功能，如图 4.14 所示。

1）采编管理。采编管理负责图书的采编工作，采编部根据学校专业设置和教学与科学研究以及各院部的订书要求，依据供应商的供书信息，确定采购书目，形成图书订单，向供应商订书，供应商根据订单向图书馆发送图书。图书到馆后，首先要进行验收，然后进行分类与编目等工作，并将图书送至流通及阅览部等有关部门。

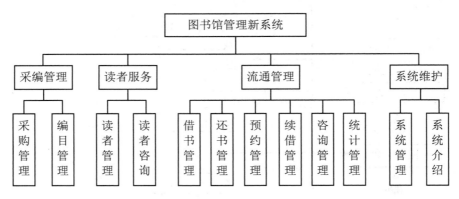

图 4.14　图书馆管理新系统的功能

2）读者服务。读者服务完成日常借阅证的办理和补证工作；为本校教学、科研提供信息咨询检索服务；开展教育部科技查新工作站的查新工作；开展文献传递工作；面向社会提供各种信息服务等。

3）流通管理。读者借书时要出示借阅证和图书，然后办理借阅手续。如果图书快到期，读者还没有看完，可以在到期前办理续借手续；如果想借阅的图书不在馆内，可以预约图书；还书时将图书还到图书馆即可。

4）系统维护。对系统进行全面的介绍；具有帮助功能；具有系统初始化、数据备份等功能。

（2）系统的实施方案。根据新系统的开发方案，确定整个项目的阶段性目标，列出分段实施进度计划与计划安排等情况（略）。

（3）投资方案（略）。

（4）人员培训及补充方案（略）。

图书馆管理信息系统虽然对现行的管理体制有影响，但不强烈，重点是加强基础设施建设，以适应自动化管理。专业人员的变动不大，除了增加一部分计算机专业人员外，现有的人员经过培训将逐步适应自动化管理的要求，学会使用图书馆管理新系统。

4.5.4　系统可行性分析

1. 技术可行性分析

目前已经成功建立了许多复杂的管理信息系统，而图书馆管理信息系统是比较简单的，系统开发人员具备开发的能力，有成熟的 C/S 和 B/S 技术。因此从技术上来说，完全可以建成一个适用的图书馆管理信息系统。

2. 经济效益分析

图书馆管理信息系统产生的经济效益与众多因素有关，不宜采用传统的一次性投资效益估计，因为开发系统的投资用在管理领域，但经济效益体现在科研、教学等诸多方面。它可以使管理体制合理化和管理信息标准化，可以使文献更好地被利用，可以改进管理的手段。新系统的统计分析功能更强大，可以更好地为文献采购提供依据，使得采购的文献使用性更强；可以及时了解书库中图书在库情况及读者借阅情况，可以进行预约和催还，提高文献的利用率。图书管理信息系统带来的效益是很难定量估计的，但新系统使用后可以减少工作人员，因此从经济上说是可行的。

3. 运行管理方面

现有的图书馆管理人员只要进行培训就完全可以胜任工作，计算机管理人员可以通过招聘解决。现有的运行环境只要稍加改进就可以保证新系统运行，从运行管理方面看也是可行的。

4. 结论

由于管理信息系统的开发在国内外是一个技术成熟的系统，并且有可行的开发方案和切实的工程技术保证，有学校领导的大力支持以及人员和资金的保证，因此开发图书馆管理信息系统是完全可行的。

4.5.5　系统类建模

1. 识别系统的类

首先应用 CRC 技术和非正式分析方法，通过寻找系统需求陈述中的名词，结合图书管理的领域知识，给出候选的对象类。经过筛选、审查，可确定"图书管理系统"的类有读者（readers）、管理员、图书（book）、书目信息（item）、具体图书信息、借阅信息（borrow）、预约信息（reseration）、存储（persistent）、图书注销信息、读者类别信息、图书类别信息、出版社信息等。然后，经过标识责任、标识协作者和复审，定义类的属性、操作和类之间的关系。这里列出部分类，其他类请读者自行完成。

2. 确定用户接口

系统的基本对象定义完毕后，还要对新系统的对外接口进行定义，接口可以用对象类描述。为了保证系统的安全性、通用性和限制软件构件的对外运算，一般不允许其他类直接与其通信，通常对外只开设一个窗口供其他类直接访问。这个窗口称为接口，也称界面，所以要分析界面类。被访问的类与界面类发生关系。其他类通过向接口发送消息，可以间接驱动被访问的类完成相应的功能要求。

3. 根据类之间的关系绘制类图

图书管理系统的类比较多，根据实际情况，可以将其组成三个包：GUI、Library 和 DB。包 GUI 由界面类组成；包 Library 由实体类组成；包 DB 由与数据库有关的类组成。三个包之间的关系如图 4.15 所示。

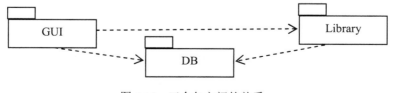

图 4.15　三个包之间的关系

在此仅列出 Library 中实体类之间的关系图。实体类有读者、图书、借阅、预约、书目信息及存储类之间的类图。使用 Rose 可以画出类图，图书管理系统的类图如图 4.16 所示。

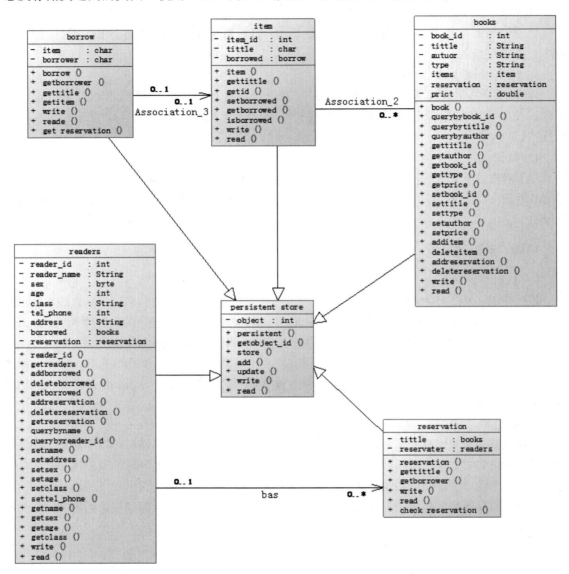

图 4.16 图书管理系统的类图

小 结

在实际的系统开发过程中，用户的需求往往是很难捕捉的，而且经常变动。甚至连用户也常常无法准确描述自己的需求，他们的需求往往在看到软件产品后才逐步清晰起来。因此在需求分析阶段应该采用好的需求分析方法和技术，以保证得到高质量的用户需求。用例是系统、子系统或类与外部的参与者交互的动作序列的说明，包括可选的动作序列和会出现异常的动作序列。用例命名往往采用动宾结构或主谓结构，但最常见的是动宾结构。系统需求一般分功能性需求和非功能性需求，用例只涉及功能性需求。用例之间可以有泛化关系、包含关系和扩展关系等。参与者是指系统以外的、需要使用系统或与系统交互的东西，包括人、事物和系统等，参与者之间可以有泛化关系。用例的描述是用例的主要部分。用例的描述格式没有统一标准，不同的开发机构可以采用自认为合适的格式。用例分析结果与分析人员的个人经验和领域知识有很大关系。用例模型包括用例图和用例文档（用例描述）。

　　用例是一种用来探索需求的技术，而需求和设计之间的区别在于需求解决的是系统"做什么"的问题；而设计针对需求中提出的问题，解决系统该"怎么做"的问题。需求调研的过程是发现和界定问题的过程，设计的过程是寻找解决方案的过程。需求分析的思维方式是总结和抽象，系统设计的思维方式是分解和细化。用例规约包括参与者、前置条件、交互步骤、主事件流、备选事件流和后置条件等。活动图描述了业务用例中，用户可能会进行的操作序列。活动图描述的是对象活动的顺序关系所遵循的规则，它着重表现的是系统的行为，而非系统的处理过程。活动图是面向对象的，能够表示并发活动的情形。活动图有一个很重要的使命——从业务用例分析出系统用例。

　　绘制出每个业务用例的相应活动图，再将其中的"活动"整合，就得出所有备选系统用例。找出所有的备选系统用例后，要对它们进行合并和筛选以确定系统用例。

　　类是实体，不是 Actor，而是 Actor 使用系统时调用的实体，是处在系统边界之内的实体。在领域分析阶段，实体的属性并不重要，重要的是找出实体的操作。实现类图和领域类图不同，它描述的是真正系统的静态结构，是与最后的代码完全一致的，必须准确给出系统中的实体类、控制类、界面类、接口等元素以及其中的关系。因此，实现类图是很复杂的，而且与平台技术有关。类图描述类与类之间的静态关系。与数据模型不同，它不仅显示了信息的结构，同时描述了系统的行为。类图是定义其他图的基础。

复习思考题

一、选择题

1. 在 UML 活动图中，（　　）表示一个操作完成后对其后续操作的触发。
　　A．信息流　　　　　B．控制流　　　　C．初始活动　　　　D．活动
2. 对于活动图，以下说法正确的有（　　）。
　　A．活动图适用于精确地描述单个用例中的处理流程，也可用来描述多个用例联合起来形成的处理流程，表达相对复杂的业务操作或软件处理过程，有时甚至可以针对类中某个复杂的操作给出实现细节
　　B．活动图中包含控制流和信息流，控制流表示一个操作完成后对其后续操作的触发，信息流则刻画操作期间的信息交换
　　C．活动图的基本建模机制包括结点、边及泳道
　　D．活动图描述实体为完成某项功能而执行的操作序列，其中某些操作或者操作的子序列可以并发和同步
3. 下列对系统边界的描述不正确的是（　　）。
　　A．系统边界是指系统与系统之间的界限

　　B．用例图中的系统边界用来表示正在建模的系统的边界

　　C．边界内表示系统的组成部分，边界外表示系统外部

　　D．我们可以使用 Rose 绘制用例中的系统边界

4．UML 中关联的多重度是指（　　）。

　　A．一个类有多个方法被另一个类调用

　　B．一个类的实例能够与另一个类的多个实例关联

　　C．一个类的某个方法被另一个类调用的次数

　　D．两个类具有的相同方法和属性

5．在某个信息系统中，存在如下业务陈述：①一个客户提交 0 个或多个订单；②一个订单由一个且仅由一个客户提交。系统中存在两个类："客户"类和"订单"类。对应每个"订单"类的实例，存在 (1) 个"客户"类的实例；对应每个"客户"类的实例，存在 (2) 个"订单"类的实例。供选择的答案：

　　（1）A．0 个　　　　　B．1 个　　　　　C．1 个或多个　　　D．0 个或多个

　　（2）A．0 个　　　　　B．1 个　　　　　C．1 个或多个　　　D．0 个或多个

6．在类图中，下面（　　）符号表示继承关系。

　　A．———▶　　　B．------▶　　　C．———▷　　　D．———◇

7．在类图中，"#"表示的可见性是（　　）。

　　A．Public　　　　B．Protected　　　C．Private　　　　D．Package

8．消息的组成不包括（　　）。

　　A．接口　　　　　B．活动　　　　　C．发送者　　　　D．接收者

9．类之间的关系不包括（　　）。

　　A．依赖关系　　　B．泛化关系　　　C．实现关系　　　D．分解关系

10．类的属性的可见性表示对类的外部世界的可见性，它有（　　）选项。

　　A．公开　　　　　B．包内公开　　　C．保护　　　　　D．私有

11．两个类之间的关联表示其之间存在一种不适合继承的逻辑关系。在关联关系的表示图元的两端，可以表示参与关联的（　　）特性。

　　A．约束　　　　　B．可见性　　　　C．角色名　　　　D．多重性

12．（　　）是一种不包含操作的实现部分的特殊类。

　　A．概念类　　　　B．分析类　　　　C．实现类　　　　D．接口

13．泛化使得（　　）操作成为可能，即操作的实现是由它们所使用的对象的类，而不是由调用确定的。

　　A．多态　　　　　B．多重　　　　　C．传参　　　　　D．传值

14．（　　）关系是类元的一般描述和具体描述之间的关系，具体描述建立在一般描述的基础之上，并对其进行了扩展，具体描述具有与一般描述完全一致的所有特性、成员和关系，并且包含补充的信息，它用从子指向父的箭头表示，指向父的是一个空三角形。

　　A．泛化　　　　　B．继承　　　　　C．组成　　　　　D．聚集

15．（　　）是对象与外界关联的唯一途径。

　　A．函数调用　　　　　　　　　　　B．接口

　　C．状态转换　　　　　　　　　　　D．消息传递

16. UML 的（　　）表示消息源发出消息后不必等待消息处理过程的返回，即可继续执行后续操作。

  A．异步消息　　　B．返回消息　　　C．同步消息　　　　D．简单消息

17. 描述一个类的意义应该采用（　　）。

  A．标记值　　　B．规格描述　　　C．注释　　　　　　D．构造型

二、填空题

1. 类图中一共包含以下元素，分别是：＿＿＿＿、＿＿＿＿、关系、＿＿＿＿、注释、约束以及＿＿＿＿。

2. 类的定义要包含＿＿＿＿、＿＿＿＿和＿＿＿＿要素。

3. 对象图中的＿＿＿＿是类的特定实例；＿＿＿＿是类之间关系的实例，表示对象之间的特定关系。

4. 类之间的关系包括＿＿＿＿关系、＿＿＿＿关系、＿＿＿＿关系和＿＿＿＿关系。

5. 在 UML 的图形表示中，＿＿＿＿的表示法是一个矩形，该矩形由三个部分构成。

6. UML 中类元的类型有＿＿＿＿、＿＿＿＿、＿＿＿＿和＿＿＿＿。

7. 类中方法的可见性包含三种，分别是＿＿＿＿、＿＿＿＿和＿＿＿＿。

三、名词解释

需求分析　活动图　动作状态　活动　泳道　可见性　类　对象　系统用例　关联
依赖关系　泛化关系　实现关系

四、综合题

1. 简述扩展、包含和泛化三种 UML 依赖关系的异同。

2. 什么是用例？什么是用例图？两者之间有什么不同？

3. 简述用例模型的组成元素及建模步骤。

4. 用例图在系统中有什么作用？

5. 试述如何识别用例。

6. 用例之间的三种关系各适用于什么场合？

7. 在设计系统时，绘制的用例图是多一些好还是少一些好？为什么？

8. 简述为什么设计系统时要使用用例图。它对我们有什么帮助？

9. 类图的组成元素有哪些？对象图有哪些组成部分？

10. 为什么要使用类图和对象图？请简要说明类图和对象图的关系和异同。

11. 请画出 ATM 取款机取款的用例图，为取款进行用例规约描述。

12. 请画出图书馆采购管理的用例图，为查询进行用例规约描述。

13. 支持跨行业务；插入卡片；输入密码；选择服务；取钱；存钱；挂失卡片；缴纳费用；警示骗子；三次错误吞没卡片。请判断哪些是有效用例。

14. 图书管理系统功能性需求说明如下：

图书管理系统能够为一定数量的借阅者提供服务。每个借阅者能够拥有唯一标识其存在的编号。图书馆向每个借阅者发放图书证，其中包含每个借阅者的编号和个人信息。提供的服

务包括查询图书信息、查询个人信息和预约图书等。

当借阅者需要借阅图书、归还图书时，需要通过图书管理员进行，即借阅者不直接与系统交互，而是由图书管理员充当借阅者的代理与系统交互。

系统管理员主要负责系统的管理维护工作，包括对图书、数目、借阅者的添加、删除和修改，并且能够查询借阅者、图书和图书管理员的信息。

可以通过图书的名称或图书的 ISBN/ISSN 号查找图书。

回答下面问题：

（1）该系统中有哪些参与者？

（2）确定该系统中的类，找出类之间的关系并画出类图。

第5章 面向对象系统设计

知识目标	技能目标
（1）掌握交互图和状态机图的表示方法。	（1）能够绘制系统用例图。
（2）掌握顺序图和通信图的区别。	（2）能够绘制交互图。
（3）掌握顺序图、通信图、状态机图的建模步骤。	（3）能够绘制状态机图。
（4）清楚在实际的建模中什么时候使用顺序图、通信图和状态机图。	

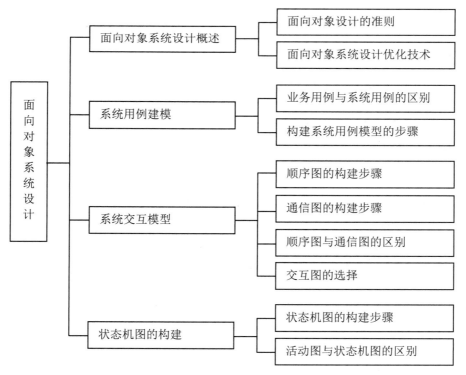

　　在面向对象分析时也需要建立行为模型。面向对象设计是把分析阶段得到的需求转化成符合成本和质量要求的、抽象的系统实现方案的过程。从面向对象分析到面向对象设计是一个逐渐扩充模型的过程。系统行为图包括用例图、活动图、状态机图和交互图。本章主要讨论系

统用例图、交互图和状态机图。如果说分析是为了让开发设计人员清楚系统要做什么事情，那么设计关注的是如何把这件事情做正确。

5.1 面向对象系统设计概述

系统设计是问题求解及建立解答的高级策略，必须制定解决问题的基本方法。系统设计要决定系统功能的软件和硬件的分配问题。系统的高层结构形式包括子系统的分解、固有并发性、子系统分配给硬软件、数据存储管理、资源协调、软件控制实现、人机交互接口等。

用面向对象方法设计软件，原则上也是先进行总体设计（即系统设计），然后进行详细设计（即对象设计）。当然，它们之间的界限非常模糊，事实上是一个多次反复迭代的过程。

5.1.1 面向对象系统体系结构设计

设计阶段先从高层入手，然后细化。系统设计要决定整个结构及风格，这种结构为后面设计阶段的更详细策略的设计提供了基础。

（1）系统分解。系统中的主要组成部分称为子系统，子系统既不是一个对象也不是一个功能，而是类、关联、操作、事件和约束的集合。每次分解的各子系统不能太多，最底层子系统称为模块。

（2）确定并发性。分析模型、现实世界及硬件中很多对象均是并发的。系统设计的一个重要目标就是确定哪些是必须同时动作的对象，哪些不是同时动作的对象。后者可以放在一起，综合成单个控制线或任务。

（3）处理器及任务分配。各并发子系统必须分配给单个硬件单元，要么是一个一般的处理器，要么是一个具体的功能单元，必须完成下面的工作：估计性能要求和资源需求，选择实现子系统的硬软件，将软件子系统分配给各处理器以满足性能要求和极小化处理器之间的通信，决定实现各子系统的各物理单元的连接。

（4）数据存储管理。系统中的内部数据和外部数据的存储管理是一项重要的任务。数据存储管理是系统存储或检索对象的基本设施，它建立在某种数据存储管理系统之上，并且隔离了数据存储管理模式的影响。通常各数据存储可以将数据结构、文件、数据库组合在一起，不同数据存储要在费用、访问时间、容量及可靠性之间做出折衷考虑。

（5）全局资源的处理。必须确定全局资源，并且制定访问全局资源的策略。全局资源包括：物理资源，如处理器、驱动器等；空间，如盘空间、工作站屏等；逻辑名字，如对象标识符、类名、文件名等。如果资源是物理对象，则可以通过建立协议实现对并发系统的访问，以达到自身控制；如果资源是逻辑实体，如对象标识符，那么在共享环境中有冲突访问的可能，如独立的事务可能同时使用同一个对象标识符，则各全局资源都必须有一个保护对象，由保护对象控制对该资源的访问。

（6）选择软件控制机制。软件系统中存在两种控制流，即外部控制流和内部控制流。分析模型中所有交互行为都表示为对象之间的事件，系统设计必须从多种方法中选择某种方法来实现软件的控制。

（7）人机交互接口设计。设计中的大部分工作都与稳定的状态行为有关，但必须考虑用户使用系统的交互接口。在面向对象分析过程中，已经对用户界面需求作了初步分析，在面向对象设计过程中，应该对系统的人机交互接口进行详细设计，以确定人机交互的细节，包括指定窗口和报表的形式、设计命令层次等项内容。

5.1.2　系统对象设计

系统对象设计主要是对分析模型进行整理，生成设计模型并提供给 OOP 作为开发依据。OOD 包括架构设计、子系统设计、类设计等。架构设计的侧重点在于系统的体系框架的合理性，保证系统架构在系统的各非功能性需求中保持一种平衡；子系统设计一般采用纵向切割，关注系统的功能划分；类设计是通过一组对象、顺序图展示系统的逻辑实现。

1. 面向对象设计的准则

（1）模块化。面向对象软件开发模式很自然地支持了把系统分解成模块的设计原理——对象就是模块。它是把数据结构和操作这些数据的方法紧密结合在一起所构成的模块。

（2）抽象。面向对象方法不仅支持过程抽象，而且支持数据抽象。类实际上是一种抽象数据类型，它对外开放的公共接口构成了类的规格说明（即协议），这种接口规定了外界可以使用的合法操作符，利用这些操作符可以对类实例中包含的数据进行操作。使用者无须知道这些操作符的实现算法和类中数据元素的具体表示方法，就可以通过这些操作符使用类中定义的数据。通常把这类抽象称为规格说明抽象。此外，某些面向对象的程序设计语言还支持参数化抽象。所谓参数化抽象，是指当描述类的规格说明时并不具体指定所要操作的数据类型，而是把数据类型作为参数。这使得类的抽象程度更高，应用范围更广，可重用性更强，如 C++语言提供的"模板"机制就是一种参数化抽象机制。

（3）信息隐藏。在面向对象方法中，信息隐藏通过对象的封装性来实现。类结构分离了接口与实现，从而支持了信息隐藏。对于类的用户来说，属性的表示方法和操作的实现算法都应该是隐藏的。

（4）低耦合。耦合是指一个软件结构内不同模块之间互连的紧密程度。在面向对象方法中，对象是最基本的模块，因此，耦合主要是指不同对象之间相互关联的紧密程度。低耦合是衡量设计的一个重要标准，因为其有助于使得系统中某部分的变化对其他部分的影响降到最低程度。在理想情况下，对某部分的理解、测试或修改无须涉及系统的其他部分。如果一类对象过多地依赖其他类对象来完成自己的工作，则不仅给理解、测试或修改这个类带来很大困难，而且将大大降低该类的可重用性和可移植性。显然，类之间的这种相互依赖关系是紧耦合的。当然，对象不可能是完全孤立的，当两个对象必须相互联系、相互依赖时，应该通过类的协议（即公共接口）实现耦合，而不应该依赖类的具体实现细节。

一般对象之间的耦合可分为交互耦合和继承耦合。

1）交互耦合。如果对象之间的耦合通过消息连接来实现，则这种耦合就是交互耦合。为使交互耦合尽可能松散，应该遵守下述准则：尽量降低消息连接的复杂程度，减少消息中包含的参数，降低参数的复杂程度，减少对象发送（或接收）的消息数。

2）继承耦合。与交互耦合相反，应该提高继承耦合程度。继承是一般化类与特殊类之间耦合的一种形式。从本质上看，通过继承关系结合的基类和派生类构成了系统中粒度更大的模块。因此，它们彼此之间应该结合得越紧密越好。为获得紧密的继承耦合，特殊类应该确实是对它的一般化类的一种具体化。因此，如果一个派生类摒弃了基类的许多属性，则它们之间是松耦合的。在设计时应该使特殊类尽量多地继承并使用其一般化类的属性和服务，从而更紧密地耦合到其一般化类。

（5）高内聚。内聚用于衡量一个模块内各元素彼此结合的紧密程度，也可以把内聚定义为"设计中使用的一个构件内的各个元素，对完成一个定义明确的目的所做出的贡献的程度"。在设计时应该力求做到高内聚。面向对象设计中存在三种内聚，即服务内聚、类内聚和一般—特殊内聚。

1）服务内聚。一个服务应该完成一个且仅完成一个功能。

2）类内聚。设计类的原则是，一个类应该只有一个用途，它的属性和服务应该是高内聚的。类的属性和服务应该都是完成该类对象的任务所必需的，其中不包含无用的属性或服务。如果某个类有多个用途，通常应该把它分解成多个专用的类。

3）一般—特殊内聚。设计出的一般—特殊结构应该符合多数人的概念，更准确地说，这种结构应该是对相应的领域知识的正确抽取。一般来说，紧密的继承耦合与高度的一般—特殊内聚是一致的。

（6）可重用。软件重用是提高软件开发生产率和目标系统质量的重要途径，重用基本从设计阶段开始。重用有两方面的含义：一是尽量使用已有的类（包括开发环境提供的类库及以往开发类似系统时创建的类）；二是如果确实需要创建新类，则在设计这些新类的协议时，应该考虑将来的可重复使用性。利用面向对象技术，可以更方便、更有效地实现软件重用。面向对象技术中的"类"是比较理想的可重用软构件，不妨称为类构件。类构件有三种重用方式，分别是实例重用、继承重用和多态重用。

1）实例重用。由于类具有封装性，使用者无须了解实现细节就可以使用适当的构造函数，按照需要创建类的实例，然后向所创建的实例发送适当的消息，启动相应的服务，完成需要完成的工作，这是最基本的重用方式。此外，还可以用几个简单的对象作为类的成员创建出一个更复杂的类，这是实例重用的另一种形式。

2）继承重用。面向对象方法特有的继承性提供了一种对已有的类构件进行裁剪的机制。当已有的类构件不能通过实例重用完全满足当前系统需求时，继承重用提供了一种安全修改已有类构件，以便在当前系统中重用的手段。提高继承重用的效果的关键是设计一个合理的、具有一定深度的类构件继承层次结构。

3）多态重用。利用多态性不仅可以使对象的对外接口更加一般化（基类与派生类的许多对外接口是相同的），从而降低消息连接的复杂程度，而且提供了一种简便、可靠的软构件组合机制。系统运行时，根据接收消息的对象类型，由多态性机制启动正确的方法，响应一个一般化的消息，从而简化了消息界面和软构件连接过程。为充分实现多态重用，在设计类构件时，应该把注意力集中在以下操作：与表示方法有关的操作，如不同实例的比较、显示、擦除等；与数据结构、数据大小等有关的操作；与外部设备有关的操作，如设备控制；实现算法在将来可能会改进（或改变）的核心操作。如果不预先采取适当措施，上述这些操作会妨碍类构件的重用。另外，还可以把适配接口进一步细分为转换接口和扩充接口。转换接口是为了克服与表示方法、数据结构或硬件特点相关的操作给重用带来的困难而设计的，这类接口是每个类构件在重用时都必须重新定义的服务的集合。当使用 C++语言编程时，应该在根类（或适当的基类）中把属于转换接口的服务定义为纯虚函数。如果某个服务有多种可能的实现算法，则应该把它当作扩充接口。当用 C++语言实现时，应在基类中把这类服务定义为普通的虚函数。

2．面向对象设计的启发规则

人们使用面向对象方法学开发软件的历史虽然不长，但也积累了一些经验。人们在总结这些经验后得出了几条启发规则，它们能帮助软件开发人员提高面向对象设计的质量。

（1）设计结果应该清晰易懂。使设计结果清晰、易懂、易读是提高软件可维护性和可重用性的重要措施。显然，人们不会重用他们不理解的设计。保证设计结果清晰易懂的主要因素如下：

1）用词一致。应该使名字与其所代表的事物一致，而且应该尽量使用人们习惯的名字。不同类中相似服务的名字应该相同。

2）使用已有的协议。如果开发同一个软件的其他设计人员已经建立了类的协议，或者在所使用的类库中已有相应的协议，则应该使用这些已有的协议。

3）减少消息模式。如果已有标准的消息协议，设计人员应该遵守这些协议。如果确需自己建立消息协议，则应该尽量减少消息模式，使消息具有一致的模式，以利于读者理解。

4）避免模糊的定义。一个类的用途应该是有限的，而且应该可以从类名较容易地推想出它的用途。

（2）一般—特殊结构的深度应适当。应该使类等级中包含的层次数适当。一般说来，在一个中等规模（大约包含 100 个类）的系统中，类等级层次数应保持为（7±2）层。不应该仅从方便编码的角度出发随意创建派生类，应该使一般—特殊结构与领域知识或常识保持一致。

（3）设计简单类。应该尽量设计小而简单的类，以便开发和管理。当类很大时，要记住它的所有服务是非常困难的。经验表明，如果一个类的定义不超过一页纸（或两屏），则使用这个类是比较容易的。为保持类的简单性，应该注意以下几点：

1）避免包含过多属性。属性过多通常表明这个类过分复杂了，它所完成的功能可能太多了。

2）有明确的定义。为了使类的定义明确，分配给每个类的任务应该简单，最好能用一两个简单语句描述它的任务。

3）尽量简化对象之间的合作关系。如果需要多个对象协同配合才能做好一件事，则破坏了类的简明性和清晰性。

4）不要提供太多服务。一个类提供的服务过多，同样表明这个类过分复杂。典型地，一个类提供的公共服务不超过 7 个。

在开发大型软件系统时，遵循上述启发规则也会带来另一个问题：设计出大量较小的类，同样会带来一定复杂性。解决这个问题的方法是把系统中的类按逻辑分组，也就是用包进行处理。

（4）使用简单的协议。一般来说，消息中的参数不要超过 3 个。当然，不超过 3 个的限制不是绝对的，只是经验而已。通过复杂消息相互关联的对象是紧耦合的，对一个对象的修改往往导致其他对象的修改。

（5）使用简单的操作。面向对象设计出来的类中的操作通常都很小，一般只有 3～5 行源程序语句，可以用仅含一个动词和一个宾语的简单句子描述它的功能。如果一个服务中包含过多源程序语句，或者语句嵌套层次太多，或者使用了复杂的 CASE 语句，则应该仔细检查这个服务，设法分解或简化它。一般来说，应该尽量避免使用复杂的服务。如果需要在服务中使用 CASE 语句，则通常应该考虑使用一般—特殊结构代替这个类的可能性。

（6）把设计变动减至最小。通常设计的质量越高，设计结果保持不变的时间也越长。即使出现必须修改设计的情况，也应该使修改的范围尽可能小。理想的设计变动曲线如图 5.1 所示。在设计的早期阶段变动较大，随着时间推移，设计方案日趋成熟，变动也越来越小了。图 5.1 中的峰值与出现设计错误或发生非预期变动的情况相对应。峰值越高，表明设计质量越差，可重用性也越差。

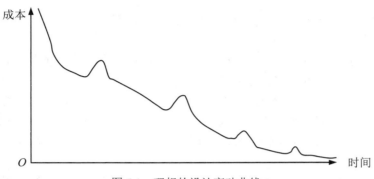

图 5.1　理想的设计变动曲线

5.1.3　面向对象系统设计优化

面向对象系统设计优化的方式有确定优先级、优化设计时提高效率技术和建立良好的继承关系。

1. 确定优先级

系统的各项质量指标并不是同等重要的，设计人员须确定各项质量指标的相对重要性（即确定优先级），以便在优化设计时制定折衷方案。系统的整体质量与设计人员制定的折衷方案密切相关。最终产品成功与否，在很大程度上取决于是否选择好了系统目标。最糟糕的情况是，没有站在全局高度正确确定各项质量指标的优先级，以致系统中各子系统按照相互对立的目标做了优化，从而导致系统资源的严重浪费。在折衷方案中设置的优先级应该是模糊的。事实上，不可能指定精确的优先级数值。最常见的情况是在效率和清晰性之间寻求适当的折衷方案。

2. 优化设计时提高效率技术

（1）增加冗余关联以提高访问效率。在面向对象分析过程中，应该避免在对象模型中存在冗余关联，因为冗余关联不仅不会增添任何信息，反而会降低模型的清晰程度。但是，在面向对象设计过程中，应当考虑用户的访问模式及不同类型的访问彼此间的依赖关系。此时就会发现分析阶段确定的关联可能并没有构成效率最高的访问路径。

（2）调整查询次序。改进了对象模型的结构，从而优化了常用的遍历之后，接下来就应该优化算法了。优化算法的一个途径是尽量缩小查找范围，如用户使用雇员技能数据库希望找出既会讲日语又会讲英语的所有雇员。如果某公司只有 5 位雇员会讲日语，会讲英语的雇员却有 200 人，则应该先查找会讲日语的雇员，然后从这些会讲日语的雇员中查找同时会讲英语的雇员。

（3）保留派生属性。通过某种运算而从其他数据派生出来的数据是一种冗余数据，通常把这类数据"存储"（或称为"隐藏"）。在计算它的表达式时，如果希望避免重复计算复杂表达式带来的开销，可以把这类冗余数据作为派生属性保存起来。派生属性既可以在原有类中定义，也可以定义新类，并用新类的对象保存它们。每当修改了基本对象之后，也必须相应地修改所有依赖它的、保存派生属性的对象。

　　3. 建立良好的继承关系

　　在面向对象设计过程中，建立良好的继承关系是优化设计的一项重要内容。继承关系能为一个类族定义一个协议，并能在类之间实现代码共享以减少冗余。一个基类及其子孙类在一起称为一个类继承。在进行面向对象设计时建立良好的类继承是非常重要的，利用类继承能够把若干个类组织成一个逻辑结构。

　　（1）抽象与具体。在设计类继承时，很少使用纯粹自顶向下的方法。通常的做法是，首先创建一些满足具体用途的类，然后对它们进行归纳，一旦归纳出一些通用的类，就可以根据需要派生出具体类。在进行了一些具体化（即专门化）的工作之后，也许就应该再次归纳了。对于某些类继承来说，这是一个持续不断的演化过程。图 5.2 说明了抽象与具体的过程。

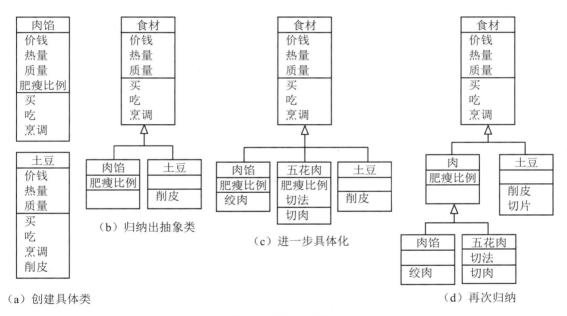

图 5.2　抽象与具体

　　（2）为提高继承程度而修改类定义。如果在一组相似的类中存在公共的属性和公共的行为，则可以把这些公共的属性和公共的行为抽取出来放在一个共同的祖先类中，供其子类继承，如图 5.2（a）和图 5.2（b）所示。有时可以对类进行进一步的具体化，然后进行归纳，如图 5.2（c）和图 5.2（d）所示，进行再归纳后的结构更合理，继承程度更高。在对现有类进行归纳时，不能违背领域知识和常识；应该确保现有类的协议（即同外部世界的接口）不变。更常见的情况是，各现有类中的属性和行为（操作）虽然相似，却并不完全相同，在这种情况下需要对类的定义稍加修改，才能定义一个基类供其子类继承需要的属性或行为。有时抽象出一个基类之后，在系统中暂时只有一个子类能从其中继承属性和行为，显然在当前情况下抽象出这个基类并没有获得共享的好处。但是，这样做通常仍然是值得的，因为将来可能重用这个基类。

（3）利用委托实现行为共享。仅当存在真实的一般—特殊关系（即子类确实是父类的一种特殊形式）时，利用继承机制实现行为共享才是合理的。有时程序员只想用继承作为实现操作共享的一种手段，并不打算确保基类和派生类具有相同的行为。在这种情况下，如果从基类继承的操作中包含了子类不应有的行为，则可能引起麻烦。如程序员正在实现一个 Stack（后进先出栈）类，类库中已经有一个 List（表）类。如果程序员从 List 类派生出 Stack 类，如图 5.3（a）所示。把一个元素压入栈，等价于在表尾加入一个元素；把一个元素弹出栈，相当于从表尾移走一个元素。但是，与此同时，也继承了一些不需要的表操作，如从表头移走一个元素或在表头增加一个元素。如果用户错误地使用了这类操作，则 Stack 类将不能正常工作。如果只想把继承作为实现操作共享的一种手段，则利用委托（即把一类对象作为另一类对象的属性，从而在两类对象间建立组合关系）也可以达到相同目的，而且更安全。使用委托机制时，只有有意义的操作才委托另一类对象实现，因此不会发生不慎继承了无意义（甚至有害）操作的问题。

图 5.3（b）描绘了委托 List 类实现 Stack 类操作的方法。Stack 类的每个实例都包含一个私有的 List 类实例（或指向 List 类实例的指针）。Stack 对象的 push（压栈）操作，委托 List 类对象通过调用 last（定位到表尾）和 add（增加一个元素）操作实现，而 pop（出栈）操作通过 List 的 last 和 remove（移走一个元素）操作实现。

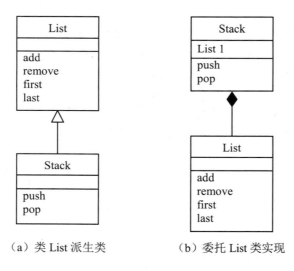

（a）类 List 派生类　　　　　（b）委托 List 类实现

图 5.3　用表实现栈的方法

5.2　系统用例建模

业务用例是与用户业务相关的用例。系统用例是为了构建整个系统才提出来的，如权限管理、角色设定等，系统用例本身不会支持用户的直接业务。利用统一建模语言可以直观地表现业务模型，同时可以派生出一个一致的且能够追溯到该业务模型起点的系统用例模型。

5.2.1　构建系统用例模型的步骤

系统用例建模的步骤与业务用例的建模步骤相似，只是参与者和用例不完全相同。具体步骤如下：

（1）确定将要设计的系统及其边界。

（2）确定系统外的参与者。

（3）从参与者（用户）和系统对话的角度继续寻找两方面的特征：寻找参与者如何使用系统；系统向参与者提供什么功能。

（4）把离用户最近（接口）的用例作为顶级用例。

（5）对复杂的用例做进一步的分解，并确定低层用例以及用例之间的关系。

（6）对每个用例做进一步细化。

（7）寻找每个用例发生的前提条件和发生后对系统产生的结果。

（8）寻找每个用例在正常条件下的执行过程。

（9）寻找每个用例在非正常条件下的执行过程。

（10）用 UML 建模工具画出用例模型。

（11）编写用例图的补充说明文档。

5.2.2　确定系统参与者

系统参与者是在系统之外与系统交互的某个人或某个事物。寻找参与者根据以下问题提问：

（1）谁负责提供、使用或删除信息？

（2）系统开发完成之后，有哪些人会使用这个系统？

（3）谁对某个特定功能感兴趣？

（4）系统会为哪些人或哪些其他系统提供数据？

（5）系统是由谁来维护和管理并保持正常运行？

（6）系统有哪些外部资源？

（7）系统需要与哪些其他系统交互？

（8）谁对系统有明确的目标和要求并且主动发出动作？

（9）系统是为谁服务的？

需要注意的问题如下：

（1）参与者是角色，而不是具体的人，它代表了参与者在与系统打交道的过程中所扮演的角色。所以在系统的实际运行中，一个实际用户可能对应系统的多个参与者。不同的用户也可以只对应一个参与者，从而代表同一参与者的不同实例。

（2）参与者作为外部用户（而不是内部用户）与系统发生交互作用是它的主要特征。

（3）在后面的顺序图等中出现的"参与者"与此概念相同，但具体指代的含义视具体情况而定。

在银行 ATM 系统例子中，参与者有用户、系统管理员、总行、分行和柜员终端等。

5.2.3 确定系统用例

1. 业务用例与系统用例的区别

业务用例注重业务操作。它们表示实现业务目标的业务中的具体工作流。业务过程可能涉及手工和自动过程，并且在一段长期的时间内进行。

系统用例注重要设计的软件系统。参与者如何与软件系统进行交互？在系统用例说明中书写的事件流应该足够详细，便于用作编写系统测试脚本的出发点。

系统用例的参与者是操作人员代表的岗位角色，可以是实际与系统交互的操作人员、外部衔接系统、自动服务、定时器等。系统用例不能是一个步骤，如输入用户名或者验证用户名等。也不能把系统活动当作用例，如建立数据库连接或执行 SQL 语句。

下面以银行为例，介绍业务用例与系统用例的区别。银行为客户提供开户、存取款等业务。银行的软件系统为柜员提供开户、存取款、挂失等功能，但这些功能是银行的软件系统提供给银行职员的。

通过上面的描述可以知道系统有两个层次的"功能"。第一个层次是银行提供给银行客户的功能；第二个层次是软件系统提供给银行职员的功能，如图 5.4 所示。

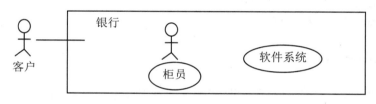

图 5.4　客户功能

当对银行的业务进行建模时，应把银行看作一个整体，研究银行能够提供给客户的服务。此时的研究对象是银行，如图 5.5 所示。

当对银行的软件系统进行建模时，应把软件系统当作一个整体，研究它需要提供哪些功能给银行的职员使用。此时的研究对象是银行的软件系统，如图 5.6 所示。

图 5.5　银行功能　　　　　　　　　　　　　　　　图 5.6　软件系统

为了区分两者的不同，把前者称作"业务用例模型"，后者称作"系统用例模型"。业务用例和系统用例在用例技术的使用上没什么差别，如用例的关系、用例的描述等。在业务模型中还有一个概念，即"业务工人（business worker）"。业务工人表示实现业务的人、软件或硬件等角色。比如银行的"开户"业务用例中，银行柜员、软件系统、打印存折的打印机等都可以看作"业务工人"。业务用例模型与系统用例模型有很多相似之处，两个模型都有用例说明。如果对业务用例模型及系统用例模型的 RUP 模板进行检查，就会发现它们的格式十分相似，两者都包含先决条件、后置条件以及特殊需求等。业务用例说明有基本的工作流和可选择的工作流，从而取代了基本的事件流和可选择的事件流。系统用例的设计范围就是这个计算机系统设计的范围。它是一个系统参与者，与计算机系统共同实现一个目标。系统用例就是参与者如何与计算机技术相联系，而不是业务过程。

业务用例模型与系统用例模型的设计范围、系统测试、业务角色不同。

（1）设计范围。业务用例的设计范围是业务操作，组织外部的业务参与者实现与业务组织相关的业务目标。业务过程可能涉及手工和自动过程，并且在一段长期的时间内进行。系统用例注重要设计的软件系统，参与者如何与软件系统进行交互，在系统用例说明中书写的事件流应该足够详细，从而用作编写系统测试脚本的出发点。

（2）系统测试。业务用例常常以白盒形式编写，它们描述被建模的组织中的人与部门之间的交互，使用业务用例说明在"现有"业务模型中组织如何工作。然后重构"现有"的业务用例模型，让其面向将要建模的组织的未来进行设计。需要创建什么新角色和部门来提供更多价值，或者消除什么业务问题、角色和部门。系统用例几乎总是以黑盒形式编写，它们描述软件系统之外的参与者如何与将要设计的系统进行交互。系统用例详细阐明了系统需求，目的是从涉众的角度说明需求，而不是设计如何满足需求。

（3）业务角色。业务参与者是业务之外的人，可以是一个角色或其他组织实体。如在刑事审判系统中，业务参与者可以是证人、嫌疑犯、外部的政府机构。在系统用例图中，参与者与用例进行交互，但在业务用例图中可以让业务参与者和业务角色与业务用例进行交互。对于角色来说，业务用例模型有两种角色的变体，分别是业务角色和业务员工。系统用例模型则没有业务员工，只有业务角色，而它们的含义是不同的。在业务用例模型中，业务角色代表企业外的角色，业务员工代表企业内的角色。例如对于商店来说，顾客就是它的业务角色，而售货员就是它的业务员工。在系统用例模型中，业务角色代表系统外的角色。例如对于销售管理系统来说，任何一个操作员都是业务角色，因为它不属于系统内。

业务用例模型的目的是描述企业的内部组织结构；描述企业各部门的业务；关注角色与系统的交互界面。系统用例建模的目的是获取需求的范围和层次，以确定系统支持什么，不支持什么。分阶段开发可以帮助确定每个阶段的目标。另外，系统用例模型还可以确定未来系统与其他企业、系统、构件或用户的接口，并为未来软件测试和验收提供框架。此二者的最大不同点在于：业务用例模型仅关注企业部门的业务，而系统用例模型关注系统本身实现后的互动。

对用例来说，业务用例模型因为需要描述部门的业务，所以将使用一般用例的变体——业务用例；而系统用例模型只需要使用用例的本体就可以了。二者的区别在于，业务用例的粒度很粗，只描述部门的总体业务；系统用例的粒度很细，需要描述到系统中业务场景的工作。

在业务建模阶段，一个用例描述一项完整的业务流程。在系统建模阶段，用例视角是针对计算机的，用例的粒度以一个用例能够描述操作与计算机的一次完整交互为宜，如填写申请单、审核申请单、派发任务，也可以理解为一个操作界面或者一个页面流。在进行顶级用例建模时，需要寻找角色与角色之间的关系，以及角色与顶级用例之间的关系。

2. 系统用例的确定

绘制每个业务用例相应的活动图，再将其中的"活动"整合，就能得出所有备选系统用例。找出所有备选系统用例后，要对它们进行合并和筛选。合并就是将相同的用例合并成一个用例，筛选就是将不符合系统用例条件的备选用例去掉。系统需要多少个用例呢？这是令很多人困惑的问题。描述同一个系统，不同的人员会设计不同的用例模型。如何确定用例的粒度呢？最好将用例模型的规模控制在几十个用例左右，这样比较容易管理和控制用例模型的复杂度。Ivar Jacobson 认为，一个 10 人年的项目需要大约 20 个用例，而 Martin Fowler 认为需要大约 100 个用例。用例的粒度不但决定了用例模型的复杂度，而且决定了每个用例内部的复杂度。系统分析师和设计人员应该根据每个系统的具体情况来把握各个层次的复杂性，在尽可能保证整个用例模型易于理解的基础上决定用例大小和数目。

如在银行 ATM 系统中，系统用例有登录、账户管理、存款管理、取款管理、账号余额查询、转账管理、密码修改和系统维护等。

一个系统用例应该是实际使用系统的用户进行的一个操作，例如"查看新闻列表"就不能算作一个系统用例，因为它只是某系统用例的一个序列项。

5.2.4　系统用例图构建实例

系统用例是软件系统开发的全部范围。从系统角度看，用例定义了系统（或者企业、子系统等）的行为特征，缺少这些特征，系统就不能工作。用例侧重于目标，而不是内部处理。用例总有一个启动者，只有用例得到最终结果（或返回结果）才能结束。用例是从外部用户的角度，并以他们可以理解的方式和词汇来描述系统的功能，这些功能由系统提供，并通过与参与者之间消息的交换来表达。用例的用途是在不揭示系统内部构造的情况下定义行为序列，它把系统当作一个黑箱，表达整个系统对外部用户可见的行为。一个用例就是系统中向用户提供一个有价值结果的某项功能。用例捕捉的是功能性需求，所有用例结合起来就构成了"用例模型"，该模型描述系统的全部功能，取代了系统传统的功能规范说明。系统用例图是外部用户（参与者）能观察到的系统功能的模型图，显示系统中的用例与角色及其相互关系，主要用于对系统、子系统或类的功能行为进行建模。

分析出参与者、用例和用例之间关系后，就可以绘制银行 ATM 系统的用例图，如图 5.7 所示。

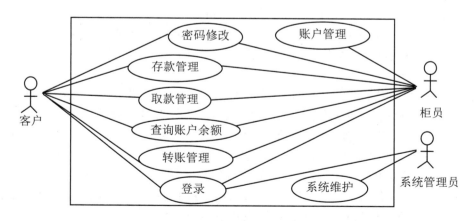

图 5.7　银行 ATM 系统的用例图

绘制出系统用例图后，应该对每个系统用例给出用例规约。用例规约没有通用的格式，大家可以按照习惯的格式进行编写。对用例规约的唯一要求就是"清晰易懂"。业务用例说明与系统用例说明的格式十分相似，具体内容可以参见第 3 章的业务用例描述部分。

5.3　系统交互建模

交互图（interaction diagram）是用来描述对象之间以及对象与参与者之间的动态协作关系和协作过程中行为次序的图形文档。它通常用来描述一个用例的行为，显示该用例中涉及的对象及这些对象之间的消息传递情况。交互图可以帮助分析人员对照检查每个用例中描述的用户需求，如这些需求是否已经落实到能够完成这些功能的类中去实现，提醒分析人员补充遗漏的类和方法。交互图不仅对一个系统的动态方面建模很重要，而且对通过正向工程和逆向工程构造可执行的系统很重要。UML 2.0 的交互图包括交互概览图、顺序图、通信图和定时图。交互概览图是顺序图和活动图的结合，是将顺序图和活动图结合起来描述交互流程和交互细节的一种交互图。定时图应用不多。本节主要介绍顺序图和通信图，它们在语义上是等价的。建模人员可以先用一种交互图进行建模，然后将其变换为另一种图而不丢失任何信息。

5.3.1　顺序图的构建

顺序图主要用于用例的逻辑建模。建模人员通常通过识别系统中的用例来驱动系统分析，但最后转向系统实现时，必须要用到具体结构和行为去实现这些用例。更确切地说，尽管建模人员通过用例模型描述了系统功能，但在系统实现时必须得到一个类模型，这样才能用面向对象的程序设计语言实现软件系统。前面使用 CRC 方法等识别了类，建立了类模型。CRC 方法很有效，但该方法一方面比较费时，另一方面只记录了每个类的职责，而没有记录这些职责是如何分配到各类上的，以及各类为什么具有这些职责。相比之下，顺序图是一种行之有效的方法。顺序图不仅可以有效地表示如何分配各类的职责以及各类具有相应职责的原因，而且可以使用 Rational Rose 等辅助软件工具实现绘图。顺序图上描述的职责可以映射为类的操作。

1. 顺序图构建步骤

在分析和设计过程中，构建顺序图并没有一个标准的步骤，下面给出指导性步骤：

（1）确定交互过程的上下文（context），即工作流。

（2）识别参与交互过程的对象，即从左到右布置对象。由左至右分层排列对象的顺序为参与者角色、控制类、用户接口、业务层、后台数据库。

（3）为每个对象设置生命线，即确定哪些对象存在于整个交互过程中，哪些对象在交互过程中被创建和撤销。

（4）从引发该交互过程的初始消息开始，在生命线之间自顶向下依次画出随后的各个消息，即添加消息和条件以便创造每个工作流。注意用箭头的形式区别同步消息和异步消息。根据顺序图确定是属于说明层还是属于实例层，给出消息标签的内容，以及必要的构造型与约束。

（5）如果需要表示消息的嵌套，和/或表示消息发生时的时间点，则采用控制焦点。

（6）如果需要说明时间约束，则在消息旁边加上约束说明。

（7）如果需要，可以为每个消息附上前置条件和后置条件。

（8）根据消息之间的关系，确定循环结构及循环参数和出口条件。

（9）用 UML 建模工具绘制顺序图。

2. 顺序图构建实例

下面仍以银行 ATM 系统为例介绍顺序图的构建。银行 ATM 系统取款顺序图如图 5.8 所示。

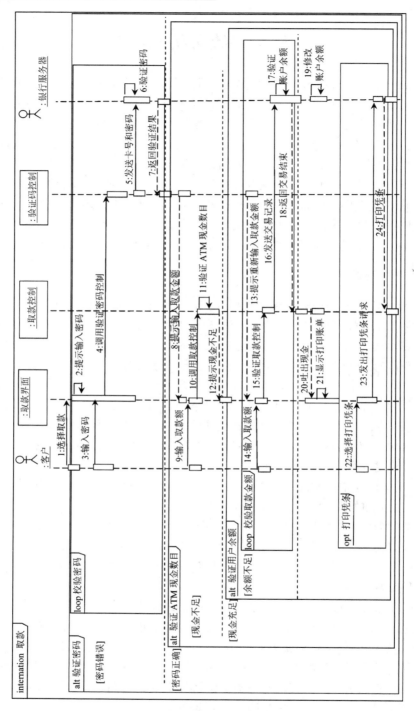

图 5.8 银行 ATM 系统取款顺序图

　　顺序图用来表示系统内部一群对象之间相互传送信息的情况，如配合用例使用，可以针对每个用例设计系统内部的一群对象实现用例的运行情况。对于程序员的编码工作来说，类图和顺序图是最有参考价值的两类图。

5.3.2　通信图的构建

系统动态行为的描述涉及两个方面：其一是参与通信的各实例的结构描述；其二是通信模式的描述。参与通信的各实例结构上的关系通常称为协作，各实例之间的通信模式称为交互。通信图中的对象是类图中的实例，若去掉通信图上的交互部分，则通信图与类图非常相似。但它们是有区别的：通信图通常不包括所有类的实例，只包含与该通信图相关的类的实例；通信图上可能包含同一类的多个不同实例。

1. 通信图构建步骤

在分析和设计过程中，建立通信图并没有一个标准的步骤，下面给出指导性步骤：

（1）详细分析用例图，对每个用例识别出参与基本事件流的对象（包括接口、子系统和角色等）。

（2）识别参与交互过程的对象类角色，把它们作为图形的结点安置在通信图中。把参与交互的对象或角色放在通信图的上方，沿水平方向排列。通常把发起交互的对象或角色放在左边，把较下级对象或角色依次放在右边。

（3）如果需要，为每个对象设置初始特性。

（4）确定对象之间的链（link）以及沿着链的消息。首先给出对象之间的关联连接，然后给出其他连接，并且给出必要的装饰，如构造型"global""local"等。

（5）从引发该交互过程的初始消息开始，将随后的每个消息都附到相应的链上。把这些对象发送和接收的消息沿垂直方向按时间顺序从上到下放置，就向读者提供了控制流随时间推移的清晰的可视化轨迹。

（6）如果需要说明时间约束，则在消息旁边加上约束说明。

（7）如果需要，可以为每个消息附上前置条件和后置条件。

（8）处理一些特殊情况，如循环、自调用、回调、多对象等。

2. 通信图构建实例

银行 ATM 系统的取款通信图如图 5.9 所示。

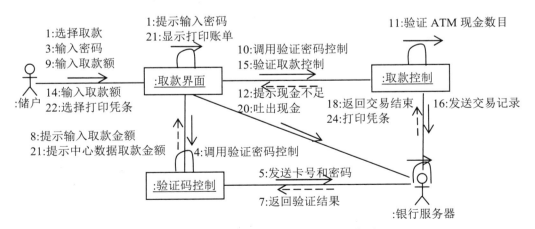

图 5.9　银行 ATM 系统的取款通信图

5.3.3 交互建模的选择

1. 顺序图与通信图的区别与联系

顺序图描述了消息的时间顺序，适用于描述实时系统和复杂的脚本；通信图描述了对象间的关系。

顺序图和通信图都属于交互图，用于描述单个用例中多个对象的交互行为，它们用于描述简单的行为，行为复杂时将失去清晰性。顺序图和通信图从不同的角度表达了系统中的交互和系统的行为。顺序图着重描述对象按照时间顺序的消息交换，并且把用例行为分配给类，各角色之间的关系是隐含的，并且没有明确地表达对象间的关系。通信图用各个角色排列来表示角色之间的关系，并用消息类说明这些关系。通信图着重描述系统成分如何协同工作，强调对象间的结构关系，时间顺序必须从顺序号获得。顺序图和通信图在语义上是等价的，两者之间可以相互转换，但两者并不能完全相互代替。顺序图可以表示某些通信图无法表示的信息，同样，通信图也可以表示某些顺序图无法表示的信息。例如，在顺序图中不能表示对象与对象之间的链，多对象和主动对象也不能直接显示出来，在通信图中则可以表示；通信图不能表示生命线的分叉，顺序图中则可以表示。顺序图有两个不同于通信图的特征：

第一，顺序图有对象生命线。对象生命线是一条垂直的虚线，表示一个对象在一段时间内存在。在交互中可以创建对象，它们的生命线从接收到 create 消息时开始。在交互中也可以撤销对象，它们的生命线在接收到 destroy 消息时结束，用一个大的标记标明对象生命的结束。通信图中尽管可以展示 create 和 destroy 消息，但是不能显式地展示对象的生命线。

第二，顺序图有控制焦点。控制焦点是一个瘦高的矩形，表示对象执行一个动作所经历的时间段，既可以直接执行，也可以通过下级过程执行。矩形的顶部表示动作的开始，底部表示动作的结束。还可以通过将一个控制焦点放在其父控制焦点的右边表示控制焦点的嵌套。在通信图中，尽管各消息的序号可以表示嵌套，但是不能显式地展示控制焦点。

通信图有两个不同于顺序图的特征：

第一，通信图有路径。可以根据关联绘制一个路径，也可以根据本地变量、参数、全局变量和自访问呈现路径。路径表示一个对象的知识源。

第二，通信图中有消息顺序号。为表示消息的时间顺序，可以给消息加一个数字前缀，在控制流中，每个新消息的序号单调增加。为了显示嵌套，可以使用杜威十进分类法。需要注意的是，沿同一个链，可以显示许多消息（可能发自不同的方向），并且每个消息都有唯一的序号。

顺序图在表示算法、对象的生命期、具有多线程特征的对象等方面更容易一些，但在表示并发控制流方面会困难一些。

2. 交互图的选择

在用 UML 创建交互图时，可以根据需要选用两种图：如果需要重点强调时间或顺序，那么选择顺序图；如果需要重点强调上下文，那么选择通信图。没有一个单独的交互图能捕捉与系统的动态方面有关的所有事情。相反，要使用多种交互图来对整个系统及其子系统、操作、类、用例和协作的动态特性建模。

一个结构良好的交互图应满足如下要求：

（1）关注与系统动态特性的一个方面的交流。

（2）只包含对理解这个方面必不可少的元素。

（3）提供与它的抽象层次一致的细节，只能加入对理解问题必不可少的修饰。

（4）不应该过分简化信息，避免读者误解重要的语义。

绘制交互图要遵循以下策略：

（1）给出一个能表达其用途的名称。

（2）如果想强调消息的时间顺序，就使用顺序图；如果想强调参加交互的对象的组织，就使用通信图。

（3）摆放元素时尽量减少线的交叉。

（4）用注解和颜色作为可视化提示，以突出图中的重要特征。

（5）少使用分支，用活动图表示复杂的分支要好得多。

5.4　状态机图的构建

在 UML 规格文件中，状态机被定义为一种行为，说明对象或交互在它们的声明周期中为响应事件所经历的状态序列，以及它们的响应和动作。可以用两种方式可视化执行的动态：一种是强调从活动到活动的控制流，使用活动图表示；另一种是强调对象潜在的状态和这些状态之间的转移，使用状态机图表示。

为了跟踪、控制和统计分析业务流程的执行，需要描述业务流程核心处理对象的状态。状态机图是描述一个实体基于事件反应的动态行为，显示了该实体是如何根据当前所处的状态对不同的时间做出反应的。状态机图用于显示状态机（指定对象所在的状态序列）、使对象达到这些状态的事件和条件，以及达到这些状态时所发生的操作，它强调从状态到状态的控制流。

UML 状态机图通过对类对象的生存周期建立模型来描述对象随时间变化的动态行为。每个对象都被看作通过对事件进行探测并做出回应来与外界其他部分通信的独立的实体。事件表示对象可以探测到的事物的一种运动变化，如接收从一个对象到另一个对象的调用或信号、某些值的改变或一个时间段的终结。任何影响对象的事物都可以是事件，真实世界发生的事物的模型是通过从外部世界到系统的信号来建造的。

UML 状态机图既可以用来表示一个业务领域的知识，也可以用来描述设计阶段对象的状态变迁。

状态机用于对模型元素的动态行为进行建模，更具体地说，就是对系统行为中受事件驱动的方面进行建模。状态机专门用于定义依赖状态的行为（即根据模型元素所处的状态而有所变化的行为），行为不会随元素状态发生变化的模型元素不需要用状态机来描述其行为（这些元素通常是主要负载管理数据的被动类）。状态机图常用来描述业务或软件系统中的对象在外部事件的作用下，从一个状态到另一个状态的控制流。利用状态机图可以精确地描述对象在生命周期内的行为特征。在对系统进行建模时，有时需要反映对象对外部事件的响应、生命周期的变迁以及对过去行为的依赖等内容，此时就需要使用状态机图。UML 状态机图中的状态机是展示状态与状态转换的图。通常一个状态机依附于一个类，并且描述一个类的实例对接收到的事件产生的反应。状态机也可以依附于操作、用例和协作并描述它们的执行过程。

状态机是一个对象的局部视图，一个将对象与外部世界分离开来并独立考察其行为的图。

利用状态机可以精确地描述行为，但不适合综合理解系统执行操作。如果要更好地理解整个系统范围内的行为产生的影响，那么交互视图将更有用些。然而，状态机有助于理解如用户接口和设备控制器等控制机。

UML 状态机图将一个状态分解成并发的多个子状态，子状态代表相互独立的并行处理过程。当进入一个并发超状态时，控制线程的数目增加；当离开一个并发超状态时，控制线程的数目减少，对于每个状态而言，并发通常依靠不同的对象实现，但是并发子状态还可以代表一个单独状态内部的逻辑并发关系。

5.4.1 状态机图的绘制步骤

状态机图的基本绘制步骤如下：

（1）确定状态机图描述的主体，可以是一个完整的系统、一个用例、一个类或一个对象。

（2）确定状态机图描述的范围，明确起始状态和结束状态。

（3）确定描述主体在其生存期的各种稳定状态，包括高层状态和可能的子状态。

（4）确定状态的序号，按稳定状态的出现顺序编写序号。

（5）取得触发状态转移的事件，该事件可以触发状态进行转移。

（6）附上必要的动作，把动作附加到相应的转移线上。

（7）简化状态机图。

（8）确定状态机图的可实现性。

（9）确定有无死锁。

（10）审核状态机图。

状态机的环境可设置为类、用例或整个系统。如果环境是类或用例，则要收集相邻的类，其中包括父类或通过关联关系或依赖关系可以接触到的类。这些相邻类是操作的候选目标，并且是可以包括在警戒条件中的候选目标。如果环境是整个系统，则要将重点集中到系统的一个行为上，然后考虑行为涉及的对象的生命期。

确定对象的初始状态和终止状态。如果初始状态和终止状态具有前提条件和后续条件，也应将这些条件定义出来。

确定对象要响应的事件。这些事件可以在对象的接口或协议中找到。

按照从初始状态到终止状态的顺序，列出对象可能的顶层状态。将这些状态与相应事件所触发的转移连接起来，然后添加这些转移。

确定所有进入操作或退出操作。

通过使用子状态来扩展或简化状态机。

检查状态机中的所有事件触发转移是否与该对象实现的接口或协议所期望的事件相符。同理，检查对象的接口或协议所期望的所有事件是否都得到了状态机的处理。最后，确定要在哪些地方明确地忽略事件（如延迟的事件）。

检查状态机中的所有操作是否都得到了包含对象的关系、方法和操作的支持。

跟踪状态机，将它与事件及其相应的预期序列进行比较。搜索无法达到的状态以及状态机无法继续向前的状态。

如果要重新布置或重新构建状态机，需检查并确保语义没有发生变更。

UML 动态模型图中，状态机图是表现一个系统或一个构件可能存在的状态。

绘制状态机图需要注意以下问题：

（1）要在图上说明状态的变迁原因。

（2）最好标明状态的开始和结束。

（3）不要遗漏任何状态之间的切换。

（4）状态机图是一种深度关注细节的图，是观察对象状态变化的紧缩型视图。状态机图是一个类对象可能经历的所有历程的模型图。状态机图由对象的各个状态和连接这些状态的转换组成，是对单个对象的"放大"，说明对象经历的状态变化，强调单个对象内状态的变化。因此，通过状态机图很难看到全局，系统的整体行为一定是通过多个状态机的结果决定的，交互视图则正好起到这个作用。

5.4.2　状态机图的应用

状态机图的主要应用有两种：第一种是在对象生命周期内，对一个对象的整个活动状态建模；第二种是对反应型对象的行为建模。使用状态机图的最通常目的是对对象的生命周期建模，即描述对象在生命周期内的各种状态以及在外部事件的作用下状态之间的转换。交互图建模是用来描述多个协作对象的行为；而状态机图是对单个对象在整个生命周期内的行为建模。在对对象的生命周期建模时，主要描述对象能够响应的事件、对这些事件响应产生的行为以及行为的后果。一个状态机图只适合描述一类对象，不必对每类对象都进行状态建模，结合状态建模和对象建模，就能通过状态机图帮助发现和定义对象的操作，再通过定义对象的操作完善状态机图。ATM 类的状态机图如图 5.10 所示。

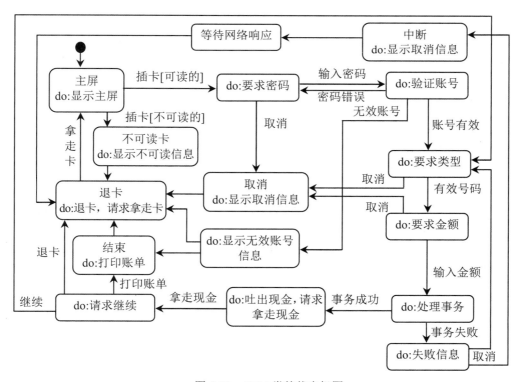

图 5.10　ATM 类的状态机图

5.4.3 UML 活动图与状态机图的区别

虽然 UML 活动图与状态机图都是状态机的表现形式，两者很相似（图形符号的画法），但是两者还是有本质区别的。

1. 两者的描述重点不同

状态机图描述的是一个对象的生命周期内的状态机状态之间的转移，以及引起状态转移的事件和对象在状态中的动作等。而活动图描述的是从一个活动到另一个活动的控制流，用于描述多个对象在交互时采取的活动，它关注对象如何相互活动以完成一个事务，是内部处理驱动的流程。

2. 两者的使用场合不同

如果要表示一个对象在其生命周期内的行为，则使用状态机图。如果是为了分析用例、理解设计多个用例的工作流程、处理多线程应用等，则使用活动图。

3. 两者的用途不同

状态机图的主要用途是为一个对象在其生命周期中的一组属性值对所发生的事件的反应的建模。活动图的主要用途有两种：第一种是为业务流程建模；第二种是为对象的特定操作建模。在实际的项目中，活动图不是必需的，主要用活动图描述并行的过程或者行为；描述一个算法；描述一个跨越多个用例的活动。状态机图描述了一个具体对象的可能状态及其之间的转换。

4. 两者包含的动作性质不同

状态机图中的动作是原子计算的，不能被分解。活动图中的动作有活动和动作之分，是非原子的，可以被分解。状态是行为的结果，活动是行为的动作。

5. 两者包含的动作的场所不同

状态机图中的动作发生在状态中或转移中，活动图中的动作可以放在泳道中。

6. 两者包含的动作的执行条件不同

状态机图中的动作的执行需要事件的触发，活动图中的动作执行不需要事件的触发。

7. 两者与对象的关系不同

状态机图中可以表示对象的属性值；活动图中既可以表示对象的值流，也可以表示动作的控制流。其实活动图是用来建模不同区域的工作如何彼此交互的，而状态机图用来表示单个对象以及对象的行为如何改变其状态。

8. 两者在软件生命周期中的阶段位置不同

状态机图只在系统设计阶段使用；活动图可以在需求分析阶段使用，也可以在设计阶段使用。

活动图可以使用泳道对活动进行分组，目的是描述对象间的合作关系。状态机图中的某些标记符与活动图的标记符非常相似，有时会让人混淆。

5.5 系统设计实例

在第 4 章对图书馆管理系统进行了需求分析，绘制了业务用例图、活动图和类图。下面仍然以图书馆管理系统为例，对图书馆管理系统进行设计。

5.5.1　建立系统用例模型

在第 4 章对图书馆管理系统的需求进行了分析，接下来进行系统设计。在将系统加入业务用例中时，要把握以下原则：封装复杂的业务逻辑、实现业务的自动流转、简化业务流程。根据业务用例图和活动图等，确定系统的用例和参与者等，画出系统用例图。具体步骤如下：

（1）确定参与者。前面对业务参与者进行了分析，系统用例图中的参与者与业务参与者有区别，参与者可分为管理员（librarian）和借阅者（Borrower），流通工作人员改为管理员，办公室人员改为管理员。

（2）确定用例。根据分析，在原有用例的基础上，增加登录、图书催还、网上续借、催还及预约等用例。

（3）确定用例之间的关系。确定参与者和用例之后，进一步确定用例之间的关系。

（4）对需求分析用例模型进行进一步的细化，形成图书流通管理系统用例图，如图 5.11 所示。

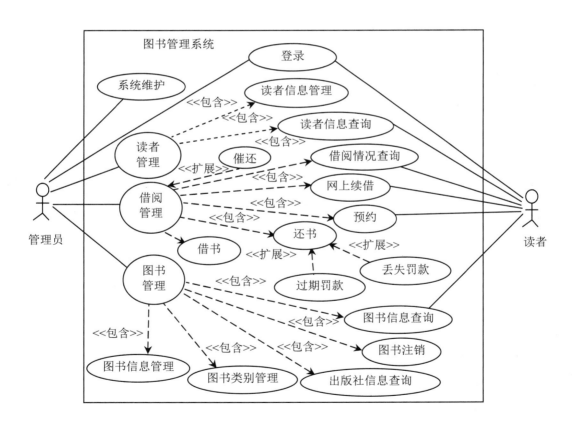

图 5.11　图书流通管理系统用例图

5.5.2　顺序图建模

创建顺序图模型包含四项任务：确定需要建模的用例；确定用例的工作流；确定各工作流涉及的对象，并按从左到右的顺序进行布置；添加消息和条件以便创建每个工作流。

建模顺序图的第一步是确定要建模的用例。系统的完整顺序图模型是为每个用例创建顺序图。本实例中，只对系统的图书借阅用例顺序建模，因此，这里只考虑借阅图书用例及其工作流。借阅图书用例至少包括以下四个工作流：

（1）借阅图书操作一切正常。

（2）借阅者的借阅证失效。

（3）所借图书数目已经超过规定。

（4）在借阅图书操作的过程中，该学生被提醒有超期借阅信息。

在确定用例的工作流后，确定各工作流涉及的对象——借阅者（Borrower）、书刊（Book）、借阅记录（Loan）、主窗口（MainWindow）和借阅对话窗口（BorrowDialog）。然后从左到右布置工作流涉及的所有参与者和对象。接下来就要为每个工作流创建独立的顺序图。

正常借阅图书的工作流顺序图如图 5.12 所示。

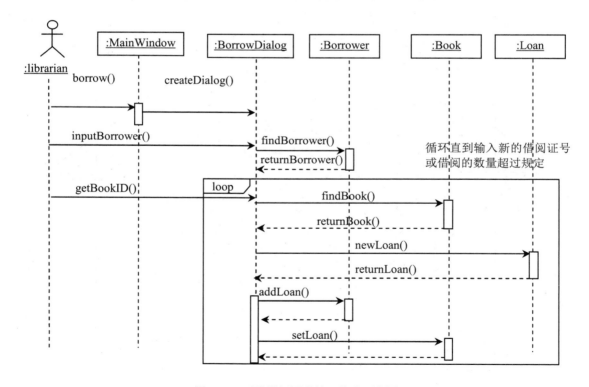

图 5.12　正常借阅图书的工作流顺序图

借阅证失效时的工作流顺序图如图 5.13 所示。

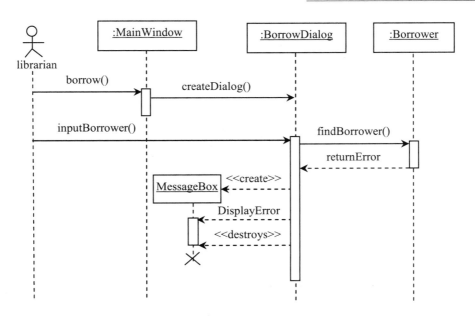

图 5.13　借阅证失效时的工作流顺序图

借阅图书超过规定数目时的工作流顺序图如图 5.14 所示。

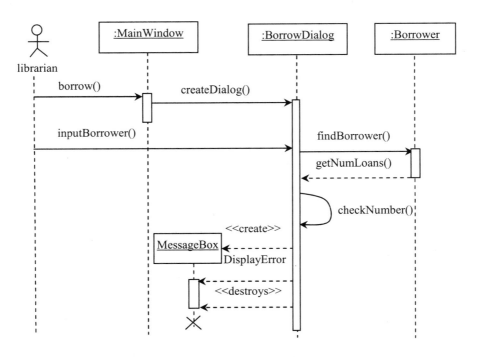

图 5.14　借阅图书超过规定数目时的工作流顺序图

有超期借阅信息时的工作流顺序图如图 5.15 所示。

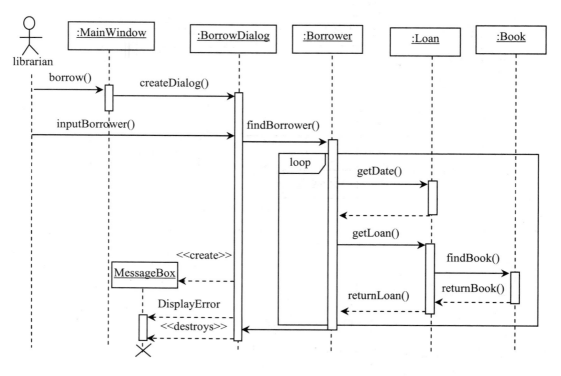

图 5.15　有超期借阅信息时的工作流顺序图

5.5.3　通信图建模

与顺序图类似，可以绘制出图书管理系统借阅图书的通信图。正常借阅图书的通信图如图 5.16 所示。

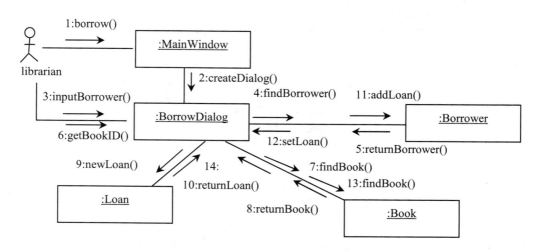

图 5.16　正常借阅图书的通信图

借阅证失效时的通信图如图 5.17 所示。

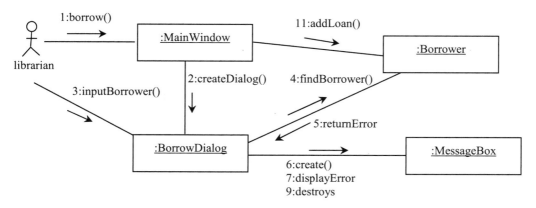

图 5.17　借阅证失效时的通信图

借阅图书超过规定数目时的通信图如图 5.18 所示。

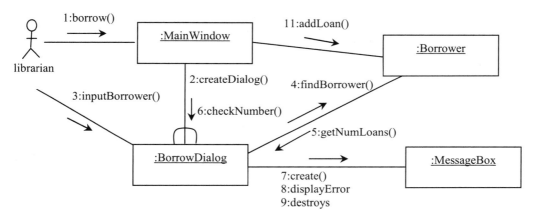

图 5.18　借阅图书超过规定数目时的通信图

有超期借阅信息时的通信图如图 5.19 所示。

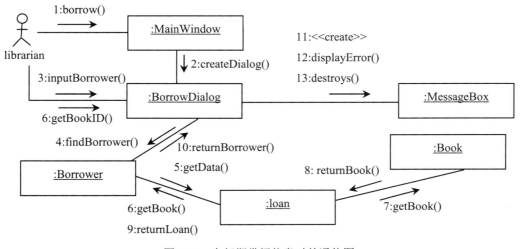

图 5.19　有超期借阅信息时的通信图

5.5.4　状态机图建模

借书业务在系统的业务建模中是一个用例，而这种用例是一个应对型对象。为便于理解该业务的控制流程和确保业务处理的正确性。从前面章节对该业务的描述可知，借书业务由借书空闲（Idle）、书目查询（Finding）、借书（Lending）、预约（Reservation）、取消预约（Remove Reservation）、借书成功（Success）和失败（Failure）七种状态组成。

主要事件如下：

（1）从空闲状态到书目查询状态是由书目编号录入引发的。

（2）查询失败会引发查询状态转换到借书业务的空闲状态。

（3）查询成功的事件会激发从查询状态到借书状态。

（4）当所查到的书在库时则借阅成功，显示成功状态。

（5）当所查到的书已预约时，激发取消预约事件。

（6）当所查到的书已借出时，激发预约事件转入预约状态。

（7）当取消预约时，如预约取消成功，则转入借书状态。

（8）如预约成功，则转入信息显示状态。

借阅状态的状态机图如图 5.20 所示。

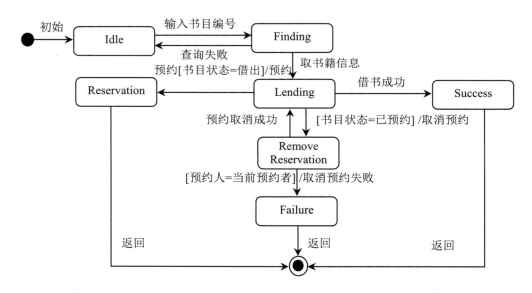

图 5.20　借阅状态的状态机图

小　　结

面向对象设计就是用面向对象观点建立求解空间模型的过程。通过面向对象分析得出的问题域模型，为建立求解空间模型奠定了坚实基础。分析与设计本质上是一个多次反复迭代的过程，而面向对象分析与面向对象设计的界限尤其模糊。优秀设计是使得目标系统在其整个生命周期中总开销最小的设计，为获得优秀的设计结果，应该遵循一些基本准则。用面向对象方法设计软件，原则上也是先进行总体设计（即系统设计），然后进行详细设计（对象），当然，它们之间的界限非常模糊。

UML 的动态视图包括用例图、交互图、状态机图和活动图。以描述系统状态转移为主的是状态机图和活动图；以描述系统对象通信和交互为主的是通信图和顺序图。它们的区别是：状态机图是为一个对象的生命周期的情况建立模型,通过状态机图可以了解一个对象所能达到的所有状态，以及对象收到的事件对对象状态的影响。状态机主要用于建立对象在其生命周期内的行为模型。当对象具有依赖于状态的行为时，尤其需要使用状态机。状态机是一个类的对象所有可能的生命历程的模型。对象被孤立地从系统中抽出和考察，任何来自外部的影响被概述为事件。当对象探测到一个事件后，它依照当前的状态做出反应，反应包括执行一个动作和转换到新状态。状态机可以构造成继承转换，也可以对并发行为建立模型。活动图描述活动的序列，建立活动间控制流的模型，注重描述操作（方法）实现中完成的工作以及用例实例或对象中的活动，它是状态机图的一个变种。活动图主要描述动作及对象状态改变的结果。交互图（顺序图和通信图）表示若干个对象一起工作，完成某项服务。顺序图描述对象是如何交互的，重点放在消息序列上，说明消息在对象间是如何收发的。顺序图中包括的建模元素有对象、生命线、控制焦点、消息等；通信图中包括的建模元素有对象、消息链等。顺序图中的对象用一个带有垂直虚线的矩形框表示，并标有对象名和类名。垂直虚线是对象的生命线，用于表示在某段时间内对象是存在的。对象间的通信通过在对象的生命线之间的消息来表示，消息的箭头类型指明消息的类型。当接收到消息时，接收对象立即开始执行活动，即对象被激活了，通过在对象生命线上显示一个细长矩形框来表示激活。通信图描述协作对象的交互与链接。通信图和顺序图的区别是：通信图和顺序图都是描述对象交互的，但顺序图是强调消息的时间顺序的交互图；通信图强调的是空间，是强调发送和接收消息的对象的结构组织的交互图。

交互图中的消息分为调用消息、异步消息、返回消息、阻止消息和超时消息等，另外还有返身消息（自返消息）和简单消息。

复习思考题

一、选择题

1．顺序图的用途包括（　　）。
    A．显示并发进程和激活
    B．当不同的类之间存在多个简短的方法时，描述控制流的整体序列
    C．显示在协作图中难以描述的事件序列
    D．显示涉及类交互而与对象无关的一般形式
2．下面（　　）可以清楚地表达并发行为。
    A．类图　　　　　　B．状态机图　　　C．活动图　　　　　　D．顺序图
3．下面（　　）属于 UML 语言的交互图。
    A．行为图　　　　　B．状态机图　　　C．实现图　　　　　　D．顺序图
4．在 UML 中，通信图的组成不包括（　　）。
    A．对象　　　　　　B．消息　　　　　C．发送者　　　　　　D．链

5．在 UML 中，接口有（　　）种表达方式。

    A．2　　　　　　　B．4　　　　　　　C．6　　　　　　　D．8

6．下面（　　）用于描述一个对象的生命周期。

    A．类图　　　　　　B．状态机图　　　　C．协作图　　　　　D．顺序

7．在 UML 顺序图中，（　　）是对消息传递的目标对象的销毁。

    A．销毁消息　　　　B．创建消息　　　　C．返回消息　　　　D．自返消息

8．（　　）用于描述相互合作的对象间的交互关系。

    A．类图　　　　　　B．顺序图　　　　　C．用例图　　　　　D．通信图

二、判断题

（　　）1．通信图作为一种交互图，强调的是参加交互的对象的组织。

（　　）2．通信图是顺序图的一种特例。

（　　）3．通信图中有消息流的顺序号。

（　　）4．状态机图通过建立类对象的生命周期模型来描述对象随时间变化的动态行为。

（　　）5．状态机图适用于描述状态和动作的顺序，不仅可以展现一个对象拥有的状态，还可以说明事件如何随着时间的推移来影响这些状态。

（　　）6．状态机图的主要目的是描述对象创建和撤销的过程中资源的不同状态，有利于使开发人员提高开发效率。

（　　）7．状态机图描述了一个实体基于事件反应的动态行为，显示了该实体如何根据当前所处状态对不同的事件做出反应。

（　　）8．顺序图由对象、生命线、控制焦点和实体组成。

三、填空题

1．在通信图中，通过_____表示消息的时间顺序。

2．顺序图是由_____、_____、_____和_____等构成的。

3．在 UML 的表示中，顺序图将交互关系表示为一张二维图，其中纵向是_____，时间沿竖线向下延伸；横向代表了在协作中_____。

4．_____图描述从状态到状态的控制流程，常用来对系统的动态特征进行建模。

5．在 UML 中，状态机由对象的各个状态和连接这些状态的_____组成，是展示状态与状态转换的图。

四、名称解释

系统用例　　状态机图　　子状态机　　顺序图　　通信图　　同步消息　　异步消息　　生命线

五、综合题

1．业务用例模型与系统用例模型有哪些联系与区别？

2．简述活动图与状态机图的区别。

3．交互图有哪些类型？

4．如何在顺序图中表示消息的循环发送和条件发送？

5．如何在顺序图中表示时间约束？

6．如何在顺序图中表示方法的递归？

7．如果对象具有多态性，发送对象不可能事先知道目标对象属于哪个类，那么在交互图中如何确定目标对象所属的类？

8．请分析顺序图与通信图的主要差别和各自的优缺点。

9．在顺序图中如何表示创建的新对象？

10．在通信图中如何表示消息的时间顺序？

11．消息有几种类型？它们之间的区别是什么？

12．用例图与顺序图之间的区别是什么？

13．由前面章节对图书馆管理系统中的还书业务的描述和分析可知，还书业务的动态行为包括空闲（Idle）、图书查找（Finding）、还书（Reservation）、失败（Failure）、归还成功（Success）五种状态及激活相互转换的事件。请根据分析结果，运用 UML 绘制出图书馆管理系统中"借阅者预约图书"的顺序图、通信图和还书用例的状态机图。

第6章 系统体系结构建模

学习目标

知识目标	技能目标
（1）了解软件系统体系结构模型的建模方法与步骤。	（1）能够创建软件体系结构模型。
（2）了解硬件系统体系结构模型的建模方法与步骤。	（2）能够创建硬件体系结构模型。

知识结构

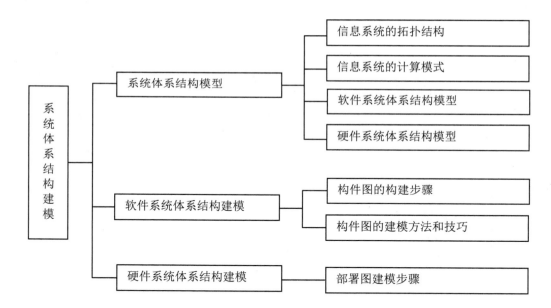

　　近年来，构件技术和软件体系结构技术成为软件工程界关注的重点，被认为是提高软件生产率和软件质量、解决软件危机的关键技术。

　　系统体系结构用于描述系统各部分的结构、接口以及用于通信的机制。在面向对象分析与设计中都涉及系统体系结构建模，包括软件系统体系结构模型和硬件系统体系结构模型。而软件系统体系结构模型用于描述系统的用例、类、对象、接口以及相互之间的交互和协作；硬件系统体系结构模型用于描述系统的构件、结点的配置。通常用 UML 中的构件图和部署图（配置图）建模。构件图和部署图是获取和描述非功能性需求的重要工具。

6.1　系统体系结构模型

系统体系结构是一个综合模型，它由许多结构要素及各种视图（或观点）组成，而各种视图主要是基于各组成要素之间的联系与互操作形成的。所以，系统体系结构是一个综合各种观点的模型，用来完整描述整个系统。体系结构设计将系统分解成一些独立的构件，这些构件既可由硬件实现也可由软件实现，这样设计出来的系统可维护性强。

6.1.1　信息系统体系结构

信息系统体系结构是信息系统集成中的最基本问题。到目前为止，信息系统体系结构还没有一个统一明确的定义。与信息系统建模类似，对于信息系统体系结构的描述也无法用一个单一的图示工具或文档工具来完成，而应该针对体系结构的不同要素分别进行说明。信息系统体系结构的要素主要包括拓扑结构、层次结构和结构模式等。

1. 拓扑结构

信息系统的拓扑结构在概念上不同于大家熟知的总线型、星型等网络拓扑结构，而是将信息系统各个组成部分按照物理分布抽象成不同的结点，不考虑每个结点内部的硬件、软件、数据库等具体构成和模式，只考虑信息系统在外型上的结构。

一般来说，信息系统的拓扑结构主要有点状、线型、星型、网状四种。

（1）点状信息系统拓扑结构。点状信息系统拓扑结构表示信息系统的所有组成成分在物理上全都集中在一台计算机上，"单机版系统"等低端系统就属于这种拓扑结构。但需要注意的是，拓扑结构与计算模式是两回事，点状拓扑结构的信息系统并不意味着其计算模式就不能是 C/S 模式或 B/S 模式，客户端软件、服务器软件以及中间件可以在同一台计算机上，浏览器、Web 服务器和数据库服务器也可以在同一台计算机上。同理，对于信息系统体系结构的另一个要素——层次结构来说，点状拓扑结构的信息系统并不意味着层次上的不完整。

（2）线型信息系统拓扑结构。线型信息系统拓扑结构表示信息系统的各个结点之间相互平等、相互独立，结点之间有严格的顺序设定，一个结点有且只有一个后序结点（终止结点除外），有且只有一个前序结点（初始结点除外）。没有中心服务器的具有工作流性质的信息系统（如生产线、事务处理）就属于这种结构。

（3）星型信息系统拓扑结构。星型信息系统拓扑结构比较常见，中等规模的信息系统大部分采用这种拓扑结构。这种结构的最显著特征是有一个中心结点。这个中心结点与星型网络拓扑中的中心结点不同，星型网络拓扑中的中心结点一般是交换设备，而星型信息系统拓扑结构中的中心结点在整个信息系统中（而不仅仅是在物理分布上）处于核心地位，为其他结点提供高速计算、大容量数据存储、文件共享等服务，它应该是计算中心，而不仅是网络中心，虽然这两者大多配置在一起。

星型拓扑结构将多个结点连接到一个中心结点，或者说从一个中心结点辐射到其他结点，中心结点有管理控制和处理数据的能力。信息系统的可靠性很大程度上取决于中心结点的可靠性，它的故障将引起全系统的失败。在星型拓扑结构中，只能有一个数据库主机，整个系统的信息资源全部集中在这个主机内。数据库主机内有一个或多个数据库，这些数据库的数据采集、录入、管理、更新及维护都由数据库主机完成。星型拓扑结构是一种最简单的系统构成形式，由于全系统仅有一个中心结点，因此系统构成、运行和维护都非常简单。星型拓扑结构的缺点是由于整个系统中只有一个中心结点，因此一旦主机出现故障将导致全系统瘫痪。整个系统的数据库与信息全部出自这个主机，为了向系统提供内容丰富的信息资源，主机必须有较高的配置。

（4）网状信息系统拓扑结构。网状信息系统拓扑结构是目前大规模的基于广域网的信息系统的常用结构，它不存在单一的中心结点，当然这并不意味着它不存在中心结点，它既可以没有中心结点，也可以有多个中心结点，即由多个星型结构组成。

2. 层次结构

国际标准化组织（International Organization for Standardization，ISO）在 1979 年提出了用于开放系统体系结构的开放系统互连（Open System Interconnection，OSI）模型，这是一种定义连接异种计算机的标准体系结构。OSI 参考模型有物理层、数据链路层、网络层、传输层、会话层、表示层和应用层七层，也称七层协议。信息系统的层次结构是先将整个系统分为若干管理层次，然后在每个层次上建立若干功能子系统，把信息处理的各种功能有计划地分散到不同的层次，并把它们有机地联系起来。信息系统层次结构从纵向角度表示信息系统的抽象逻辑层次，分为物理层、系统层、支撑层、数据层、功能层和用户层。

（1）物理层。物理层描述信息系统所具有的物理设备所处的层面，包括网络、通信设施和计算机系统等硬件设备，该层是信息系统的物理基础。

（2）系统层。系统层描述以操作系统为主的系统软件，是信息系统的软件基础。

（3）支撑层。支撑层描述支持信息系统运行的所有支撑软件，包括数据库管理系统、各种中间件、客户和服务器开发软件、分布对象环境和集成开发工具等。

（4）数据层。数据层描述信息系统的数据集和数据模型。

（5）功能层。功能层描述信息系统所能提供的各种功能，是实现信息处理、业务处理、组织管理和辅助决策等的功能集。

（6）用户层。用户层描述信息系统与用户进行信息交互的系统界面。

3. 结构模式

信息系统的结构模式有集中式结构模式（以大型机为中心的计算模式和以服务器为中心的计算模式）、客户机/服务器（C/S）结构模式、浏览器/服务器（B/S）结构模式和 P2P 结构模式。

（1）集中式结构模式。单用户信息系统是早期最简单的信息系统，整个信息系统运行在一台计算机上，由一个用户占用全部资源，不同用户之间不共享、不交换数据。因为集中式体系结构功能简单和不支持网络功能，虽然对软硬件的要求都很少，但只可用于开发不需要网络的单机小规模信息系统。

（2）C/S 结构模式。C/S 结构模式即客户机/服务器（Client/Server）结构模式。这种结构模式是以数据库服务器为中心、以客户机为网络基础、在信息系统软件支持下的两层结构模式。这种结构模式中，用户操作模块布置在客户机上，数据存储在服务器上的数据库中。客户机依靠服务器获得所需的网络资源，而服务器为客户机提供必需的网络资源。目前大多数信息系统采用 C/S 结构模式。

（3）B/S 结构模式。B/S 结构模式即浏览器/服务器（Browser/Server）结构模式。它是随着 Internet 技术的兴起，对 C/S 结构模式的一种变化或者改进的结构模式。在这种结构模式下，用户工作界面通过浏览器来实现，极少部分事务逻辑在前端（Browser）实现，主要事务逻辑在服务器端（Server）实现，形成所谓的三层结构。这样就大大简化了客户端计算机载荷，减轻了系统维护与升级的成本和工作量，降低了用户的总体成本。

（4）P2P 结构模式。P2P 结构模式即对等网络（Peer to Peer）结构模式。它取消了服务器的中心地位，各个系统内的计算机可以通过交换直接共享计算机资源和服务。在这种结构模式中，计算机可对其他计算机的要求进行响应，请求响应范围和方式都根据具体应用程序不同而有不同的选择。目前对等网络结构模式有纯 P2P 模式、集中模式及混合模式，是迅速发展的一种新型网络结构模式。

6.1.2　面向对象系统体系结构模型

系统体系结构模型可以分为软件系统体系结构模型和硬件系统体系结构模型。在 UML 中用构件图和部署图进行两种系统体系结构的描述。构件图主要用于描述各种软件构件之间的依赖关系，如可执行文件和源文件之间的依赖关系。所设计的系统中的构件的表示法及这些构件之间的关系就构成了构件图。

1. 软件系统体系结构模型

目前，软件系统体系结构尚处在迅速发展之中，越来越多的研究人员正在把注意力投向软件系统体系结构的研究。但是用于对软件系统体系结构进行规格描述的模型、标记法和工具仍很不正规。

（1）软件系统体系结构模型的作用。软件系统体系结构模型是系统的逻辑体系结构模型。

1）指出系统应该具有的功能。

2）为完成这些功能涉及哪些类，这些类之间如何相互联系。

3）类和它们的对象如何协作才能实现这些功能。

4）指明系统中各功能实现的先后顺序。

5）根据软件系统体系结构模型，制订出相应的开发进度计划。

（2）软件系统体系结构模型的种类。许多人从不同的角度阐述软件系统体系结构模型，一般根据建模的侧重点不同，可以将软件系统体系结构模型分为五种：结构模型、动态模型、框架模型、过程模型和功能模型。

1）结构模型。结构模型是一种最直观、最普遍的建模方法。这种方法以体系结构的构件、连接件和其他概念来刻画结构，并力图通过结构来反映系统的重要语义内容，包括系统的配置、约束、隐含的假设条件、风格、性质等。

2）动态模型。动态模型是对结构或框架模型的补充，研究系统的"大颗粒"的行为性质，例如描述系统的重新配置或演化。动态可以指系统总体结构的配置、建立或拆除通信通道或计算的过程。

3）框架模型。框架模型与结构模型类似，但它不太侧重于描述结构的细节，而更侧重于描述整体的结构。框架模型主要以一些特殊的问题为目标，建立只针对和适应该问题的结构。

4）过程模型。过程模型研究构造系统的步骤和过程，它遵循某些过程脚本的结果。

5）功能模型。功能模型认为体系结构是由一组功能构件按层次组成的，下层向上层提供服务。功能模型可以看作一种特殊的框架模型。

软件系统体系结构的核心模型由五种元素组成：构件、连接件、配置、端口和角色，如图 6.1 所示。其中构件、连接件、配置是最基本的元素。

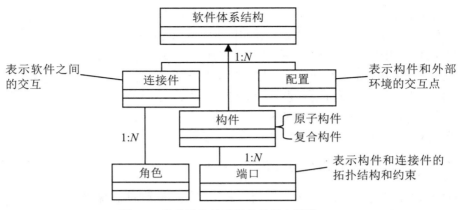

图 6.1　软件系统体系结构的核心模型

软件系统体系结构模型的描述方法如下：

1）通用接口界面层。该层由系统接口界面包、用户窗口包和备用构件库包组成。

2）系统业务对象层。该层由系统服务接口界面包、业务对象管理包、外部业务对象（遗留系统的包装）包和实际业务对象包组成。

3）系统数据库（持久对象和数据）层。该层由持久对象及数据包和 SQL 查询语言包组成，如图 6.2 所示。

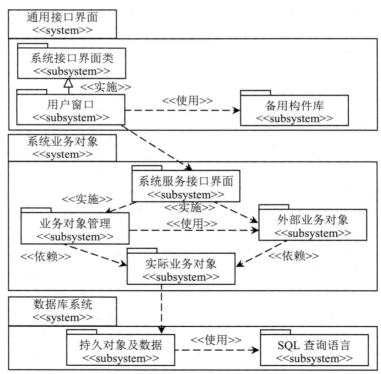

图 6.2　系统数据库层的组成

2. 硬件系统体系结构模型

硬件系统体系结构模型涉及系统的详细描述（根据系统包含的硬件和软件），用部署图表示。

硬件系统体系结构模型的作用：指出系统中的类和对象涉及的具体程序或进程；这些程序和进程的执行依赖具体计算机；标明系统中配置的计算机和其他硬件设备；指明系统中各种计算机和硬件设备如何相互连接；明确不同的代码文件之间的依赖关系；如果修改某个代码文件，标明哪些相关（与之有依赖关系）的代码文件需要重新编译。

部署图用于硬件系统体系结构建模，主要用于在网络环境下运行的分布式系统或嵌入式系统建模。

6.2　软件系统体系结构建模

从一般意义上说，体系结构包括两个层面，即硬件体系结构和软件体系结构。硬件体系结构是指系统的硬件组织模式；软件体系结构描述软件的组织模式。一个合理、健壮、内在一致的体系结构是建立高水平软件系统的基础，即软件系统的体系结构。基于 UML 的体系结构表示方式有两种：一种是用包图或构件图描述系统的静态结构；另一种是基于配置图的软件体系结构。本节研究用包图表示的体系结构。

如果缺少清晰定义的体系结构和接口，各种构件很难协同工作，人们就很难复用构件。选择合适的软件体系结构对一个软件开发组织来说是最重要的决策之一。为了维护软件系统的完整性，使得开发和维护工作不致杂乱无章，研究体系结构有十分重要的作用。此外，定义良好的软件体系结构还是简化软件系统复杂性的关键，可让大规模的软件开发以并行方式开展工作。

在 UML 中，一个系统的体系结构层次有两种描述方式：基于模型的系统体系结构层次和基于子系统的系统体系结构层次。基于模型的系统体系结构层次中的所有元素都由系统模型组成。基于子系统的系统体系结构层次中的元素由子系统组成，但最底层的元素必须由系统模型组成。

软件体系结构又称软件构件结构（Software Component Infrastructure，SCI）或软件架构，是对软件系统整体结构的刻画。软件体系结构是具有一定形式的结构化元素，即构件的集合，包括处理构件、数据构件和连接构件。处理构件负责对数据进行加工；数据构件是被加工的信息；连接构件把体系结构的不同部分连接起来。软件体系结构从概念上说就是一个总体性框架，它表达了软件系统各个组成部分之间的关联关系以及控制系统设计和进化的一组原则，用构件图表示。构件图从软件架构的角度描述一个系统的主要功能，如系统分成多个子系统，每个子系统包括哪些类、包和构件，它们之间的关系以及它们分配到哪些结点上等。使用构件图可以清楚地看出系统的结构和功能，方便项目组的成员制定工作目标和了解工作情况，而最重要的一点是有利于软件的复用。软件体系结构技术中研究的首要问题是构件的规格定义和体系结构的建模。

6.2.1　子系统组织的体系结构

所谓软件体系结构，是在高层次上定义软件的组织，处理如何将系统分解为若干个单元，这些单元又如何相互作用。良好的体系结构应当易于变更、易于理解，并使系统功能的设计更具适应性。通常，在一个面向对象的软件系统中，将对象类的实现纳入子系统中，用软件体系结构定义软件按各子系统组织的静态结构（子系统之间通过接口相互连接），并在一定程度上定义各结点（执行子系统的各个结点）之间的相互作用关系，用包图表示。还有的软件体系结构采用可计算构件和构件之间的连接来定义。

子系统是描述系统某个行为的相对独立的抽象单位。每个子系统都有自己的接口，各子系统通过接口交换信息，协同工作。在 UML 中，用包来表示子系统。分析包与设计子系统（设计包）存在的对应关系，即可追踪。大多数情况下，它们是一一对应的。但有时，可能根据系统构架和技术的考虑而将一个分析包拆分成一个或多个设计子系统。

软件开发时的一个常见问题是如何把一个大系统分解为多个较小系统。分解是控制软件复杂性的重要手段。在结构化方法中，考虑的是如何分解功能，而在 OO 方法中，需要考虑的是如何把相关的类放在一起，而不再分解系统的功能。

当系统非常复杂时，采用包建模技术非常有效。包建模技术的步骤：分析系统模型元素，把概念或语义上相近的模型元素归纳到一个包中；对于每个包，标识模型元素的可见性；确定包与包之间的依赖关系，特别是输入依赖；确定包与包之间的泛化关系；确定包元素的多态性与重载；绘制包图；进一步完善包图。

包是一种很有用的建模机制，除了在 OO 设计中对建模元素进行分组外，在数据建模、Web 建模、支持团队开发等方面也有不可替代的作用。在 Rational Rose 中，包可以提供一些特殊的功能。如数据建模中，用包表示模式和域，在数据模型和对象模型之间的转换是以包为单位进行的；在 Web 建模中，包可以表示某个虚拟目录，在该目录下的所有 web 元素都在这个包中；另外，包在 Rational Rose 中还可以作为控制单元，以方便团队开发和配置管理。

一个系统可能被分解成一组子系统，它是为实现某个目标而组织起来的元素的集合，且是用一组可能来自不同视角的模型来描述的。对于任何一个系统，都可以发现在某个抽象层次上的系统看起来像另一个更高抽象层次上的子系统。在 UML 中，可以将系统和子系统作为一个整体来建模，从而能无缝地控制问题的规模。系统可以用一组模型描述，模型可以从不同的角度和不同的抽象层次建立。客户服务管理系统如图 6.3 所示。

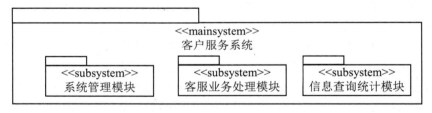

图 6.3　客户服务管理系统

进一步划分模块，系统管理模块、客服业务处理模块和信息查询统计模块可划分为如图 6.4 至图 6.6 所示的子模块。

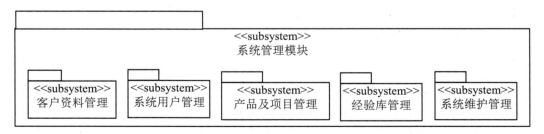

图 6.4　系统管理模块

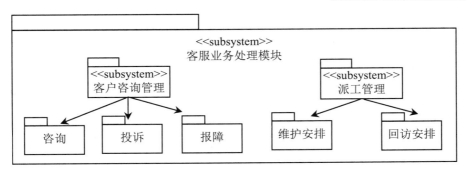

图 6.5　客服业务处理模块

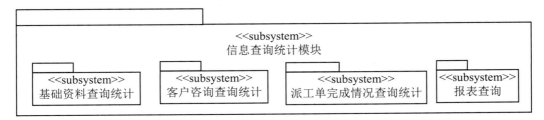

图 6.6　信息查询统计模块

带有关系的系统模型组织体系结构如图 6.7 所示。

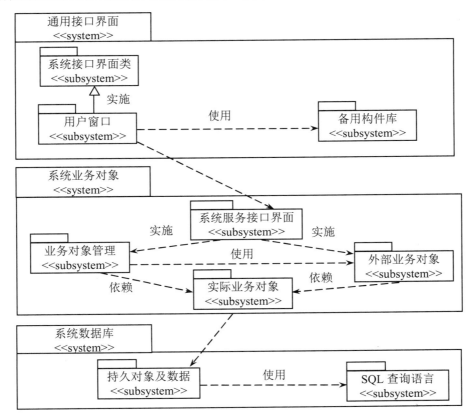

图 6.7　带有关系的系统模型组织体系结构

UML 是一种定义良好的、易于表达的、功能较强的且普遍适用的建模语言，它吸收了软件工程领域的新思想、新方法和新技术。UML 的应用领域相当广泛，它不仅可以用于建立软件系统的模型，也可用于描绘非软件领域内的系统模型，可以处理复杂数据的信息系统、具有实时要求的工业系统或工业过程等。

UML 结合了 Booch、OMT 和 Jacobson 方法的优点，统一了符号体系，并从其他方法和工程实践中吸收了许多经过实际检验的概念和技术。UML 作为一种标准的建模工具已经得到世界的认可，成为国际标准。UML 应用领域很广泛，可用于软件开发建模的各个阶段、商业建模，也可用于其他类型的系统。

UML 是一种建模语言，是一种标准的表示，而不是一种方法或方法学。它给出了面向对象建模的符号表示和规则，是一种用于软件开发的系统分析和设计的建模语言工具。它独立于软件开发过程，可以在各种开发方法中使用。学习 UML 建模的三要素：UML 的基本构造块、支配这些构造块如何放在一起的规则和一些运用于整个 UML 的公共机制。掌握了这些思想，就能读懂 UML 模型，并能建立一些基本模型。

6.2.2 构件图建模

构件图建模的步骤如下所述。

1. 确定构件

首先分析系统，然后从系统组成结构、软件复用、物理结点配置、系统归并、确定构件成分等几个方面寻找并确定构件。根据系统的功能和结构模块，从方便管理出发确定构件；考虑在同领域不同系统或更大范围内进行软件复用，以确定构件；根据网络计算机（结点）分布的配置确定构件；将关系密切的可执行程序及与之有关的持久对象库归并为一个构件；为每个构件找出并确定相关的对象类及各种接口等。

2. 说明构件

接着使用构造型说明构件的性质，并为构件命名，构件的命名应有意义。UML 的标准构造型有<<file>>、<<page>>、<<document>>、<<library>>、<<application>>和<<table>>等，开发者还可以自定义新的构造型。

3. 标识构件之间的联系

如果一个构件使用了另一个构件提供的接口，则说该构件与另一个构件之间存在依赖关系。依赖关系用带箭头的虚线表示。分析完构件就需要标示构件之间的依赖关系，应注意判断接口是输出接口还是输入接口。构件实现接口，即构件被使用的接口就是输出接口。一个构件可以有多个输出接口。构件使用的接口，即使用其他构件的接口就是输入接口。一个构件可以有多个输入接口。另外，一个构件既可以是输入接口，又可以是输出接口。

4. 组织构件

最后组织构件，对于复杂的软件系统，应使用"包"组织构件，形成清晰的结构层次图。医院诊疗管理系统构件图如图 6.8 所示。从图 6.8 可知，医疗管理可执行程序构件，在执行的过程中要依赖、调用动态链接库（*.dll）和辅助文件（*.ini、*.hlp 和*.tbl）等完成系统要求的功能。这些动态链接库、表格和文件都是以注释的形式描述的。

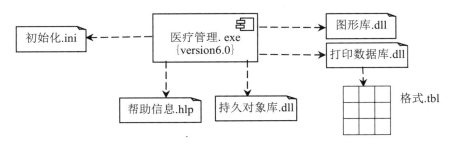

图 6.8　医院诊疗管理系统构件图

5. 构件图描述的方法和技巧

（1）构件描述的方法和技巧。

1）一个结构良好的构件应具备的特点：从物理结构上对软件系统进行抽象；提供一组小的、定义完整的接口实现；构件应包含与其功能有关的一组类，以便满足接口要求；与其他构件相对独立，构件之间一般只有依赖和实现的关系。

2）在 UML 中绘制一个构件时应掌握的技巧：为构件标识一个能准确表达其意义的名字；接口一般采用短式图符表示；只在必须显示接口的操作（不展示不能清楚描述构件的功能）时才用长式图符表示；只显示对理解构件功能有重要影响的接口；构件为源代码或库时，注意显示有关版本标记。

（2）构件图描述的方法与技巧。

1）一个结构良好的构件图应具备的特点：侧重描述系统静态视图的某个侧面；只包含对描述该侧面内容有关的模型元素；提供与抽象层次一致的描述，只显示有助于理解该构件图的必要的修饰；图形不要过于简化，以防产生误解。

2）绘制一个构件图时应注意的问题：为构件图标识一个能准确表达其意义的名字；摆好各个构件的位置，尽量避免连接线的交叉；语义相近的模型元素尽量靠近；用注解和颜色提示重点部位；谨慎采用自定义构造型元素；采用尽量少的图符标记描述构件图，保持所有构件图风格一致。

6.3　硬件系统体系结构建模

6.3.1　硬件系统体系结构建模概述

硬件系统体系结构模型用部署图表示。部署图是 UML 用来描述系统的硬件配置、硬件部署以及软件构件和模块在不同结点上分布的模型图。部署图显示了系统中的硬件、安装在硬件上的软件以及用于连接异构的机器之间的中间件。

部署图的作用是指出系统中的类和对象涉及的具体程序或进程；这些程序和进程的执行依赖具体计算机；标明系统中配置的计算机和其他硬件设备；指明系统中各种计算机和硬件设备如何连接；明确不同的代码文件之间的依赖关系；如果修改某个代码文件，标明哪些相关（与之有依赖关系）的代码文件需要重新编译。部署图描述了一个系统运行时的硬件结点，在这些结点上运行的软件构件将在何处物理运行及其将如何彼此通信的静态视图。

部署图描述一个具体应用的主要部署结构，通过对各种硬件、在硬件中的软件以及各种连接协议的显示，可以很好地描述系统是如何部署的；平衡系统运行时的计算资源分布；可以通过连接描述组织的硬件网络结构或者嵌入式系统等具有多种硬件和软件相关的系统运行模型。

6.3.2 硬件系统体系结构建模步骤

硬件系统体系结构用部署图表示，部署模型图建模步骤如下：

（1）确定结点。根据硬件设备配置（如服务器、工作站、交换机、I/O 设备等）和软件体系结构功能（如网络服务器、数据库服务器、应用服务器、客户机等）确定结点。一个结点可以部署一个或多个构件，一个构件可以部署在一个或多个结点上。

（2）确定驻留构件。确定驻留在结点内的构件和对象，并标明构件之间以及构件内对象之间的依赖关系。

（3）注明结点性质。用构造型注明结点的性质。

（4）确定结点之间的联系。确定结点之间的通信联系。

（5）绘制部署图。对结点进行统一组织和分配，绘制结构清晰并具有层次的部署图。

ATM 部署图如图 6.9 所示。ATM 客户机结点上的可执行文件主要是 ATM 系统，在不同的地点会有多个 ATM 机，主要完成存款、取款、转账、账号余额查询等功能。地区 ATM 服务器的可执行文件主要是多用户分布式操作系统，完成不同客户在不同地点 ATM 客户机上的同时操作响应，并提供与银行数据库统一的事务处理功能。银行数据库服务器结点上的可执行文件主要是大型关系型数据库管理系统，完成数据库的事务处理功能。

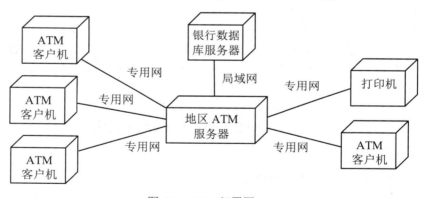

图 6.9　ATM 部署图

6.3.3 部署图建模技术

部署图用于对系统静态部署视图建模，主要用来解决构成物理系统的各组成部分的分布、提交和安装，通常有嵌入式系统建模、客户/服务器系统建模和全分布式系统建模三种技术。

1. 嵌入式系统建模

嵌入系统建模的策略如下：

（1）识别系统特有的设备和结点。

（2）使用 UML 的扩展机制定义系统专有的衍型，并具有适当图表，以提供可视化的提示。

（3）在部署图中对处理器与设备之间的关系建模。类似地，说明系统实现视图中的制品与系统部署视图中的结点之间的关系。

（4）如果需要，可以展开任何智能设备，用更详细的部署图对它的结构建模。

图 6.10 描述了一个简单的自主机器人中的硬件。图中有一个被衍型化为处理器的结点，有 8 台设备围绕着结点，它们被衍型化为设备，并用图标表示。

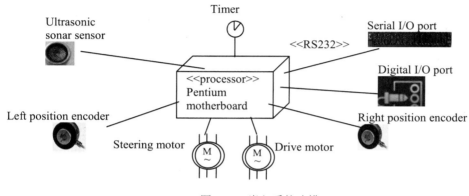

图 6.10　嵌入系统建模

2. 客户/服务器系统建模

客户/服务器系统建模遵循的策略如下：

（1）识别代表系统中的客户和服务器处理器的结点。

（2）重点识别出与系统行为有密切关系的设备，如可能的特殊设备（如信用卡读卡机、证件阅读器及除计算机监视器以外的其他显示设备）建模，因为这些设备在硬件拓扑结构中的位置在体系结构上可能是重要的。

（3）通过衍型化，为这些处理器和设备提供可视化提示。

（4）在部署图中对这些结点的拓扑结构建模，类似地，说明系统实现视图中的制品与系统部署视图中的结点之间的关系。

客户/服务器系统部署图如图 6.11 所示。

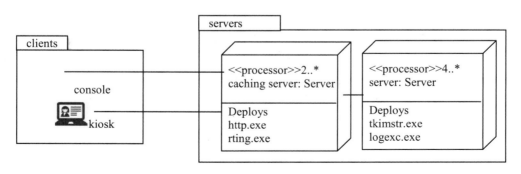

图 6.11　客户/服务器系统部署图

3. 全分布式系统建模

全分布式系统建模遵循的策略如下：

（1）识别出系统中的设备和处理器。

（2）如果需要刻画系统的网络性能或者网络变化带来的影响，那么对这些通信设备建模时要注意它的详细程度。

（3）特别注意结点的逻辑分组，它可以通过使用包来描述。

（4）用部署视图对这些设备和处理器建模，尽可能用部署图可视化系统的当前拓扑结构和组件分布。

如果要着眼于系统的动态方面，则引进用例图以描述所感兴趣的行为类型，并利用交互图来展示用例。全分布式系统部署图如图 6.12 所示。

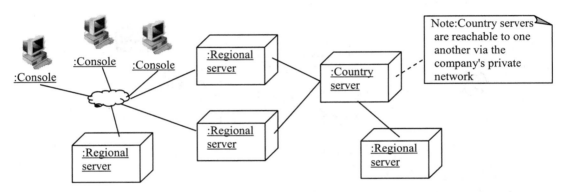

图 6.12　全分布式系统部署图

6.4　系统体系结构建模案例

6.4.1　软件系统体系结构建模案例

仍然以前面介绍的图书管理系统为例。图书管理系统的构件有读者、图书、数据库管理系统、添加图书、修改删除图书、查询图书、添加读者、修改删除读者、查询读者等，构件图如图 6.13 所示。此外，图书管理系统还包含一个 JDBC 包。

图 6.13 中，图书、读者和数据库管理系统构件是 Java Beans 类构件；而添加图书、修改删除图书、查询图书、添加读者、修改删除读者和查询读者构件是 Java Server Page 类构件，分别依赖于图书构件和读者构件；图书构件和读者构件又依赖于数据库管理系统构件。而数据库管理系统构件还需要使用 JDBC 包来实现该构件与实际数据库连接。图 6.13 是一个比较粗的构件图，并没有详细表明每个构件包含的接口。在实际中应根据情况进行详细描述。除了上述常见的构件图外，还有其他构件图。

该图书管理系统体系结构的风格与其子系统构件体系结构风格不同，属于异构的体系结构。该系统运行于图书馆局域网，整体上是一种典型的三层 C/S 体系结构风格，各种服务分离在不同层次，易于开发和维护。为了满足表示层多变的需求，各子系统采用了模型－视图－控制器（MVC）风格。该风格把一个应用的输入、处理、输出流程按照 Model、View、Controller

的方式进行分离。模型封装内核数据与状态，视图从模型获取数据，用户输入的数据通过控制器与系统交互。在本系统中，表单就是视图，实体就是模型，控制器则包括用户接口控制器和应用控制器。

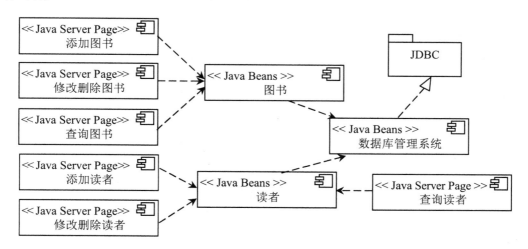

图 6.13　图书管理系统的构件图

该模型认为体系结构是由一组功能构件按层次组成的，下层向上层提供服务。为该图书管理系统构建了四个构件：标准的 uisvc.exe、brsvc.dll，以及 dtsvc.dll 和 dasvc.dll。但是在发布时，将 brsvc.dll 编译为 ActiveX.exe 构件（进程外），将 dtsvc.dll 编译为 ActiveX.exe 构件（进程外）。图 6.14 为 UML 构件图，各构件之间相互通信，下层为上层提供服务，虚箭线表示依赖关系。dasvc 构件提供数据访问服务，执行 API 的请求，直接与数据库进行交互；dtsvc 构件提供数据转化服务，将信息服务的逻辑请求转换为数据兼容的语言（SQL 语句），该构件中的数据转化类将实现 Icrud 接口；brsvc 构件提供传统的功能服务；uisvc 构件提供传统的表示服务。

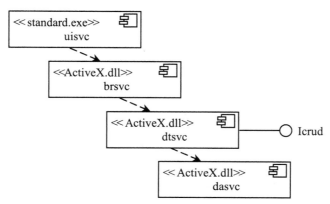

图 6.14　图书馆管理系统功能模型——UML 构件图

6.4.2　硬件系统体系结构建模案例

图书馆管理系统需要的硬件设备有个人计算机、数据库服务器、条码阅读器、打印机和网络计算机等。个人计算机用于运行图书管理系统；数据库服务器用于保存图书和读者信息；条码阅读器用于识别图书和读者信息；打印机用于打印各类通知单、统计表等；网络计算机用于通过网络查看图书信息。图书馆管理系统硬件设备及软件构件分析见表 6.1。

表 6.1　图书馆管理系统硬件设备及软件构件分析

硬件设备	软件构件	软件构件作用
个人计算机	操作系统	保证计算机的正常启动与运行
	图书管理系统	处理借书和还书
	驱动程序	保证打印机能够正常工作
	数据库接口	保证数据能够发送到数据库服务器
数据库服务器	操作系统	保证计算机的正常启动与运行
	数据库系统	存储图书和读者的信息
	条码阅读器	条码识别系统能够识别图书的条码信息
打印机	打印机驱动系统	保证打印机启动与运行
网络计算机	操作系统	保证计算机的正常启动与运行
	前端系统	通过该网络访问图书信息

图书馆管理系统部署图由图书管理系统、打印机驱动程序、个人计算机、数据库接口识别系统、条码阅读器、前端系统网络计算机、数据库系统、数据库服务器和打印机等组成。构件间的通信技术采用 Microsoft 的 COM（构件对象）模型和 DCOM（对于建造者来说，DCOM 就是带有"长线"的 COM）。以字符串数组作为层间通信结构，灵活稳定。uisvc 构件运行于图书馆客户机，brsvc 构件运行于应用服务器，dtsvc、dasvc 以及数据库放置在数据库服务器上，各结点通过局域网连接。UML 部署图很好地定义了系统中软硬件的物理体系结构，如图 6.15 所示。

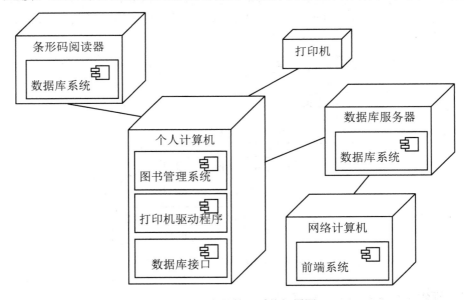

图 6.15　图书馆管理系统部署图 1

图书馆管理系统部署图的另一种表示如图 6.16 所示。

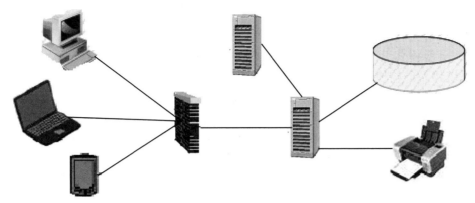

图 6.16　图书馆管理系统部署图 2

小　结

UML 实现图主要用来描述系统实现方面的信息。实现图从系统的层次描述硬件的组成和布局，以及软件系统的划分和功能实现。实现图主要包含构件图和部署图。构件图描述了软件构件及各构件之间的关系。在构件图部分需要理解构件的概念，了解构件的分类；理解接口的概念和作用。使用构件图有利于了解系统的功能和结构以及软件的复用。

构件是系统中遵从一组接口且提供其实现的物理的、可替换的部分。构件能够完成独立功能，它是软件系统的组成部分。在以功能划分的软件系统中，软件被分成一个个模块。随着面向对象技术的引用，软件系统被分成若干个子系统和构件。每个构件能够实现一定的功能，为其他构件提供使用接口，方便软件的复用。最常见的两种场景建模为可执行程序结构建模和源代码建模。

部署图描述了系统运行时进行处理的结点和在结点上活动的构件的配置。部署图主要用来对系统的静态部署进行建模。在使用部署图时，不一定要使用 UML 中的图符，也可以根据自己的习惯来绘制部署图，只要保证绘制的部署图能够被所有的开发人员认可和理解即可。在绘制部署图时，只需要描述对系统的实现至关重要的构件。

UML 部署图经常被认为是系统的一个网络图或技术架构，只关注系统中的高阶部署，因此配置在硬件结点之上的软件构件的精细部分和细节的事物不需要显示出来，这样得到的部署图就容易理解得多。部署图的目标并不是描述所有的软件构件，只需要描述对系统的理解至关重要的构件。

复习思考题

一、选择题

1. 面向对象系统中，功能复用的两种最常用的技术是（　　）。
   A. 对象组合（优先使用）　　　　　B. 类继承（限制使用类继承）
   C. 多态　　　　　　　　　　　　　D. 组合

2. 信息系统体系结构的主要要素包括（ ）。

    A．拓扑结构   B．层次结构

    C．计算模式设计   D．C/S 模式

3. 系统体系结构模型可以用（ ）表示。

    A．构件图   B．部署图   C．结构图   D．类图

4. 构件图构成元素有（ ）。

    A．结点   B．构件   C．接口   D．连接线

5. 部署图包括的基本元素有（ ）。

    A．接口   B．工件   C．结点   D．结点间的连接

二、名称解释

软件系统体系结构   硬件系统体系结构   构件   结点   接口   依赖

三、填空题

1. 系统体系结构建模可分为＿＿＿＿建模和＿＿＿＿建模。

2. 软件构件分为＿＿＿＿、＿＿＿＿和＿＿＿＿。

3. 构件图主要用于＿＿＿＿建模。

4. 部署图由＿＿＿＿和＿＿＿＿之间的联系组成，描述了处理器、设备和软件构件运行时的体系结构。

5. 结点之间、结点与＿＿＿＿之间的联系包括通信关联、依赖关联。

6. 面向对象系统中的"黑盒复用"是指＿＿＿＿。

7. 设计模式中应优先使用的复用技术是＿＿＿＿。

四、综合题

1. 构件之间有什么联系？

2. 如何进行构件图建模？

3. 如何进行部署图建模？

4. 构件有几种？

5. 如何确定构件？

6. 简述构件图与部署图的区别。

第7章 信息系统开发实例

学习目标

知识目标	技能目标
（1）了解系统调查的方法。	（1）能够进行可行性分析。
（2）了解系统规划方法的内容。	（2）能够进行面向对象分析。
（3）掌握系统可行性分析内容。	（3）能够进行面向对象设计。
（4）了解用例建模的步骤。	
（5）了解系统设计内容。	
（6）了解交互图。	
（7）了解状态机图。	
（8）了解面向对象的体系结构。	

知识结构

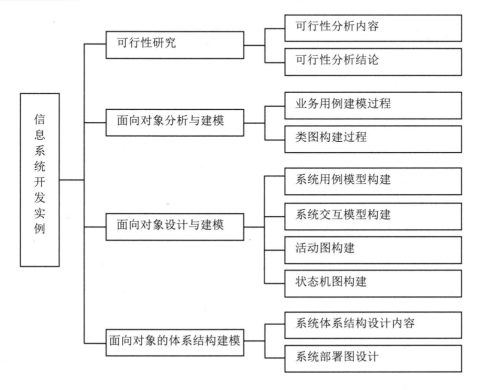

7.1 可行性研究

7.1.1 概述

用户：DBDL 大学教务处及各院部。
拟建系统的名称：DBDL 教学管理信息系统。

7.1.2 系统开发的背景、必要性和意义

教学管理涉及教学计划与排课、学籍管理、考试管理、教学资源管理等，其特点是信息量大、处理复杂、日常和动态的信息较多、信息传递的及时性和共享程度要求很高，教学管理信息利用的效率直接影响和反映高校教学管理的水平。由于教学管理模式千差万别，现有的教学软件难以满足本校的教学管理工作，而且教学管理模式正处在改革完善之中，购买他人的软件不但成本高，日后的维护还很麻烦，即使能符合当前本校的管理模式，也不利于今后教学管理的进一步完善。因此，研制开发适合本校教学管理模式的综合教学管理信息系统成为学校信息化建设的核心工作。

教学管理信息系统建成后，可处理全部成绩管理、学籍管理和部分日常教学管理工作，以实现管理信息化。新系统可改进教学管理手段，将人从繁忙的工作中解脱出来；可以提高和改进管理服务质量，提高查询的速度和质量，大大提高教务人员的工作效率，减轻其劳动强度；提供各种新的处理功能和决策信息，教师和学生可以在任何地点和时间方便地查询有关的信息，从而使得教学管理走向科学化、正规化的道路，教学管理水平能够提高到一个新的层次。

7.1.3 现行系统需求分析

DBDL 大学是 1949 年成立的，学校现有 17 个院系，有博士、硕士、本科和专科等不同的教育层次，有 37 个本科专业。现有教职工 1400 多人，其教师 800 多人，在校生 15000 人。本系统主要是为本科和专科教学服务的。

1. 组织机构调查

该学校的教学管理由教务处和各个院、部从事教学管理的副院长、教学秘书、系主任、实验室主任和教学干事等共同完成。教务处下设教务管理科、教学建设与综合管理科、教学质量监控与评价科和实验教学管理科等，教务管理科设科长 1 名，教务管理主管、成绩管理主管和考务管理主管各 1 名；教学建设与综合管理科设科长 1 名，科员 2 名；教学质量监控与评价科设科长 1 名，主管科员 1 名；实验教学管理科设科长 1 名，科员 1 名。教学管理组织结构如图 7.1 所示。在图 7.1 中只介绍了与教学相关的部分，其他的业务部门没有列出。

（1）教务管理科。教务管理科负责本、专科教务管理、考务管理和成绩管理。教务管理包括教学计划的执行和日常的管理。教学计划是学校保证教学质量和人才培养质量的重要文件，是实施教学过程，安排教学任务，确定教学编制等的基本依据。教务管理员负责学校日校本、专科专业教学计划的执行和落实；日校本、专科教学的排课工作；学年校历的制定；日校本、专科学生选课的组织与实施；全校日常教学（教师调课和教室）的调度工作。教务管理人员还负责学校本、专科学生课程设计（实训）的教学管理工作；日校本、专科学生实习教学的

教学管理工作；日校本、专科学生毕业设计（论文）的教学管理工作；本、专科学生各类科技竞赛的组织、协调等工作。考务管理负责学校日校本、专科学生日常教学考试的组织安排、考表的编制等各项考务工作；全国大学生外语等级考试的组织与安排；省成人学士学位外语考试的组织与安排；日校本、专科学生考试违纪情况的管理；组织日校学生考试试卷印刷工作。成绩管理负责学生成绩单管理，做好学生升留级等的审批与管理工作；制定必修课与选修课，基础课与专业课，理论课与生产实习等不同性质、不同类别课程的工作考核管理办法。

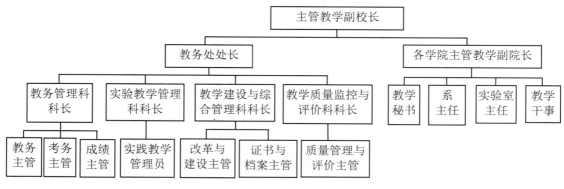

图 7.1　教学管理组织结构

（2）教学建设与综合管理科。教学建设与综合管理科负责组织、协调学校各本、专科专业人才培养方案及教学大纲的制定、修订工作；日校本、专科学生毕业证书、学位证书的管理工作；本、专科毕业生毕业资格和学位授予资格审核等相关工作。

（3）教学质量监控与评价科。教学质量监控与评价是按人才培养方案实施对教学活动的最核心、最重要的管理。教学质量监控与评价负责学校各类教学评价、教学评估的组织、实施与管理工作，制定科学的、操作性强的评价指标体系，拟订和修订学校教学管理规章制度，并负责教学管理各项规章制度的执行。督促落实每学期课程及其他教学环节的教学任务、考核方式，教学过程质量控制，指导和督促各学院、系部的教学过程质量的监督工作，每年组织两次期中教学质量检查、监控，平时组织不定期教学质量抽查。负责组织学校各级领导、专家督导组听课，召开学生座谈会、教师座谈会，掌握教学质量的信息；负责学生评教工作；严格按照《优秀课程和精品课程评价指标》的要求，做好优秀课程和精品课程的评价工作。会同各学院、系部进行课堂教学的管理与考核，组织任课教师研究教学方法，积极发展现代教育技术，提高教学效果；负责教学事故的核实和处理工作。

（4）实验教学管理科。实验教学管理科是把实验、课程设计及教育实习从教学计划安排中独立出来，形成单独下任务、分组、录入成绩的管理体系；负责实验教学计划的执行和落实，包括实验教学相关的代码设置、实验教学任务分配（分班任务下达和分组任务下达）、实验教学成绩录入查询及课程优秀率的审核、提交、相关统计、查询报表的生成（包括实验教学任务表、实验教学人数统计表、实验教学名单表、实验教学成绩表、毕业论文成绩汇总表、指导教师统计表、指导教师所带学生数一览表）等；负责组织实验消耗材料计划的拟定和审核；负责职业技能鉴定相关工作的组织协调。

2. 系统需求描述

DBDL 大学管理体系实行校和学院的二级管理体制，全校有 17 个教学院、部。教学以教务处为中心，辐射 17 个院部，教务处下设科。教务处负责全校 800 多名教师和 15000 多名本、专科学生的教学管理工作，教学层次多，需求各异，任务相当繁重。

我们对各有关部门的业务人员进行了需求调查，功能需求陈述如下：学生入学前一个学期，各个专业要制定人才培养方案上报教务处，形成综合人才培养方案。新生入学后填写学生情况登记表，各系部审核后，再上报教务处，建立学籍档案。每学期期中，各系部根据人才培养方案制订下一个学期各个专业的教学执行计划，院、部教学院长审核后上报教务处，然后各院、部根据教学执行计划安排授课教师。学校实施学分制管理后，在每学期开学之前要进行学生选课工作。各院、部将落实后的教师任务分配表汇总后上报教务处，由教务处进行统一协调。最后根据教师任务分配表、学生选课统计情况、实践教学安排和教室情况制定出全校课程表。期末考试结束后，各院、部将学生成绩录入、归档，教务处根据学生成绩统计降留级学生，报领导审批执行，并进行学籍处理。期中和期末考试后学生要填写教学质量评价表，对教师的授课情况进行评价，督导组教师和各院系的教师也对教师授课情况进行评价。另外，学生因病或其他原因可以申请休学、复学、退学等，学生提出申请经领导批准后执行，要将执行的结果记入学生学籍管理数据库中。平时的日常教学管理，学生毕业后要将档案邮寄到用人单位。教学管理各功能之间的关系如图 7.2 所示。

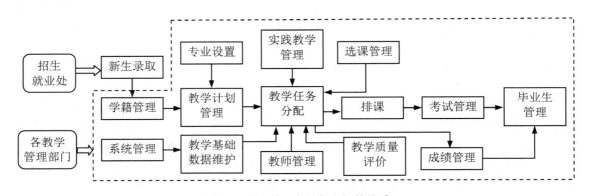

图 7.2　教学管理各功能之间的关系

教学部门对系统提出的性能要求：建成一个集自动化、信息化、网络化为一体的教学管理系统，为教学管理有关部门提供优质、高效的业务管理和事务处理，为其他有关部门和学生提供全面、及时的信息和数据。系统完成时应达到以下几方面的要求：

（1）功能实用。根据教学管理业务流程，提供日常教学管理功能。

（2）技术先进。采用先进的计算机软硬件技术，确保本系统在相当长的时间内不会落后。

（3）高效稳定。系统运行速度快、效率高，有效防止各种人为操作错误及其他损害，维护数据的完整性。

（4）易于操作。系统界面简洁，易使用、易维护，适合非计算机人员使用。

（5）安全可靠。应具有安全高效的身份认证、权限检查机制，防止信息泄密和对保密信息的非法侵入。

3．系统需求分析

在对需求描述分析的基础上，经过用户与开发者之间的积极合作和交流，根据教学管理系统的职责范围和需求可以确定业务的参与者——教学管理员、教师和学生。

（1）教学管理人员对系统功能的需求。

1）教务管理。教学系统将教学培养方案在数据结构上进行统一规范，教务管理主要完成教学培养方案的制定、修改、删除、审核、批准及根据教学培养方案生成学期开课计划，即教学执行计划。培养方案是制定教学大纲、规范排课、指导选课的基本依据；作为学期审查、毕业审查、学历审查等的执行标准；作为教学评估、教学工作量统计等重要教学环节的操作依据。

2）学籍管理。教务处学籍管理记录学生从入学到毕业的各种信息，学籍信息集中管理，使得统计数据准确、及时、全面。该模块基本功能包括：新老生数据导入、报到、注册，新生分班、编学号和新生名册打印，学生基本信息维护，学生个人网上信息修改，信息审核，学生专业维护，学生任职奖惩维护，学生学籍异动维护，不及格成绩学籍处理，毕业生信息管理，各类报表的输出打印、信息查询、数据管理等。

3）课程管理。选课管理负责学生的选课。排课管理功能模块为本系统的核心，通过合理的条件设置、优化的数学模型及算法，进行全校统一排课，统筹安排全校各种教室、实验室的使用。根据选择的学年、学期从教学任务书中提取数据生成课程表，方便用户在排课过程中自动检测冲突，打印全校班级、教师、教室总课表，输出全校总课表，解决以往手工排课中检查冲突困难和制作各类课表烦琐的问题。智能排课可以让用户在排课前对排课时间进行设置，对课程、教师、教室、班级的相关优先级别进行设定，可以进行排课时间限制。系统自动排课后，用户可以通过人机交互方式来调整教师的上课时间、地点，可以进行调课通知单维护，部门、教师和学生还可以直接上网查询班级课表、教室课表、教师课表。教务处通过系统打印全院选课汇总表和各班、各门课程的学生选课情况汇总表。任课教师可通过上网查询学生的选课情况并打印选修该课程的学生名单及成绩登记表。考务管理模块基本功能包括考试课程安排、考试时间安排（包括统一考试、随堂考试）、考试地点安排（包括统一考试、随堂考试）、不规则考试安排（补考考试等）、各类考试报表打印（准考证、考场标贴、座位标贴、试卷封条、证书等）等。

4）师资管理。师资管理是学校各项管理工作中的一个重要环节，可以辅助学校管理人员进行日常的教师信息管理，提高管理效率，使师资管理工作更加规范化、制度化、科学化。其基本功能包括教师信息录入与维护、教学日历管理、工作量系数维护、工作量统计等。教师可以上网修改个人信息、查询教学任务及课表，维护授课计划、教学大纲，录入成绩及打印相关成绩登记表或试卷分析报表等。

5）成绩管理。任课教师可以上网录入指定班级、指定课程的成绩。系统统一进行学生学习成绩的学期审查及毕业审查。教学系统设定各种审查功能和标准，将各种项目的审查统一在一个标准下进行，准确、及时、公正、公平地向有关部门提供审查结果，避免了不必要的纠纷。该模块基本功能包括成绩对照表维护，成绩综合处理（补考、重修、补修、缓考、毕业补考的名单统计及相应成绩录入、特殊成绩处理、免修处理），各类统计分析报表（学生成绩综合分析、学生总评成绩统计排名、学生成绩综合统计、课程成绩综合分析、根据学籍管理规范统计满足学籍处理条件的学生名单、班级单科成绩分析），成绩统计结果可以用直方图或比例图显示；主要报表包括成绩报告单、学生成绩单、补考学生名单、重修学生名单、准考证、班级成绩统计表、班级单科成绩分析表、毕业生历年不及格统计表、毕业生历年重修统计表等，学生证书的录入、修改和统计等。此外，还要为毕业生、考研同学以及出国学生等办理成绩单的打印、盖章等。

6）教学资源管理。教学资源管理是对全校教室、实验室和各种教学设施、教学设备等进行管理，包括教室、实验室分布、编号、容纳学生数、教室的教学设备等基本情况的录入、修改和删除等，可进行教室、实验室及教学设施、教学设备的统计工作。

7）实验教学管理。实验教学管理包括实验、课程设计和教育实习等管理，具体有实验教学相关的代码设置，实验教学任务分配（分班任务下达和分组任务下达），实验教学成绩录入，查询，相关统计查询报表的生成（包括实验教学任务表、实验教学人数统计表、实验教学名单表、实验教学成绩表、毕业论文成绩汇总表、指导教师统计表、指导教师所带学生数一览表）等。

8）教学质量管理。教学质量管理记录学生、教师和督导组对教师教学质量的评价结果，迅速统计评价结果并及时反馈给教师。参评人员由学生和学院有关人员两部分组成。评价的权重和指标可以由用户自定义设置。用户可进行相关功能的设定，如课程库（类型维护）设定、评价指标设定、学生评分与院系评分比例设定、五级制比例设定、可评价学期设定、评价任务设定；可进行评分统计、分析，如学生评价统计、评价汇总统计和其他评价信息统计；可打印学生评价统计报表、图表和查询学生评分结果（包括部门课程评分结果和部门教师评分结果）。

（2）教师对系统的功能需求。

1）网上成绩录入。教师通过 Web 页面登录系统，只能录入自己所授课程所授班级学生成绩，包括实验、平时和期末成绩，并能自动根据比例折算成总评成绩。成绩录入完成后，可以进行打印，包括期末成绩打印和总评成绩打印，并同时生成各类统计数据。

2）个人信息维护。个人信息维护对教师个人信息进行修改维护；完善教师个人资料。

3）基本信息查询。基本信息查询包括教师课表、学生成绩、个人学评教结果及教材使用信息等的查询。其中有关教师个人信息的查询应与教师身份相对应，不能查询其他人的学生评教、个人基本信息。

（3）学生对系统功能的需求。

1）学生网上选课。学生登录该系统以后，直接进入学生的个人页面。在学生的个人页面中，可以核对本人的个人信息，若有误，要在一定时间内给予一定的权限修改。个人信息确认无误后，可以查询学校发布的有关选课的通知，查询本专业的教学计划、本专业的选课范围，本人必修课的上课时间表，根据个人的时间范围及爱好选修课程，并在规定时间内改选、重选或者退选。学生的个人操作环境要有完备的安全控制，学生能进行个人权限内的所有操作，并在获得其他同学委托、告知密码的情况下，帮助其他同学完成相关选课的操作。学生选课完成后，能查询上课教师及其他选课学生的基本信息，但无权限进行任何方面的修改。

2）学生评教。根据评价指标，学生对所上课程的任课教师进行评价打分，系统自动汇总最后的评教分。同样，学生对教师的评价，也与学生身份相对应，只能为自己所上课程的任课教师打分，不能代为评价。

3）基本信息查询。基本信息查询包括学生课表、修课计划、学生个人信息、课程成绩等信息的查询功能。

对教学管理员、教师和学生这些参与者进行分析，明确其业务活动的内容，从教学管理的顶层抽象，可以确定 8 个用例：学籍管理、教务管理、实践教学管理、学生成绩管理、课程管理、教师资源管理、教师管理、毕业生管理。分析并整理出该教学管理系统的业务用例图，如图 7.3 所示。

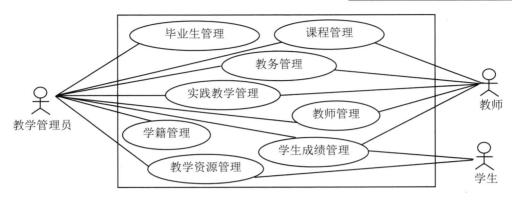

图 7.3　教学管理系统的业务用例图

可以对业务流程中的每个用例进行进一步分解，例如选课管理，学生在网上进行了选修课程的查询后，进行限选课课程的选择与任选课课程的选择，如图 7.4 所示。

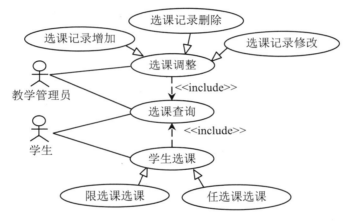

图 7.4　选课管理用例图

业务流程中的排课用例图如图 7.5 所示。

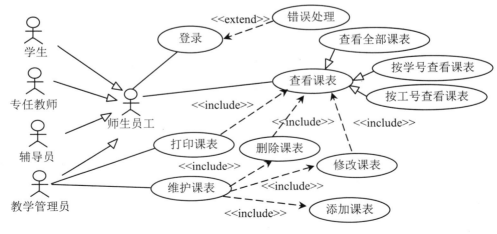

图 7.5　排课用例图

对需求陈述进行分析，采用名词分析方法找出系统中包含的类，主要类有学校、课程、部门、学生、教师等。对前面使用名词法分析出来的类进行组织，分析各个类之间的关系，如图 7.6 所示。

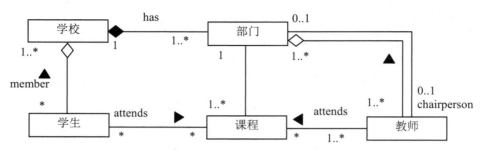

图 7.6　类的结构关系

在学生与课程类之间有一个关联，表示学生参加的课程。每名学生可以参加多门课程的学习，而每门课程可以由多名学生参加。在教师与课程之间有一个关联，它描述了教师所教的课程，每门课程至少有一名教师讲授，而每位教师可以教零到多门课程，每门课程只属于一个系。学校与学生以及学校与部门之间存在着聚合或组合的关系，一所学校可以有零到多名学生，一名学生可以是一所或多所学校注册的学生。一所学校可以有一个或多个系，每个系只能属于一所学校。

4. 费用调查

现在教务处有 14 人，由于到学生毕业时工作量非常大，因此还要聘用学生助理，协助完成某些管理任务。学生助理费用为 10000 元，其他费用大约为 50000 元。

5. 计算机及软件应用情况调查

教务处现有 14 台计算机，有一个工作室，有学籍管理系统和成绩管理系统，学生负责对教学系统的维护。由于应用软件的开发时期不同、使用要求不同、技术应用水平不同，因此表现出各系统发展的不均衡。学籍管理系统和成绩管理系统是局域网管理系统。在教学管理各部门之间，通过集线器将若干台计算机联网，组成了一个内部的计算机网络，实现初步的数据交换和共享，对本部门的信息管理起到了一定的作用。但由于网络规模过小，网络技术水平较低，同时各个部门的内部网络无法连接，因此不能相互交换数据，难以真正实现资源共享，无法组建全校性的教学管理信息系统。

6. 现行系统存在的主要问题和薄弱环节

教学管理系统存在的主要问题如下：

（1）教务处的某些业务活动处于手工工作状态，工作量大，误差较大，造成人力的浪费。另外，各管理岗位及管理部门对信息化建设的重视程度不同，有些教学管理信息，尤其是基础信息，管理的职能部门不明确，信息的准确性和可靠性无法保证，如学生信息涉及学生处、教务处、教学院部等多个部门，往往数据不统一。在日常教学管理中，学生信息应当以教务处学籍管理信息为唯一依据，否则会带来管理混乱。

（2）在教学管理信息系统的建设进程中，各教学管理岗位和学校各管理部门围绕局部业务工作，开发或引进许多应用系统。这些分散开发或引进的应用系统缺少统一的规划和技术标准，不能实现信息资源的共享，形成了"信息孤岛"。现有教学管理系统的信息资源无法共享，已不适应教学综合管理实际工作的要求，严重制约了学校信息化建设前进的步伐。另外，这些系统无法充分利用校园网的先进性能与功能来提高教学管理日常工作效率。

（3）有些工作教务处集中管理，造成了困难，如考试安排由教务处统一组织，每到集中考试，工作量极大，安排非常困难。尤其是到学期初和期末进行统计时更困难，而且准确性较差。

（4）原有的教学管理部门使用各自独立的管理软件，有些管理人员信息意识不强，本岗负责的管理信息不能及时更新和维护，给管理信息系统的可靠运行带来隐患。

7.1.4　新系统开发方案

通过对现行系统的调查，弄清现行系统的界限，运行状态，组织机构及人员分工，业务流程，各种信息的输入、输出，加工处理过程，处理速度和处理量，现行系统中的各个薄弱环节等。根据教学管理信息系统的实际，提出以下方案。

方案 1：

1. 拟建系统的目标

建立基于校园网的教学管理信息系统，该系统根据各部门的使用要求和应用目的，强化教学管理信息系统的功能，适应各部门的使用要求，起到数据交流、资源共享的作用。新系统目标如下：

（1）将学生从入学至毕业乃至分配的全部培养过程，纳入统一的信息系统管理，建立包括学生完整培养过程的数据库系统，以便改进管理手段；提高和改进教学服务质量；加快信息的查询速度，提高准确性。

（2）系统处理的覆盖面应尽可能广泛，不但能处理统招本科生的信息，而且能处理专科生的信息。

（3）系统具有良好的查询与统计功能，并能用报表的形式输出结果。

2. 系统规划及初步开发方案

通过初步的调查分析，对系统进行了统筹规划，全面设计，既立足于学校的当前情况，又考虑到将来的发展。在进行总体设计时，采用先进的模块化理论。根据对现行系统的业务流程重组，新系统主要实现的功能大致由教务管理、学籍管理、课程管理、教学资源管理、成绩管理、师资管理、实践教学管理、教学质量评价和系统维护管理等子系统组成。其中每个子系统又包含相应的模块，如课程管理包括选课管理、排课管理和考务管理等功能，每个模块有数据处理、查询统计、报表打印等功能。方案 1 教学管理信息系统的功能模块如图 7.7 所示。

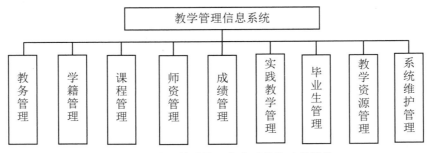

图 7.7　方案 1 教学管理信息系统的功能模块

该系统明确了教学工作职责，使教学管理进一步制度化和规范化。该系统的主要使用者为教务处管理者、各院系的教学秘书和教学干事等。从权限管理等的角度保证教学管理工作中信息的准确性，有效保证教学工作的流程化。它为教务处安排和管理日常教学提供了科学的、规范的、快捷的电子化手段，使广大教学和教务工作人员从烦琐的工作中解脱出来，提高工作效率和教学质量；它整合了各种信息和数据，涵盖了教学管理的全过程，实现了教学管理的科学化和规范化、电子化和信息化，促进了教育整体质量和办学效益的提高。

（1）教务管理。教学系统将教学培养方案在数据结构上进行统一规范，教务管理主要完成教学培养方案的制定、修改、删除、审核、批准及根据教学培养方案生成学期开课计划，即教学执行计划。培养方案是制定教学大纲、规范排课、指导选课的基本依据；作为学期审查、毕业审查、学历审查等的执行标准；作为教学评估、教学工作量统计等重要教学环节的操作依据。

（2）学籍管理。学籍管理记录学生从入学到毕业的各种信息，学籍信息集中管理，使得统计数据准确、及时、全面。该模块基本功能包括：新老生数据导入、报到、注册，新生分班、编学号和新生名册打印，学生基本信息维护，学生个人网上修改信息审核，学生专业维护，学生任职奖惩维护，学生学籍异动维护，不及格成绩学籍处理，毕业生信息管理，各类报表的输出打印、信息查询、数据管理等。

（3）课程管理。选课管理负责学生的选课，排课管理功能模块为本系统的核心，通过合理的条件设置、优化的数学模型及算法，进行全校统一排课，统筹安排全校各种教室、实验室的使用。根据选择的学年、学期，从教学任务书中提取数据生成课程表，方便用户在排课过程中自动检测冲突，打印全校班级、教师、教室总课表，输出全校总课表，解决以往手工排课中检查冲突困难和制作各类课表烦琐的问题。智能排课可以让用户在排课前对排课时间进行设置，对课程、教师、教室、班级的相关优先级别进行设定，进行排课时间限制。系统自动排课后，用户可以通过人机交互方式调整教师的上课时间、地点，可以进行调课通知单维护，部门、教师和学生还可以直接上网查询班级课表、教室课表、教师课表。教务处通过系统打印全院选课汇总表和各班、各门课程的学生选课情况汇总表。任课教师可通过上网查询学生的选课情况并打印选修该课程的学生名单及成绩登记表。考务管理模块的基本功能包括考试课程安排、考试时间安排（包括统一考试、随堂考试）、考试地点安排（包括统一考试、随堂考试）、不规则考试安排（补考考试等）、各类考试报表打印（准考证、考场标贴、座位标贴、试卷封条、证书等）等。记录学生、教师和督导组对教师教学质量的评价结果，迅速统计评价结果并及时反馈给教师。参评人员由学生和学院有关人员两部分组成。评价的权重和指标可以由用户进行自定义设置。用户可进行相关功能的设定，如课程库（类型维护）设定、评价指标设定、学生评分与院系评分比例设定、五级制比例设定、可评价学期设定、评价任务设定；可进行评分统计、分析，如学生评价统计、评价汇总统计和其他评价信息统计；可打印学生评价统计报表、图表和查询学生评分结果（包括部门课程评分结果和部门教师评分结果）。

（4）师资管理。师资管理是学校各项管理工作中的一个重要环节，可以辅助学校管理人员进行日常的教师工作管理，提高管理效率，使师资管理工作更加规范化、制度化、科学化。其基本功能包括教师信息录入与维护、教学日历管理、工作量系数维护、工作量统计等。教师可以上网修改个人信息、查询教学任务及课表，可以维护授课计划、教学大纲，可以录入成绩及打印相关成绩登记表或试卷分析报表，也可以对同行进行教学评价等。

（5）成绩管理。任课教师可以上网录入指定班级、指定课程的成绩。系统统一进行学生学习成绩的学期审查及毕业审查。教学系统设定各种审查功能和标准，将各种项目的审查统一在一个标准下进行，准确、及时、公正、公平地向有关部门提供审查结果，避免了不必要的纠纷。该模块的基本功能包括成绩对照表维护，成绩综合处理（补考、重修、补修、缓考、毕业补考的名单统计及相应成绩录入、特殊成绩处理、免修处理），各类统计分析报表（学生成绩综合分析、学生总评成绩统计排名、学生成绩综合统计、课程成绩综合分析、根据学籍管理规范统计满足学籍处理条件的学生名单、班级单科成绩分析），成绩统计结果可以用直方图显示或按比例图显示；主要报表包括成绩报告单、学生成绩单、补考学生名单、重修学生名单、准考证、班级成绩统计表、班级单科成绩分析表、毕业生历年不及格统计表、毕业生历年重修统计表等。

（6）教学资源管理。对全校教室、实验室和各种教学设施进行管理，包括教室和实验室分布、编号、容纳学生数等基本情况的录入、修改和删除等，可进行教室、实验室及教学设施的统计。

（7）实践教学管理。实践教学管理包括实验、课程设计和教育实习等管理，具体有实践教学相关的代码设置、实践教学任务分配（分班任务下达和分组任务下达）、实践教学成绩录入、查询、相关统计查询报表的生成（包括实践教学任务表、实践教学人数统计表、实践教学名单表、实践教学成绩表、毕业论文成绩汇总表、指导教师统计表、指导教师所带学生数一览表）等，学生证书的录入、修改和统计等。

（8）毕业生管理。毕业生管理包括毕业资格审查、毕业生信息维护与统计等功能。毕业资格审查主要是根据各专业毕业条件，对学生的毕业资格进行审核，对毕业生信息进行汇总，生成毕业生电子注册的基本信息，并统计出各专业未毕业人数等。

（9）系统维护管理。系统维护在整个教学管理中起到控制、管理、授权、基础设定、约定规则、数据更新备份、操作日志记载等作用。系统管理员在该模块中担当授权、安全性管理、基本信息设置的角色，主要负责权限维护、系统设置、数据备份/恢复和操作日志等，可以灵活地对使用者进行客户端、Web 服务器端权限分配，并由操作日志来记录操作者的相应操作。

3. 计算机逻辑配置方案

该系统采用客户端/服务器（Client/Server，C/S）架构。计算机局域网络系统设计为开放式 C/S 体系结构，由服务器和数据库系统管理软件进行数据库事务处理；由计算机工作站中的用户工具进行数据加工处理；经 TCP/IP 网络软件连接客户机与服务器；服务器与客户机入网连接均采用以太网卡。按系统逻辑方案和分布方案，在教务处配备一台服务器和 14 台工作站、普通打印机、激光打印机、扫描仪等，各院系均配置一台工作站来实现数据的交换和处理，并配有打印机，网络拓扑结构如图 7.8 所示。

网络的主干线采用同轴粗缆，也可以采用光纤。通过脉冲收发器和集线器（Hub）建立分支，集线器下通过双绞线连接到客户机或服务器的网络适配器上。主干线贯穿于各教学楼及信息中心等有关楼舍，在每个楼内通过脉冲收发器和集线器连接客户机或服务器。在信息中心通过路由器与教育科研网（CERNet）专线连接。在服务器端使用 SQL 数据库管理系统，在客户端利用 PowerBuilder 开发平台进行系统开发。选课管理使用信息中心的校园网进行。具体配置如下：

服务器上运行 Windows NT 4.0 操作系统，支持多用户环境。

客户端运行 Windows XP；采用 TCP/IP 网络软件连接客户机与服务器。

数据库系统采用 MS SQL Server 6.5 系统。

数据库前端开发工具为 PowerBuilder 7.0。

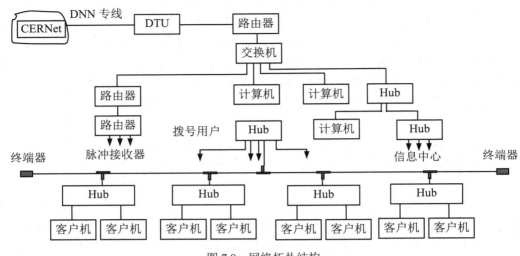

图 7.8　网络拓扑结构

4. 系统的实施方案

该系统由 GL 软件中心开发，大约需要 13 个月的时间。方案 1 系统开发工作进度表见表 7.1。

表 7.1　方案 1 系统开发工作进度表

阶段	人数	时间/月	人月	起止时间
系统分析	4	3	12	2020.01－2020.03
系统设计	7	2	14	2020.04－2020.06
程序设计	10	4	40	2020.07－2020.10
系统测试	6	1	6	2020.11
系统试运行	4	2	8	2020.12－2021.01
验收	2	1	1	2021.01

5. 投资方案

该系统由 DBDL 大学一次性投资 60000 元（不包括硬件购买费用），于 2020 年 1 月拨入。

6. 人员培训及补充方案

由于该系统人机界面友好、操作简单、帮助信息详尽，一般人员都可以使用，故不需要专门的培训。

方案 2：

1. 拟建系统的目标

为了使学校教学管理工作系统化、网络化、自动化、规范化、科学化，建立基于 Internet 的教学管理信息系统。该系统应在校园网的基础上，充分利用 WWW 技术，扩大信息服务范围，可在任一能与 Internet 连接的地方，根据用户的权限实现有效的访问。提高教学管理现代化水平，促进校园信息化管理和资源共享，改进教学管理手段，提高教学质量。

2．系统规划及初步开发方案

教学管理信息系统采用 B/S 网络结构体系，该系统可以在校园局域网上运行，也可以与广域网连接。系统的应用范围包括教务处管理人员、各系部管理人员、广大教师和学生。系统功能包括教务管理、学籍管理、课程管理、师资管理、教务管理、成绩管理、教学实践管理、毕业管理、公共信息平台、系统维护管理等多个模块，每个模块必须具备相应信息的输入、查删改、打印与传送等功能。方案 2 教学管理信息系统的功能模块图如图 7.9 所示。

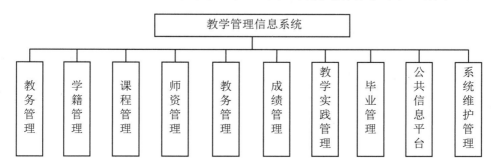

图 7.9　方案 2 教学管理信息系统的功能模块图

课程管理包括选课管理、排课管理、考务管理和评价管理。选课管理功能模块为实现学分制提供了保障，主要用于学校各教学单位面向全校学生开设公共选修课、专业选修课的选课工作，通过后台对选课规则进行设置，安排学生选课的轮次、时间、选课范围、选课对象，确保学生的选课活动有序、合理，及时反馈选课结果。其工作流程：网上公布选修课信息，包括开课单位、任课教师、总课时、学分、限选人数、课程内容简介等。学生通过上网了解课程的各项信息，确定自己所要选修的课程，完成网上选课工作。信息收发的目的是上传文件等信息和对外发布信息或提供文档下载。系统管理是属于对整个系统进行管理的模块，其功能包括对代码的管理、用户的管理及数据库的初始化、远程备份和恢复等。各处理职能部门还能通过系统的网络功能实现各部间的文件传输、信息传递与交流，通过校园网实现教学信息的共享与发布，为学生选课、教师教学、全校师生查询教学信息等提供了很好的服务（其他功能详细介绍略）。

3．计算机逻辑配置

该系统的体系结构采用 B/S 模式。根据学校学年制与学分制共存的特点，学生的学籍管理年限最长达 6 年，每年招生人数为 3500 人左右，在校生为 15000 人左右。学年、学分的选课制及弹性学分制决定了教学管理的复杂性高、数据量大、网络管理要求高及跨多个年度的数据处理问题等，要求系统具有良好的响应能力和支撑能力。系统具备的支撑用户数要求：最大用户数不少于 10000；峰值在线用户数不少于 3000；峰值并发用户数不少于 200。B/S 模式的网络拓扑结构如图 7.10 所示。

（1）系统实时性要求。能快速响应用户各类处理请求。

（2）系统安全性要求。具有相应的数据完整性、一致性检测，数据安全保护与恢复措施，有效防止信息泄密及对信息的非法窃取、篡改。与校园网的安全机制结合，采用路由技术，设立系统防火墙。设计时充分考虑用户身份安全、功能权限、身份信息的安全传递、数据的加密和签名等功能。实现系统功能及数据权限控制。所有子系统必须实现统一和一致的日志功能。

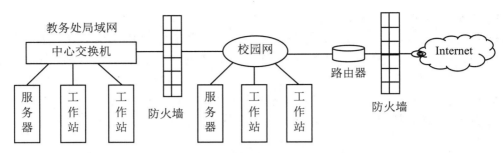

图 7.10　B/S 模式的网络拓扑结构

（3）系统可靠性要求。系统在每周 7 天，每天 24 小时内都应是可以使用的；平均故障间隔时间应超过 3 个月；应在正常情况下和极端情况下保证业务逻辑的正确性；避免由于模块故障或系统的升级而影响整个系统的正常运行。

（4）Web 服务器与数据库服务器主要配置（略）。

（5）Web 开发环境及数据库管理工具软件（略）。

4．系统的实施方案

该系统由 GL 软件中心开发，大约需要 11 个月时间。具体工作进度略。

5．投资方案

该系统由 DBDL 大学一次性投资 50000 元（不包括硬件购买费用），于 2020 年 1 月拨入。

6．人员培训及补充方案

由于该系统人机界面友好、操作简单、帮助信息详尽，一般人员都可以使用，故不需要专门的培训。

方案 3：

1．拟建系统目标

教学管理信息系统面向学校领导、教务管理员、教师、学生等不同类型的用户。该系统的建设目标是建立一个基于校园网络适应高校学分制改革的综合教学管理信息系统，为教学工作有关部门提供优质、高效的业务管理和事务处理。通过校园网为不同的访问者提供全面、及时的信息和数据，如课程设置、学生的信息查询、网上选课、成绩单核实等。在系统规划和设计方面，充分考虑高校信息流的特性及组织结构，以用户为根本出发点，以学校信息化管理的总体规划为基础，面向工作流程并充分考虑系统兼容性、可扩展性和信息共享，建立基于 B/S 和 C/S 的系统总体结构。具体目标如下：

（1）统一规划，教学信息管理标准化、规范化。该系统的设计将以国家教育部《教育管理信息化标准》为依据，基于校园网现有各种软、硬件资源，充分利用计算机技术和数据规划技术，对各种正在使用的涉及教学管理工作的信息系统进行整合，建立一个完整统一、技术先进、高效稳定、安全可靠、易于扩展和维护的教学管理信息系统，实现数据同步。实现信息从哪里产生就从哪里入网，把信息的采集工作分散到教学管理的日常事务处理中，保证数据库数据的完整性和一致性。教学管理信息系统中各类信息资源实现标准化。尤其对教学管理涉及的重要基础信息，如学生、教师、教学班、人才培养方案、开课计划、教室等，实现统一编码标准、统一管理，为学院教学管理提供准确、可靠的信息保障。通过该系统对教学资源进行统一管理、实时调度和合理调配，从而实现教学信息管理的规范化、系统化。

（2）充分利用校园网络，开发完善的数据发布系统，实现教学管理工作的"无纸化"办公，使教学运行管理公开化、透明化，使教师和学生参与到教学管理工作中。

（3）实现教学全过程管理。新建的教学管理信息系统包括教学管理的全部过程，实现教学的全过程管理。另外，系统还应具有较好的可扩展性和包容性，易于扩充升级，既能满足当前的业务需求，又为今后的扩充留有空间。在后续的设计与实现中要预留发展的空间与接口。

（4）实现信息资源共享。网络条件下的教学管理信息系统要面向全校不同部门的信息资源，实现信息资源共享。各部门信息系统平台不同，数据库不尽相同，这就需要系统结构应具有跨平台访问不同数据源的机制，建立与其他系统的数据接口。

（5）加强教学过程的管理与监督。目前运行的教学管理信息系统侧重于结果数据的分析和汇总。在新的系统设计中加强教学过程的管理与监督，设计出能够实时反映教学进程的系统，改进教学管理手段；实现教学过程的适时调控，加快信息的查询速度，提高准确性，以提高和改进管理信息服务质量。通过提供多层次的教学信息服务，满足校内外对教学信息的共享和利用。提供全面的统计分析功能，为各级领导提供有效的辅助决策服务。实现教学管理的自动化，加快学校管理的信息化进程。

2.　系统规划及初步开发方案

考虑到学校的中长期发展规划，在网络结构、网络应用、网络管理、系统性能及远程教学等各个方面能够适应未来的发展，最大限度地保护学校的投资。学校借助校园网的建设，可充分利用丰富的网上应用系统及教学资源，发挥网络资源共享、信息快捷、无区域限制等优势，真正把现代化管理、教育技术融入学校的日常教育与办公管理当中。根据对现行系统的业务流程重组，新系统实现的主要功能大致由学籍管理、课程管理、成绩管理、教务管理、师资管理、实践教学管理、毕业管理和系统维护管理等子系统组成。其中每个子系统又包含相应的模块，如课程管理包括选课管理、排课管理、考务管理和评价管理等功能，每个模块有数据处理、查询统计、报表打印等功能。教务处各职能部门还能通过系统的网络功能实现各部门间的文件传输、信息传递与交流，通过校园网实现教学信息的共享与发布，为学生选课、教师教学、全校师生查询等提供了很好的信息服务（功能详细介绍略）。

3.　计算机逻辑配置

根据目前的计算机技术和软件开发技术，整个系统基于校园网，采用数据集中式、操作分布式设计。系统采用 C/S 与 B/S 混合的体系结构，其中基础数据的管理采用 C/S 模式，以保证数据的安全性和一致性；面向校园用户的数据查询与统计报表采用 B/S 模式，以方便系统的维护与管理。C/S 与 B/S 结合模式的网络拓扑结构如图 7.11 所示。

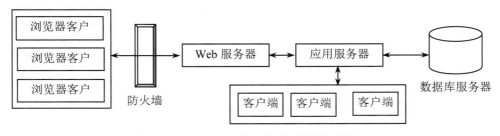

图 7.11　C/S 与 B/S 结合模式的网络拓扑结构

数据安全设计：教学管理系统中保存了很多敏感的信息，如学生的成绩、教师的基本情况等。为了保证系统的安全性，设立了安全高效的通信机制、身份认证和权限检查，以解决教学信息系统的安全性、保密性问题，防止信息泄密和对保密信息的非法侵入。考虑了教学管理信息系统与校园网的安全机制结合，采用路由技术，设立教学管理信息系统的防火墙。广域网采用 B/S 体系结构，可以在保证系统安全的条件下最大限度地浏览查询系统的共享信息。广域网用户通过静态 IP 或学校主页的超级链接，实现教学管理系统数据的查询、网络选课或信息交流等。面向广域网的信息存放在一台共享服务器上，通过该服务器上的 Internet Information Server 及其与该服务器上的 MS SQL Server 的信息交换，实现广域网客户对教学管理信息的查询。局域网教学管理服务器将定时更新共享服务器上 MS SQL Server 数据库中的数据，数据的更新通过程序定期或人工随机完成。

系统基本配置（略）。

教学管理系统建立在校园网的基础上，数据库高度集中，存储在教务处中心数据库中。在教务处内部组建局域网，安装服务器，并拥有独立的 IP 地址，通过星型网络将各处室、系部计算机连通。每个部门使用自己的终端计算机，通过校园网，在自己权限范围内实时地向系统提供信息或使用系统已有的信息。基于安全性的考虑，与系统相关的外部业务系统（如 MIS 系统）和系统通过防火墙隔离，并分布在不同的网段上。系统通过中间件、构件技术和模块化设计，分为数据库服务器、应用服务器、客户端，使系统更加安全，维护更加方便。由于采用 3 层结构，C/S 客户端的安装非常方便，不需要安装烦琐的数据库连接件，只需下载执行文件即可，并通过系统管理员的设置可以实现 C/S 客户端的自动升级。系统强化了基于 Intranet B/S 结构面向师生的服务和互动管理，使教学管理工作效率大大提高。为了保证系统的业务数据的安全性，需要提供 Backup Server，以便系统备份和恢复使用。

4. 系统的实施方案

该系统由 GL 软件中心开发，大约需要 17 个月时间。系统开发工作进度表见表 7.2。

表 7.2　系统开发工作进度表

阶段	人数	时间/月	人月	起止时间
系统分析	4	3	12	2020.01－2020.03
系统设计	7	2	14	2020.04－2020.05
程序设计	10	8	80	2020.06－2021.01
系统测试	6	1	6	2021.02
系统试运行	6	2	12	2021.03－2021.04
验收	2	1	2	2021.05

5. 投资方案

进行开发费用的估算，该系统由 DBDL 大学一次性投资 100000 元（不包括硬件购买费用），于 2020 年 1 月拨入。

6. 人员培训及补充方案

由于该系统人机界面友好、操作简单、帮助信息详尽，一般人员都可以使用，故不需要专门的培训。

7.1.5　可行性研究

1. 技术上的可行性分析

教学管理信息系统已经在许多高校有成功的应用案例，信息技术和计算机软硬件发展已经完全可以满足本系统的技术要求，因此，在开发技术上三种方案都不存在问题。数据库技术从最早的单机模式和主从体系，发展到近年来应用较广的 C/S 模式和 B/S 模式。C/S 模式主要由客户应用程序（Client）、服务器管理程序（Server）和中间件（Middleware）三个部件组成。方案 1 中，C/S 模式具有交互性强、存取模式更安全和降低网络通信量的优势，如对于多个用户大数据量的统计、学籍监控、自动排课等需求，如果采用 C/S 模式，服务器运算量很大，速度会很慢，对服务器的要求也很高。但 C/S 模式也具有开发成本高、兼容性差、扩展性差、维护升级麻烦等缺点，故方案 1 存在一些问题。

方案 2 由于采用 B/S 模式开发，具有简化客户端、简化系统的开发和维护，使用户的操作变得更简单等优势，可以减小教学压力，避免造成浪费。B/S 架构比起 C/S 架构有很大的优越性，C/S 依赖于专门的操作环境，这意味着操作者的活动空间受到极大限制；而 B/S 架构不需要专门的操作环境，在任何地方，只要能上网，就能够操作 MIS 系统。方案 2 也存在一些问题，比如教学数据联机分析与统计、日常的大批量数据的转储、备份与恢复等操作，都不适合由 B/S 模式来完成。

方案 3 鉴于教学管理内容复杂、涉及面繁多、管理面较广及未来系统的扩充性等，系统的体系结构全部采用 C/S 模式或 B/S 模式都存在一定的弊端。根据目前的计算机技术和软件开发技术，系统宜采用三层 C/S 与 B/S 结构结合模式，并采用模块化设计。采用方案 3 开发的系统的安全性和可靠性较高。因此，采用方案 3 比较合适。采用 C/S 与 B/S 结合模式，该系统运行于校园网上，既能满足教学管理用户集中、大量处理数据的要求，又能使教师、学生最大范围地使用该系统。GL 软件中心拥有具备这些技术的专门人才，因此，完全有能力开发并维护该系统。

通过前面的综合分析可以知道，从技术上来说，开发教学管理信息系统是可行的。

2. 经济上的可行性

三个方案的经济数据见表 7.3。

表 7.3　三个方案的经济数据

方案 1					
现金流	第 1 年	第 2 年	第 3 年	第 4 年	第 5 年	第 6 年
开发费用/元	60000					
运行和维护费用/元		1200	1300	1400	1600	1700
收益/元		17000	19380	21501	23600	25300
方案 2					
现金流	第 1 年	第 2 年	第 3 年	第 4 年	第 5 年	第 6 年
开发费用/元	50000					
运行和维护费用/元		800	1200	1200	1200	1200
收益/元		10000	18500	19500	19749	20600

方案 3					
现金流	第 1 年	第 2 年	第 3 年	第 4 年	第 5 年	第 6 年
开发费用/元	100000					
运行和维护费用/元		1300	1300	1460	1630	1780
收益/元		27890	31080	39501	34600	41353

投资回报率计算：

方案 1：ROI=(估计的收益−估计的成本)/估计的成本=0.449=44.9%。

方案 2：ROI=(估计的收益−估计的成本)/估计的成本=0.589=58.9%。

方案 3：ROI=(估计的收益−估计的成本)/估计的成本=0.623=62.3%。

上面计算的是 6 年的 ROI，三个方案的平均 ROI 分别为每年 7.48%、9.8%和 10.4%。通过比较得知，方案 3 是最佳的方案。

3. 系统运行可行性分析

方案 1 系统使用后，会对组织结构产生一定的影响，有人员的变动，但这些变动是局部的，不会影响整个组织。方案 2 系统为网络系统，可以通过安装防火墙连接到校园网，保证了系统的运行安全。方案 3 使用 C/S 与 B/S 结合模式，由于有相应的防火墙和用户权限限制，系统的运行是安全的，可以保证系统运行。由于本软件界面友好、帮助信息详尽、易学易用，因此基本不用对现有人员进行培训。所以，系统具有运行的可行性。

4. 进度的可行性分析

通过对三个方案的实施进度进行分析，得出三个方案的实施进度都是合理的、实用的。因此，三个方案的进度都是可行的。

通过对方案 1、方案 2 和方案 3 的比较可知，方案 1 安全性比较好，但是系统外的用户使用困难。方案 2 功能较全面，教师和学生在任何地方、任何时间都可以进行查询，但是有些处理的数据量太大，采用 B/S 模式难以实现。方案 3 具有方案 1 和方案 2 的优点，适合信息技术的发展趋势，从长远来看，选择方案 3 是比较理想的。

7.1.6 结论

通过前面的分析论证，认为采用方案 3 进行开发是比较合适的，依据可行性分析的结果，可按方案 3 立即进行系统的开发工作。

7.2 面向对象分析与建模

在需求分析的基础上，进行系统分析。在需求分析中需要建立用例模型、对象类模型和动态模型等，在设计阶段对这些模型进行补充。

该系统采取院系二级化管理模式，即学校教务处管理与各院部教务科管理结合。各院部的教务科侧重于本部门数据的录入、修改、查询、打印，并对本部门数据进行分析和统计；学校教务处则侧重于对学校数据进行维护和管理，并从整体的角度进行数据分析和数据统计。该系统包括对专业建设的动态管理，对学生和教师信息的维护，根据各专业设置制定教学计划，由教学计划安排理论和实践的教学任务（包括校内外实验、实习和实训），自动编排课表，课程教学结束后，自动安排考试，进行成绩录入、统计、分析及汇总等有效管理，并可组织学生对教师进行教学评价，学生毕业后根据毕业条件设置进行毕业资格审查，发放毕业证等管理流程。其中，根据该校实际情况，实践教学管理包括课程实验、实习实训、毕业设计和各种学科技能竞赛基本信息的管理。

7.2.1　业务用例建模

业务用例的参与者有教务主管、教学干事、一般教师、学生四类，其中教务主管主要通过系统实现日常的教学管理，当然根据级别不同，权限也有所区别。一般教师和学生可以通过 Web 页面查询必要的信息，同时学生可以实现网上选课，教师可以实现网上录入课程成绩等。系统管理员则是系统最高级的用户，具有系统的所有使用权限。

教务主管：负责教务管理、教学资源管理、考试管理、选课管理、教学计划管理、排课和教师管理。学籍主管：负责学籍管理、成绩管理。实践教学主管：负责实践教学管理、毕业生管理等教学管理。

一般教师：通过 Web 页面，实现网上成绩和教材录入、个人信息维护、基本信息查询和教材的选择和领取等，其中信息查询包括课表、学生成绩、教材及个人评教结果。

学生：通过 Web 页面，实现网上选课、学生评教、个人信息维护和基本信息查询，其中信息查询包括学生班级课表查询、学生成绩查询、选课结果查询等。

教学管理业务用例图如图 7.12 所示。

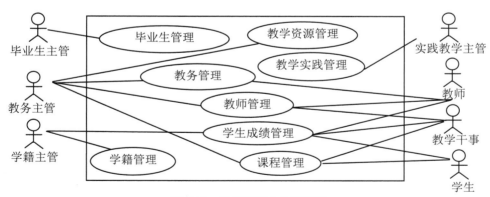

图 7.12　教学管理业务用例图

一个用例图描述用例模型的一个侧面，几个用例图可以完整地描述一个系统或子系统。每个用例又可以进一步细化，如教务管理主要完成人才培养方案的制定、修改、删除、审核、审定、批准以及根据人才培养方案生成学期教学执行计划等。教学计划管理业务用例图如图 7.13 所示。

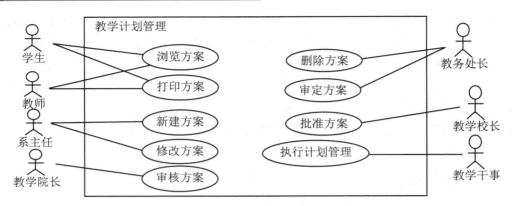

图 7.13　教学计划管理业务用例图

7.2.2　系统对象类建模

对象类图包括三个部分：对象类、用户接口、联系。对象类简称类，是面向对象模型的最基本的模型元素。对象类有属性、操作、约束及其他成分等。属性描述类性质的实例具有的值，操作实现类的服务功能，它可以被本类的对象请求执行，从而发生某种行为。用户接口就是用户与系统交互的界面，它也可以用对象类表示。联系代表对象类之间的关系，这种关系可以有多种，如关联、聚合、泛化、依赖等都是非常重要的联系。学籍管理子系统中，学生作为主要操作对象可以以类图的方式表示出其特性及相关操作。

由于该系统的功能模块较多，这里以学生类图为例对学生的相关属性与操作作出分析，学生类图包含的类有学生类（student）、学生基本信息类（student_base）、学生奖惩信息类（student_prize）、学生社会关系类（student_relationship）和学生评语类（student_evalute）。学生类图如图 7.14 所示。

用对象类对关系数据库建模是在系统分析与设计中建立系统的静态结构模型时进行的。在仔细分析系统需求的基础上，定义对象类及对象类之间的联系，然后绘制对象类图，最后将其转换为关系模型。

从对象类图到关系模型的转换，按照一个对象类映射为一个关系的原则进行，一个对象类映射为一个关系，对象类的属性即关系的属性，对象标识符即关系的主键/码。具体映射规则如下：

（1）带有简单属性的类 A，映射为关系表 A，其主键/码是 A_ID。

（2）类 A 与类 B 之间的二元关联，并带有关联类 L 和多重性 mA 和 mB，映射为关系表 A 和 B，其主键/码是 A_ID 和 B_ID，关联类 L 映射为连接表 L，若 mA>1、mB>1，则表 L 的主键/码为（A_ID，B_ID）。若 mA=1、mB>1，则表 L 的主键/码为 B_ID，表 L 可以被表 B 吸收，且表 B 中有 A_ID 为外键/码；若 mA>1、mB=1，则表 L 的主键/码为 A_ID，表 L 可以被表 A 吸收，且表 A 中有 B_ID 为外键/码；若 mA=1、mB=1，则表 L 可以用 A_ID 或 B_ID 作为主键/码，表 L 可以被表 A 或 B 吸收。

（3）聚合、复合和服务可以参照二元关联进行映射。

（4）N 个类之间的 N 元关联，并带有关联类 L，映射为 N 个关系表，其各自的主键/码是 IDn（n 为 1～N 之间的整数），关联类 L 映射为连接关系表 L，表 L 的主键/码包含 N 路外键/码，即（ID_1、ID_@、…、ID_N）。如果任何一个类的多重性为 1，则对应的外键/码可以去除。

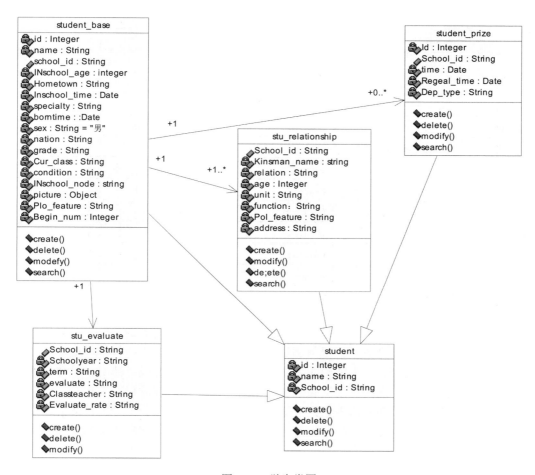

图 7.14　学生类图

（5）继承树中，每个类映射为一个关系表，所有的表共用同一个主键/码。子类从父类继承过来的属性存放在父类的字段中。有下一层子类表的关系表要加上一个类型（type）字段，说明其中每行属于哪一个子类。

以学生类图为例进行学籍管理部分的数据库设计。在这里需要补充完善其他在学籍管理过程中需要用到的数据库表。学籍管理部分数据库表设计如下：

（1）学生基本信息表。学生基本信息表记录学生的各种基本信息，见表 7.4。

表 7.4　学生基本信息表

字段中文名称	字段名	字段类型	外键表	允许空
学号（主键）	School_id	Char(16)		
姓名	Name	Char(20)		
出生日期	Borntime	Datetime		

字段中文名称	字段名	字段类型	外键表	允许空
籍贯	Hometown	Char(60)		Y
性别	Sex	Char(2)		Y
民族	Nation	Char(2)	Nation_code	Y
入学时间	Inschool_time	Datetime		
当前班级	Cur-class	Char(10)	Class_sys	Y
政治面貌	Pol-feature	Char(2)	Pol_feature_code	Y
入学分数	Begin-num	int		Y
入学方式	Inschool_mode	Char(2)	Inschool_mode_code	Y
入学专业	First_professional	Char(10)	professional_sys	Y
当前专业	Cur_professional	Char(10)	professional_sys	Y
状况	Condition	Char(2)	Condition_code	Y
年级	grade	Char(4)		Y
照片	Photo	image		Y
备注	append	text		Y

（2）学生奖罚表。学生奖罚表记录学生在校期间获得的各种奖励与处分。具体描述略。

（3）家庭情况表。家庭情况表记录学生家庭的住址及联系方式。具体描述略。

（4）学生社会关系表。学生社会关系表记录学生的主要家庭成员情况。具体描述略。

（5）个人简历表。个人简历表记录学生的个人简历。具体描述略。

（6）学期评语表。学期评语表记录每学期班主任对学生作出的评价。具体描述略。

（7）在校生班级变动表。在校生班级变动表记录了学生在校期间的班级变动情况。具体描述略。

（8）在校生专业变动表。在校生专业变动表记录了学生在校期间的专业变动情况。具体描述略。

（9）学生状况变动表。学生状况变动表记录了学生因休复学等特殊情况引起的变化。具体描述略。

（10）代码表。代码表主要设置学生信息中所有固定字段格式内容。具体描述略。

7.3　面向对象设计与建模

7.3.1　系统设计

前面学习的用例模型、结构模型、行为模型是系统需求分析阶段的产物。在设计阶段，需要对这些模型进行补充。在设计阶段还需要构造系统，并实现所有系统的组织要求。通过系统设计，可产生一个合理和稳定的框架，并创造一个实现模型的蓝图。这个阶段的主要任务是设计系统架构和子系统以及系统的物理模型。

在面向对象的设计中采用了如下原则：

（1）单一职责原则。在面向对象的设计中一个对象只包含单一的职责，并且该职责被完整地封装在一个类中，实现了高内聚、低耦合。

（2）开闭原则。在设计一个模块时，采用使这个模块可以在不被修改的前提下被扩展，即实现在不修改源代码的情况下改变这个模块的行为。因此在进行面向对象设计时，应尽量考虑接口封装机制、抽象机制和多态技术。

（3）里氏代换原则。由于使用基类对象的地方都可以使用子类对象，因此在程序中尽量使用基类类型定义对象，而在运行时再确定其子类类型，用子类对象替换父类对象。

（4）依赖原则。在进行业务设计时，与特定业务有关的依赖关系应该尽量依赖接口和抽象类，而不是依赖具体类。具体类只负责相关业务的实现，修改具体类不影响与特定业务有关的依赖关系。在设计中代码要依赖抽象的类，而不要依赖具体的类；要针对接口或抽象类编程，而不是针对具体类编程。

（5）接口隔离原则。采用多个与特定客户类有关的接口比采用一个通用的涵盖多个业务方法的接口好。因此，在设计中使用多个专门的接口，而不使用单一的总接口。每个接口承担一种相对独立的角色，不多不少，该干的事都要干，不干不该干的事。使用接口隔离原则拆分接口时，首先考虑要满足单一职责原则，将一组相关的操作定义在一个接口中，且在满足高内聚的前提下，接口中的方法越少越好。在进行系统设计时采用定制服务的方式，即为不同的客户端提供宽窄不同的接口，只提供用户需要的行为，而隐藏用户不需要的行为。

（6）合成复用原则。在进行设计时，尽量使用对象组合，而不是继承来达到复用的目的。在一个新的对象里通过关联关系（包括组合关系和聚合关系）来使用一些已有的对象，使之成为新对象的一部分；新对象通过委派调用已有对象的方法达到复用其已有功能的目的。简言之，要尽量使用组合/聚合关系，少用继承，如教学管理系统部分数据库访问类设计中少使用图 7.15 所示的设计，最好使用图 7.16 所示的设计。

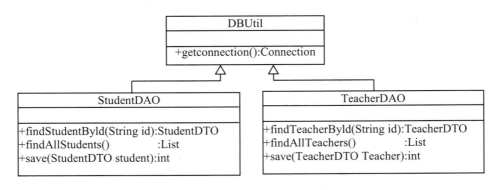

图 7.15　数据库访问类图

（7）迪米特法则。在设计中，一个软件实体尽可能少地与其他实体发生相互作用，当一个模块修改时，就会尽量少地影响其他的模块，扩展会相对容易，这是对软件实体之间通信的限制，它要求限制软件实体之间通信的宽度和深度。在实际的设计中尽量做到在类的划分上创建松耦合的类，类之间的耦合度越低，就越有利于复用，一个处在松耦合中的类一旦被修改，不会对关联的类造成太大波及；在类的结构设计上，每个类都应当尽量降低其成员变量和成员函数的访问权限；在类的设计上，只要有可能，一个类型应当设计成不变类；在对其他类的引用上，一个对象对其他对象的引用应当降到最低。

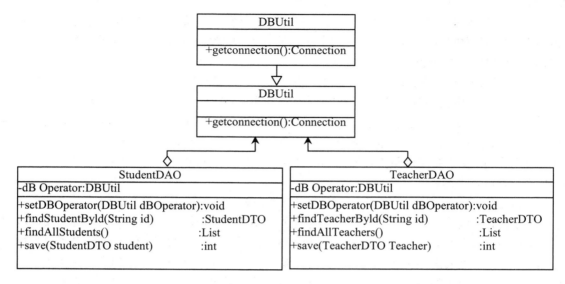

图 7.16 数据库访问类的设计

7.3.2 系统用例构建

系统用户分为系统管理员、教学管理人员、一般教师、学生四类，其中教学管理人员主要通过系统实现日常的教学管理，当然根据级别不同，权限也有所区别。一般教师和学生可以通过 Web 页面查询必要的信息，同时学生可以实现网上选课，教师可以实现网上录入课程成绩等功能。系统管理员则是系统最高级的用户，具有系统的所有使用权限。

教学管理人员：通过教学管理界面，实现学籍管理、教学计划管理、排课、实践教学管理、考试管理、选课管理、成绩管理、毕业生管理等教学管理功能。

一般教师：通过 Web 页面，实现网上成绩和教材录入、个人信息维护、基本信息查询功能和教材的选择和领取等，其中信息查询包括课表查询、学生成绩查询、教材查询及个人评教结果查询。

学生：通过 Web 页面，实现网上选课、学生评教、个人信息维护和基本信息查询功能，其中信息查询包括学生班级课表查询、学生成绩查询、选课结果查询等。

系统管理员主要负责系统的维护工作，包括基本信息设置、系统备份、系统权限管理和系统字典表设置。教学管理系统用例图如图 7.17 所示。

一个用例图描述用例模型的一个侧面，几个用例图可以完整地描述一个系统或子系统。每个用例又可以进一步细化，如教务管理主要完成人才培养方案的制定、修改、删除、审核、审定、批准以及根据人才培养方案生成学期教学执行计划等。教学计划管理系统用例图如图 7.18 所示。

排课管理主要完成智能化排课和人机交互调课等功能，任课教师可以在网上填写自己的排课要求，浏览和打印教师课表，学生可以浏览和打印班级课表。排课管理用例图如图 7.19 所示。

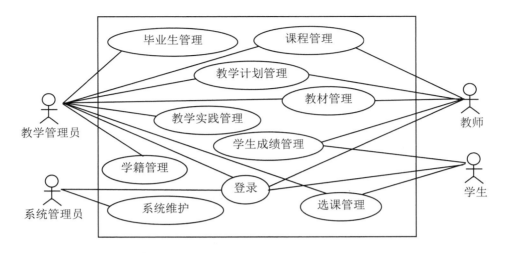

图 7.17　教学管理系统用例图

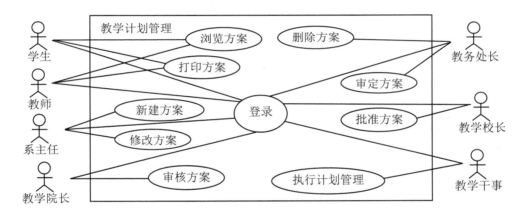

图 7.18　教学计划管理系统用例图

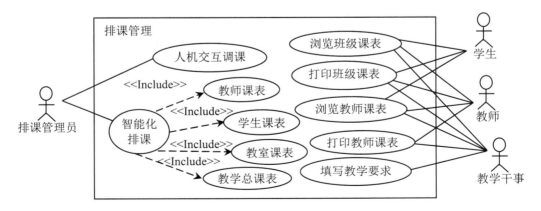

图 7.19　排课管理用例图

7.3.3 系统交互模型构建

1. 顺序建模

顺序图按照先后顺序分析用例及活动的处理流程。下面以教务管理人员执行教学计划为例进行顺序交互建模，教务管理顺序图如图 7.20 所示。

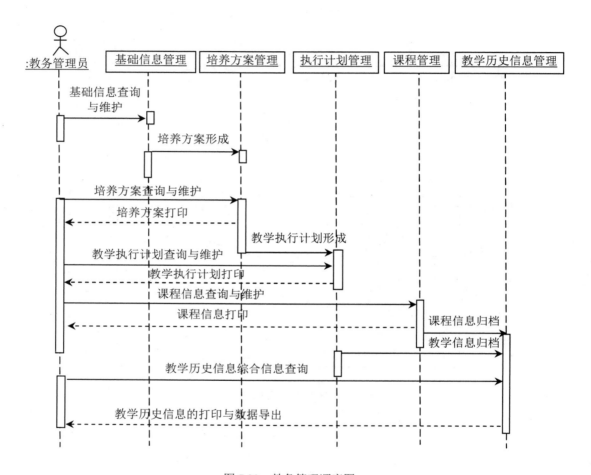

图 7.20 教务管理顺序图

其他的顺序图略，读者自己完成。

2. 通信建模

通信图可以深入了解和表示系统的行为和各个对象的作用。教务管理通信图如图 7.21 所示。

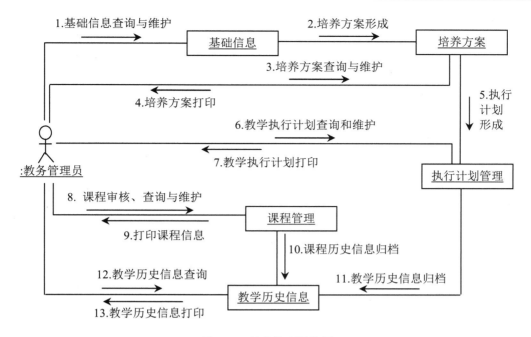

图 7.21　教务管理通信图

7.3.4　系统行为模型构建

1. 活动建模

（1）标识需要活动图的用例。要首先确定建模的内容，即要对哪个用例建立活动图。在教学管理系统中，对课程管理用例进行案例分析，选课管理子系统需要画出活动图。

（2）建模每个用例的主路径。在创建用例的活动图时，需要先确定该用例的一条明确的执行工作流程，建立活动图的主路径，然后以该路径为主线进行补充、扩展和完善。在选课管理用例中，从管理员给出权限到选课成功组成了该活动图的基本执行轨迹。

（3）建模每个用例的从路径。首先根据主路径分析其他可能出现的工作流的情况，这些可能是活动图中还没有建模的其他活动，可能是处理错误或者是执行其他的活动，然后对不同进程中并发执行的活动进行处理。对课程管理需要建模学生注册。

（4）添加泳道来标识活动的事务分区。使用泳道可以把活动按照功能或所属对象的不同进行组织。属于同一个对象的活动都放在同一个泳道内，对象或子系统的名字放在泳道的顶部。在选课管理中列出学生和管理员两个对象。添加泳道的活动图是一个比较完整的活动图，如图 7.22 所示。

（5）改进高层的活动。对于一个复杂的系统，需要将描述系统不同部分的活动图按照结构层次关系进行排列。在一个活动图中，其中的一些活动可以分解为若干个子活动或动作，这些子活动或动作可以组成一个新的活动图。采用结构层次的表示方法，可以只在高层描述几个组合活动，其中每个组合活动的内部行为在展开的低一层活动图中进行描述，这些便于突出主要问题，如在学生选课前，管理员设定学生选课的学分上限，然后开放选课。学生开始第一次选课，第一次选课的活动图如图 7.23 所示。在第一次选课后，管理人员根据学生选课情况和学校的教师设定课堂容量，对于选课人数超过课堂容量的课堂的选课学生，根据一定的原则进行筛选，设定选课概率。然后学生进行第二次选课。第二次选课后，管理人员关闭人数少于15 人的课堂，最后学生进行补选。

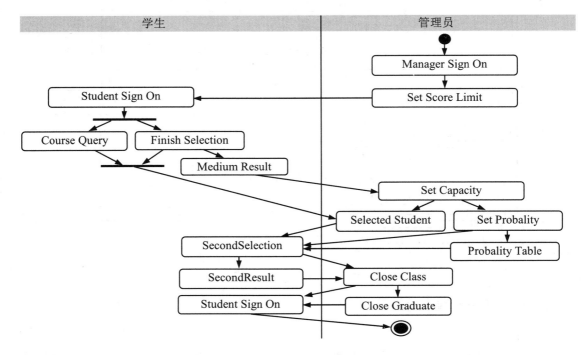

图 7.22　添加泳道的总活动图

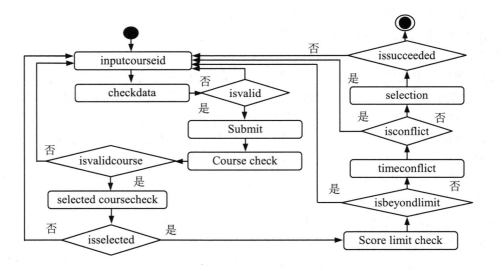

图 7.23　第一次选课的活动图

（6）完善细节。对前面的活动图进行补充和完善。

2. 状态机建模

注册管理类的状态机图如图 7.24 所示。

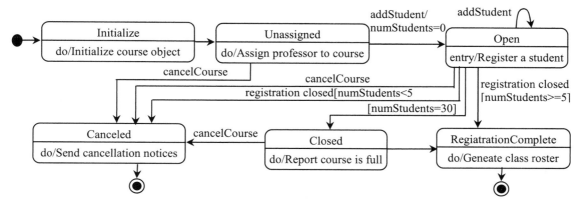

图 7.24　注册管理类的状态机图

注册管理类状态机图的过程如下：

（1）初始化（Initialize）状态。进行课程的初始化工作，主要是提供开课课程。

（2）未分配状态。安排教师上课的课程。如果 numStudent=0，出现事件 addStudent，进入 Open 状态。如果出现事件 cancelCourse，则进入 Canceled 状态。

（3）开放（Open）状态。执行入口动作注册学生（entry/Register a student），有以下三种情况发生：

1）如果已经注册人数大于 5 且小于 30，则进入 RegiatrationComplete 状态。

2）如果已经注册人数等于 30，则进入 closed 状态。

3）如果出现事件 CancelCourse 或事件 RegistrationClosed 且已经注册人数小于 5，则进入 Canceled 状态。

（4）注册完成（RegiatrationComplete）状态。完成注册时间到了，就产生班级名单，并且处于终止状态。

（5）关闭（Closed）状态。如果某门课程的学生人数达到了上限人数 30 人，则关闭该课程的选择。如果出现事件 cancelCourse，则进入 Canceled 状态。

（6）撤销（Canceled）状态。由于某些特殊的原因，导致本次课程注册计划的失败，则发送撤销通知，状态处于终止。

本案例主要涉及业务应用，其中的状态变化比较少。

7.4　面向对象的体系结构建模

7.4.1　系统体系结构设计

在系统设计中定义了各种模型，为了更好地研究，用包作为一个子系统进行设计。教学管理系统可以包括应用子系统和数据库子系统，模型如图 7.25 所示。应用子系统可包括学籍管理子系统、教学计划管理子系统、实践教学管理子系统、教学资源管理子系统、质量管理子系统、成绩管理子系统、公共信息管理子系统、选课管理子系统、毕业信息管理子系统等，模型如图 7.26 所示。

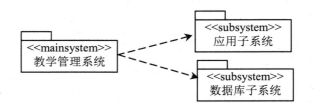

图 7.25　教学管理系统模型

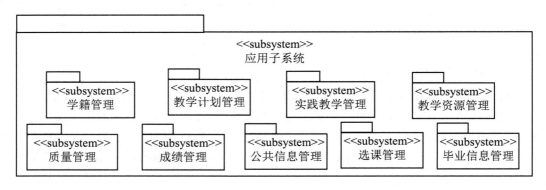

图 7.26　应用子系统模型

　　构件图由构件、接口和构件之间的联系构成。构件图用于建立系统的实现模型，也可以用于建立业务模型，还可以用于建立开发期间的软件产物的依赖关系，用于系统的开发管理，如教学管理系统中的成绩管理子系统构件图可表示为如图 7.27 所示。

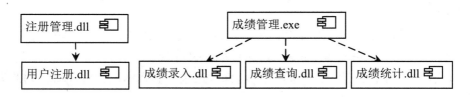

图 7.27　成绩管理子系统构件图

7.4.2　系统部署图设计

　　部署图是由结点及其之间的关系和构件组成的。一个结点代表一个类型的硬件，如一台计算机、一台打印机。在确定好结点后，构件可以部署到每个结点。结点部图分为两个类型，即机器和设备：机器是可以执行程序的硬件构件；设备没有运算能力，是硬件的组成部分。教学管理系统部署图如图 7.28 所示。

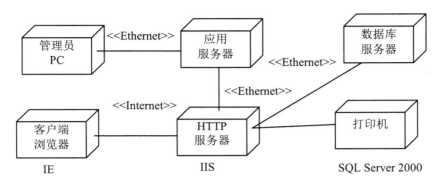

图 7.28　教学管理系统部署图

由于实例的内容太多，每部分只举一个例子，其他部分请读者自行完成。

小　　结

　　面向对象方法包括可行性分析、面向对象分析、面向对象设计和面向对象编程。面向对象分析的目的是更好地理解系统及其需求，从用户角度识别新系统需要的功能。根据系统需求定义出用例，绘制用例图，并进行用例描述。然后，识别支持所需功能的类和对象，确定对象的属性与服务，其后再识别出对象之间的关系，用类图表示。在需求分析阶段确定系统的业务用例，系统设计阶段确定系统用例。系统分析既要建立系统的静态结构模型，又要建立系统的动态行为模型（对象之间的交互图）。面向对象的分析过程实际上是反复迭代的，不断地进行细化。面向对象设计是对面向对象分析结果不断完善的过程。在实际的开发中，这些步骤不是线性的，特别是大型应用系统，面向对象分析方法中的各个步骤可能是交织的、迭代的，或者是并行进行的。

复习思考题

1. 可行性分析包括哪些内容？
2. 请选择一个实例并使用面向对象的方法进行开发。
3. 使用 Rational Rose 画出实例中的各种图。

第 8 章　UML 建模工具——Rational Rose

知识目标	技能目标
（1）掌握运用 Rational Rose 工具绘制用例图的基本操作。 （2）掌握运用 Rational Rose 工具绘制活动图的基本操作。 （3）掌握运用 Rational Rose 工具绘制类图的基本操作。 （4）掌握运用 Rational Rose 工具绘制顺序图的基本操作。 （5）掌握运用 Rational Rose 工具绘制通信图的基本操作。 （6）掌握运用 Rational Rose 工具绘制状态机图的基本操作。 （7）掌握运用 Rational Rose 工具绘制构件图的基本操作。 （8）掌握运用 Rational Rose 工具绘制部署图的基本操作。	（1）熟练掌握 Rational Rose 的操作。 （2）能够使用 Rational Rose 绘制各类 UML 图。

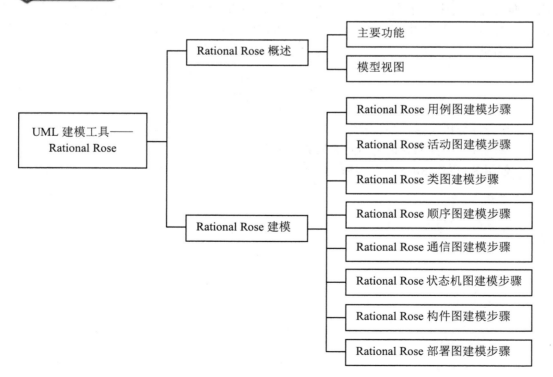

Rational Rose 是美国 Rational 软件公司推出的面向对象的计算机辅助软件工程（Computer Aided Software Engineering, CASE）产品，是当前最流行的先进的可视化建模工具之一。Rational Rose 是面向对象分析与设计建模最好的工具，它的应用领域宽、应用时间长，也较成熟。Rational Rose 的理论基础是统一建模语言 UML，在学习 Rational Rose 之前，必须对 UML 有所了解。利用 Rational Rose 工具，可以建立用 UML 描述的软件系统模型，它支持 UML 中的用例图、类图、活动图、顺序图、通信图、状态机图、构件图和部署图等；支持多种语言，如 Ada、CORBA、Visual Basic、Java 等；支持模型的 Internet 发布；可以生成简单、清晰且定制灵活的文档；双向工程保证了模型和代码高度一致；支持逆向工程，建立代码框架；支持多种关系型数据库的建模；从需求分析到测试，在整个软件生命周期中，都为团队开发提供强有力的支持。本章以 Rational Rose 2003 为基础，讲解 UML 建模的基本操作。

8.1　Rational Rose 概述

Rational Rose 并不是单纯的绘图工具，它是专门支持 UML 的建模工具，有很强的校验功能，能检查出模型中的许多逻辑错误，还支持多种语言的双向工程（将模型转换成指定编程语言的代码或将代码转换成模型），特别是对 Java 的支持非常好。它是目前最好的基于 UML 的 CASE 工具平台，是支持 UML 和 RUP 的功能强大的面向对象可视化分析、建模工具。它把 UML 和谐地集成进面向对象的软件开发过程中。无论是在系统需求阶段还是在对象的分析与设计、软件的实现与测试阶段，它都提供了清晰的 UML 表达方法和完善的工具，方便建立起相应的软件模型。

Rational Rose 支持用户分别从静态与动态两方面建立系统的逻辑模型和物理模型，通过图形与符号表示系统模型，同时用描述特性的文字增加模型的语义说明。Rational Rose 可以建立 UML 中的所有模型图，并支持 UML 的语言扩展功能，增强表达模型语义的能力。Rational Rose 还提供了在创建模型过程中的一致性维护功能。

8.1.1　Rational Rose 的版本

Rational Rose 2003 分为 Modeler Edition、Professional Edition、Enterprise Edition 三种版本，各个版本具有不同的功能。

（1）Modeler Edition：可以对系统生成模型，但不支持逆向工程，也不支持由模型转出代码。

（2）Professional Edition：可以用一种语言生成代码。

（3）Enterprise Edition：支持用 C++、Java、Visual Basic 和 Oracle 等多种语言生成代码，支持逆向工程。

8.1.2　Rational Rose 的主要功能

Rational Rose 是一套完全的、具有能满足所有建模环境（Web 开发、数据建模、Visual Studio 和 C++）灵活性需求的解决方案。Rational Rose 允许开发人员、项目经理、系统工程师和分析人员在软件开发周期内将需求和系统的体系架构转换成代码，消除浪费的消耗，对需求和系统的体系架构进行可视化、理解和精练。在软件开发周期内使用同一种建模工具可以确保更快、更好地创建满足客户需求的、可扩展的、灵活的且可靠的应用系统。

Rational Rose 的基本功能如下：

（1）面向对象建模。

（2）用例分析。

（3）支持 UML、COM、OMT 和 Booch 1993。

（4）语义检查。

（5）支持可控的迭代开发。

（6）双向工程。

（7）支持多用户并行开发。

（8）可以与数据建模工具集成。

（9）OLE 链接、自动化。

（10）多平台可用性。

Rational Rose 支持 8 种 UML 图：用例图、活动图、顺序图、通信图、类图、状态机图、构件图和部署图。

与传统的两层结构相比，Rational Rose 支持三层结构方案，因而有更多的优点：

（1）对应用结构任一层做出修改时，只对其他层产生极小的影响。

（2）具有固有的可塑性，三层既可共存于单机之中，也可根据需要相互分开。

（3）公用代码数据库使事务处理规则在系统中共享。

（4）可视化开发工具与多种开发环境无缝集成等。

（5）支持企业级数据库。

8.1.3 Rational Rose 模型视图

Rational Rose 模型包括以下四种视图：

（1）用例视图（use case view）（图 8.1）。用例视图从活动者的角度描述系统功能，可以表现用例之间以及用例与活动者之间的关系，并可以通过活动图、交互图、文字说明、链接到文件等方式详细描述用例。用例视图与系统中的实现不相关，它关注的是系统功能的高层抽象，适合对系统进行分析和需求获取，而不关注系统的具体实现方法。在用例视图中包括了系统中的所有参与者、用例和用例图，必要时还可以在用例视图中添加顺序图、通信图、活动图、状态机图、文件、包和类图等。在用例视图中可以创建多种模型元素，如参与者、类、用例等。

（2）逻辑视图（logical view）。逻辑视图描述为了实现用

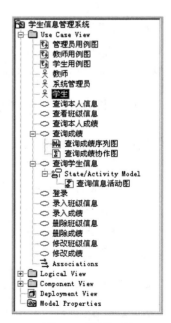

图 8.1　用例视图

例的功能，系统所要具有的逻辑结构，主要由描述系统静态结构的类图、对象图以及描述系统动态行为的交互图、活动图等组成，用于对分析设计过程建模。逻辑视图下的模型元素主要包括类、类工具、用例、接口、类图、用例图、通信图、顺序图、活动图和状态机图等。利用这些细节元素，开发人员可以构造系统的详细设计。在逻辑视图中，用户将系统更加仔细地分解为一系列的关键抽象，将这些大多数来自问题域的事物通过采用抽象、封装和继承的原理，表现为对象或对象类的形式，借助类图和类模板等手段，提供了系统的详细设计模型图。逻辑视图有多个模型元素与用例视图中的模型元素是相同的。逻辑视图与用例视图的区别是：用例视图是从系统外部来看系统；逻辑视图描述系统的内部结构。

（3）构件视图（component view）。构件视图描述系统的实现模块（即构件），以组成代码框架。构件是不同类型的代码模块，它是构造应用的软件单元。构件可以包括源代码构件、二进制代码构件及可执行构件等。构件视图包含模型代码库、执行文件、运行库和其他构件的信息，但是按照内容来划分时，构件视图主要由包、构件和构件图构成。在构件视图中可以添加构件的其他信息，如资源分配情况以及其他管理信息等。构件视图主要由构件图构成。一个构件图可以表示一个系统全部或者部分的构件体系。

（4）部署视图（deployment view）。部署视图描述系统在网络结构中的物理分布。部署视图考虑的是整个解决方案的实际部署情况，描述的是在当前系统结构中所存在的设备、执行环境和软件运行时的体系结构，它是对系统拓扑结构的最终物理描述，主要包括处理器、连接器、设备、部署图、文件和 URL 地址等，用来描述网络上的进程和设备及其相互间的实际连接。系统只包含一个部署视图，用来说明各种处理活动在系统各结点的分布。但是，这个部署视图可以在每次的迭代过程中加以改进。

四种视图的关系：用例视图用于对系统的高层建模，站在用户的角度描述系统的功能及行为。在此基础上，对系统进行分析与设计，通过另外三个视图加以表示。

Rational Rose 本身可以检查模型的一致性，而且可以组织文档。Rational Rose 可以对每个事物进行必要的说明，如果需要，还可以通过链接到外部文件或者 Internet 对事物进行说明。Rational Rose 支持双向工程（round-trip engineering）。通过上述多种视图建模，最后可以生成所需开发环境的源代码框架，如 C++、Java、Visual Basic、IDL（Interface）等。

8.1.4　Rational Rose 工具简介

1．Rational Rose 的安装方法

首先下载 Rational Rose 2003，然后双击 Rational Rose 2003 的安装程序，在安装文件释放后，进入安装向导界面，如图 8.2 所示。单击"下一步"按钮，进入产品选择界面，如图 8.3 所示。此时用户可以选择要安装的产品，一般选择 Rational Rose Enterprise Edition；接下来选择 Rational Rose Enterprise Edition 类型。再单击"下一步"按钮，然后选择 Desktop installation from CD 选项，表示创建一个本地的应用程序而不是网络的；然后陆续按多次 Enter 键即可。

2．Rational Rose 的启动界面

Rational Rose 提供了一套十分友好的界面让用户对系统进行建模。安装完 Rational Rose 之后，选择"开始"→"程序"→Rational Software→Rational Rose Enterprise Edition 命令，如图 8.4 所示，其中 Rational Rose Enterprise Edition 是运行的建模软件，Rational License Key

Administrator 是输入软件许可信息的管理软件。

图 8.2　Rational Rose 的安装向导界面

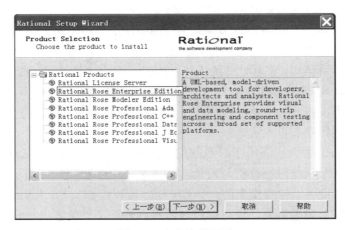

图 8.3　产品选择界面

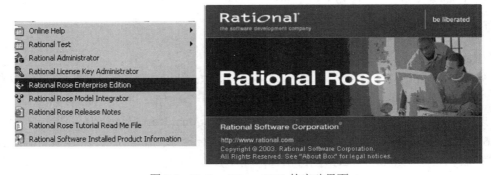

图 8.4　Rational Rose 2003 的启动界面

　　启动界面消失后，将弹出"新建模型"对话框，如图 8.5 所示。在对话框中，有三个可供选择的选项卡，分别为 New（新建）、Existing（打开）、Recent（最近使用的模型）。在 New 选项卡中可以选择创建模型的模板，这些框架是一系列预定义的模型元素，可以定义某种系统的体系结构，也可以提供一系列可重用构件。开发人员可以选择 J2EE、J2SE 1.2、J2SE 1.3、jfc-11、VC6 ATL 3.0 等应用框架进行系统分析和设计。New 中的一个选项"Make New Framework（创建新的框架）"比较特殊，它用于创建一个新的模板。当选择 Make New Framework 后，单击 OK 按钮，进入图 8.6 所示的创建模板界面。在使用这些模板时，要先确定要创建模型的目标与结构，从而能够选择一个与将要创建的模型的目标与结构一致的模板，然后使用该模板定义的一系列模型元素对待创建的模板进行初始化构建。模板的使用和系统实现的目标相一致。如果需要查看该模板的描述信息，可以在选中该模板后，单击 Details 按钮进行查看。如果只是想创建一些模板，这些模型不具体使用那些模板，则单击 Cancel 按钮取消就可以了。

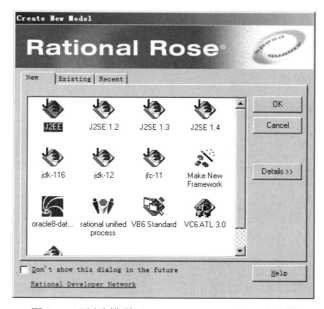

图 8.5　"新建模型（Create New Model）"对话框

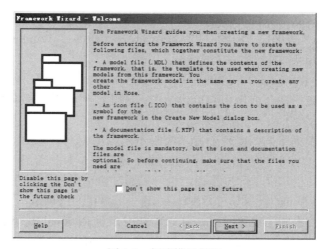

图 8.6　创建模板界面

每当创建一个新的 Rational Rose 模型时（扩展名为*.mdl），Rational Rose 将自动生成图 8.7 所示的界面，其文件名为 untitled。右击 untitled，在弹出的菜单中选择 Save 命令，系统弹出保存模型名称对话框，在"文件名"文本框中输入"进销存管理系统"。Rational Rose 把视图看作模型结构的第一层次。每种视图针对不同的对象，具有不同的用途。

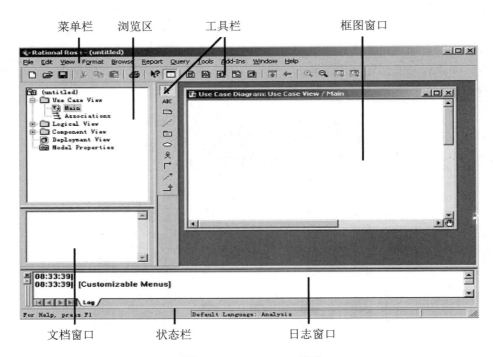

图 8.7　Rational Rose 界面

Rational Rose 的界面有菜单栏、浏览区、文档窗口、工具栏、状态栏、框图窗口和日志窗口等。

（1）菜单栏。菜单栏中包含了所有在 Rational Rose 2003 中可以进行的操作，一级菜单共有 11 项，分别是 File（文件）、Edit（编辑）、View（视图）、Format（格式）、Browse（浏览）、Report（报告）、Query（查询）、Tools（工具）、Add-Ins（插件）、Window（窗口）和 Help（帮助）。打开某个一级菜单后，就进入二级菜单。

（2）工具栏。在 Rational Rose 2003 中，工具栏的形式有两种，分别是标准工具栏和编辑区工具栏。标准工具栏在任何图中都可以使用，因此在任何图中都会显示，标准工具栏如图 8.8 所示。

编辑区工具栏是根据不同的图形设置的绘制不同图形元素内容的工具栏，显示时位于图形编辑区的左侧，也可以通过选择 View→Toolbars 命令来定制是否显示标准工具栏和编辑区工具栏。对于标准工具栏和编辑区工具栏，也可以通过菜单中的选项进行定制。选择 Tools→Options 命令，弹出 Options 对话框，打开 Toolbars（工具栏）选项卡，如图 8.9 所示。该对话框中有许多选项卡用于不同的设置；General 选项卡用来对 Rational Rose 2003 的全局信息进行设置；Diagram 选项卡用来对 Rational Rose 2003 中有关的图显示等信息进行设置，可以选择是否显示编辑区工具栏以及编辑区工具栏的显示样式，如是否使用大图标或小图标、是否自动显示或锁定等；Browser 选项卡用于对浏览器的形状等进行设置；Toolbars 选项卡用来对工具栏进行设置；在 Standard toolbar 选项组中可以选择显示或隐藏标准工具栏，或者设置工具栏中的选项是否使用大图标。

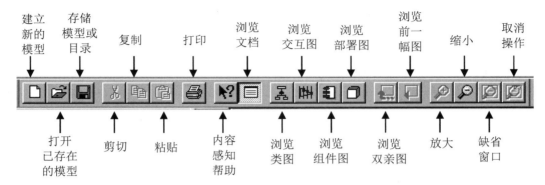

图 8.8　标准工具栏

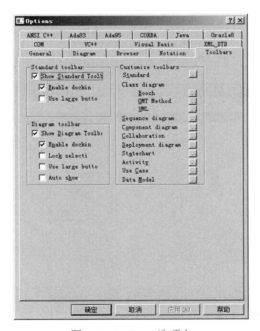

图 8.9　Toolbars 选项卡

在 Customize toolbars（定制工具栏）选项组中可以根据具体情况定制标准工具栏和图形编辑工具栏的详细信息。定制标准工具栏时，可以单击位于 Standard（标准）选项右侧的按钮，弹出图 8.10 所示的"自定义工具栏"对话框。在该对话框中可以将左侧的选项添加到右侧的列表框中，这样在标准工具栏中就会显示，当然也可以通过这种方式删除标准工具栏中无用的信息。

（3）浏览区和视图。浏览区是一种树型的层次结构，可以迅速查找到各种图或者模型元素。浏览区描述了视图模型，并且提供了在每种视图的构件间进行访问的功能。"+"表示该图标为折叠图，"−"表示该图标已被完全扩展开。在浏览区中默认创建了 4 个视图，分别是 Use Case View（用例视图）、Logical View（逻辑视图）、Component View（构件视图）和 Deployment

View（部署视图）。在这些视图所在的包或者图下，可以创建不同的模型元素。右击每个视图，选择 New 命令就可以看到该视图包含的模型元素，如图 8.11 所示。

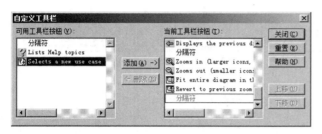

图 8.10　"自定义工具栏"对话框　　　　　图 8.11　查看模型元素

（4）框图窗口。在图的编辑区域中，可以根据图形工具栏中的图形元素内容绘制相关信息。在图的编辑区域添加的相关模型元素会自动添加在浏览区中，从而使浏览区和编辑区的信息保持同步，也可以将浏览区中的模型元素拖动到图形编辑区中进行添加，如图 8.12 所示。

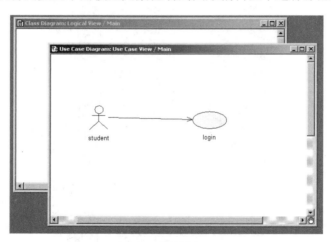

图 8.12　框图窗口

（5）文档窗口。文档窗口用于对 Rational Rose 2003 中创建的图或模型元素进行说明，如当对某个图进行详细说明时，可以将该图的作用和范围等信息置于文档窗口，在浏览或选中该图时就会看到该图的说明信息，模型元素的文档信息也相同。文档窗口为所选择的项和图形提供建立、浏览或修改文档的能力。当不同的选项和图形被选择时，仅允许一个文档窗口被更新。文档窗口还可以被隐藏。

（6）日志窗口。日志窗口记录了对模型的一些重要操作，用于提示用户。显示信息包括系统错误、用户操作记录等。

对于各个窗口的组成和作用，请读者参阅有关介绍 Rational Rose 操作和使用的相关书籍或使用说明书，在此不做详细介绍。

3．Rational Rose 的常用操作

Rational Rose 创建的模型文件的扩展名为"*.mdl"，通常一个模型对应一个完整的系统。新建一个模型的步骤如下：

（1）创建模型。单击菜单栏中的 File→New 选项，或者直接单击标准工具栏中的 Create New Model or File 按钮。在选择模板的对话框中选择想要的模板，单击 OK 按钮；若单击 Cancel 按钮，则不使用任何模板。创建模型中的构件的方法有以下两种：一是在列表区中右击要创建的位置，在弹出的快捷菜单中选择 New 命令，选择要新建的构件；二是在绘图区中直接绘制构件。

（2）保存模型。可以通过选择 File→Save 命令来保存新建的模型，也可以通过单击标准工具栏中的 按钮保存新建的模型，保存的 Rational Rose 模型文件的扩展名为".mdl"。默认情况下，Rose 模型都以扩展名为"*.mdl"的文件进行保存。"*.ptl"格式文件类似于模型文件（*.mdl），但只是模型文件的一部分。模型文件"*.mdl"则保存完整的模型。用 Rational Rose 的旧版本保存模型，可能会丢失某些模型元素和特性。

（3）Rational Rose 模型的导入与导出。导入模型及模型元素是指将已经导出的 Rational Rose 中的模型文件重新导入 Rational Rose 中。可以通过选择 File→Import Model 命令导入模型、包或类等，可供选择的文件类型包括"*.mdl""*.ptl""*.sub""*.cat"等，"导入模型"对话框如图 8.13 所示。

Rational Rose 将导入的元素和当前模型中的相关元素进行比较，提示是否要用导入的元素取代当前模型中的元素。导入元素之后，Rational Rose 会更新当前模型中的所有模型图。

导出模型及模型元素是为了让已经建好的 Rational Rose 模型在以后的开发中得以重用。可以通过选择 File→Export Model 命令导出模型，"导出模型"对话框如图 8.14 所示，导出文件的后缀为"*.ptl"。

图 8.13　"导入模型"对话框　　　　　　　图 8.14　"导出模型"对话框

（4）将 Rational Rose 模型发布到 Web 上。Rational Rose 2003 提供了将模型生成相关网页从而在网络上发布的功能，这样可以方便系统模型的设计人员将系统的模型内容对其他开发人员进行说明。

1）Web 发布器。Web 发布器（Web Publisher）可以创建基于 Web（HTML）的模型版本，将模型发布到 Web 上，通过浏览区顺序或非顺序地进行查看。Web 发布器会重新创建 Rational Rose 模型元素，包括图、类、包、关系、属性、操作等。Web 发布器所发布的内容可以通过选项控制。

2）Web 发布器生成的文件。在发布模型之前，应当创建一个新的文件夹，发布一个模型

时，需要提供一个 HTML 根文件的名字。通过打开该文件来显示模型。

　　3）发布 Rose 模型。可以使用 Web Publisher 命令，或者使用 Rose Web 发布器批处理器。发布模型的步骤如下：

　　选择 Tools→Web Publisher 命令，弹出图 8.15 所示的 Rose Web Publisher 对话框。

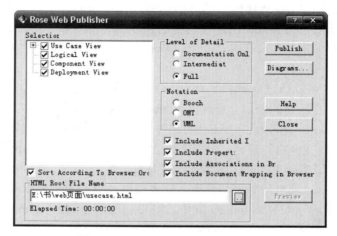

图 8.15　Rose Web Publisher 对话框

　　在 Selection 列表框中选择要发布的内容，包括相关模型视图或者包。在 Level of Detail 选项组中设置发布的细节级别，包括 Documentation Only（仅发布文档）、Intermediate（中间级别）和 Full（全部发布）。在 Notation 选项组中选择发布模型的标记类型，可供选择的有 Booch、OMT 和 UML 三种类型，可以根据实际需要选择合适的标记类型。在 HTML Root File Name 选项组中设置要发布的网页文件的根文件名称。

　　如果需要发布模型生成的图片格式，可以单击 Diagrams 按钮，有四个选项可供选择，分别是 Don't Publish Diagrams（不要发布图）、Windows Bitmaps（BMP 格式）、Portable Network Graphics（PNG 格式）和 JPEG（JPEG 格式）。Don't Publish Diagrams 是指不发布图像，仅发布文本内容。其余三种指的是发布的图形文件格式。在图 8.15 中单击 Publish 按钮后，弹出"模型发布"对话框，发布后的模型为 Web 文件。文件发布后，单击 uml.htm 文件，可以通过浏览器查看整个系统的建模内容，而不需要通过 Rational Rose 查看。

　　（5）模型集成。Rational Rose 提供一个模型集成器（Model Integrator），它主要用于对模型进行比较和合并，一次最多可以处理七个模型。个人可以独立地工作，然后通过模型集成器将模型集成起来。在对模型进行比较时，模型集成器能够显示出模型之间的差别。模型的比较与合并操作都在模型集成器中进行。

8.2　Rational Rose 建模

8.2.1　用例图建模

1. 用例图建模界面

首先运行 Rational Rose 程序，默认状态下进入 Rational Rose 的启动界面，选择 New 选项，打开创建新模型界面。建立用例图的步骤如下：

（1）选定浏览区窗口中的 Use Case View。

（2）右击，在弹出的快捷菜单中选择 New 命令。

（3）选择 Use Case Diagram 命令，如图 8.16 所示。

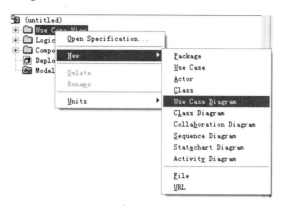

图 8.16　选择 New→Use Case Diagram 命令

还可以在浏览区内的 Use Case View 中双击 Main，让新的用例图显示在框图窗口中。也可以新建一个包（右击 Use Case View，选择 New→Package 命令，并命名），然后右击该新建包，选择 New→Use Case Diagram 命令。用例图主界面如图 8.17 所示。

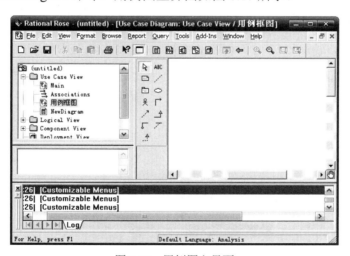

图 8.17　用例图主界面

2．用例图建模的工具

与用例图主界面对应的模型图工具如图 8.18 所示。

图 8.18 是默认的工具栏。用户可以根据自己的需要，为当前编辑区工具栏中添加按钮。用户可以根据以下两种方法打开"自定义工具栏"对话框：

（1）选定编辑区工具栏右击，在弹出的快捷菜单中选择 Customize...命令，即弹出图 8.19 所示的对话框。

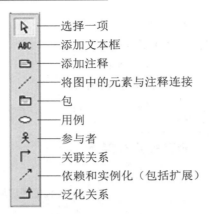

图 8.18　与用例图主界面对应的模型图工具

（2）选择菜单命令 View→Toolbars→Configure...，弹出图 8.19 所示的"自定义工具栏"对话框。

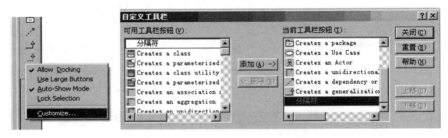

图 8.19　"自定义工具栏"对话框

在"自定义工具栏"对话框中，右侧窗格列出的是当前已经显示出的绘图工具，左侧窗格列出的是供选择的其他工具，可以根据需要进行增删。

其他图的自定义工具操作与此相同。

删除构件的命令如图 8.20 所示。

图 8.20　删除构件的命令

Rational Rose 不能撤销（Ctrl+Z）多步操作，只能撤销一步。因此，在对模型做重大修改时，一定要注意先做备份。

3．创建用例图

用例图操作包括创建新的用例图、打开已有的用例图、删除用例图、链接用例图和重命名用例图等。

（1）创建参与者。首先单击用例图工具栏中的 ☺ 图标，此时光标的形状变成"+"号，然后在用例图编辑区的适当位置单击，画出参与者，并输入参与者的名字，如"学生"。然后双击该参与者，修改其详细信息，如图 8.21 所示。

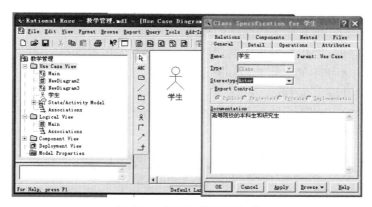

图 8.21　创建与说明参与者

若要设置参与者属性，可以执行以下步骤：

1）在用例图或浏览区中双击参与者符号，打开属性对话框，选择 General 选项卡，如图 8.22 所示。

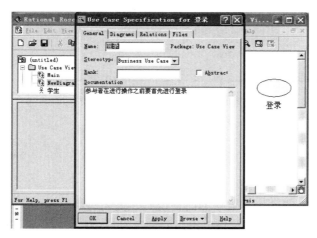

图 8.22　创建用例及说明

2）用户可以在参与者属性设置标签中对一些属性进行设置。Name 用来设置参与者的名称，如在 Name 文本框中输入"学生"；Stereotype 用来设置参与者的类型，如在 Stereotype 下拉列表框中选择 Actor；Documentation 用来输入该参与者的说明信息。

3）单击 OK 按钮，即可接受输入的属性信息，然后关闭对话框。

（2）创建用例。

1）在工具栏中单击 ⬭ 按钮，光标的形状变成"+"。

2）在用例图中要放置用例符号的地方单击，输入新用例的名称，如"登录"，如图 8.22 所示。

若要设置用例属性，可以执行以下步骤：

1）在用例图或浏览区中双击用例符号（也可以在选中的用例上右击，在弹出的快捷菜单中选择 Open Specification…命令，打开属性对话框，选择 General 选项卡，如图 8.22 所示。

2）用户可以在用例属性设置标签中对一些属性进行设置。Name 用来设置用例的名称，如在 Name 文本框中输入"登录"；Stereotype 用来设置用例的类型；Rank 用来对用例进行层次划分；Documentation 用来输入该用例的规约。

3）单击 OK 按钮，即可接受输入的属性信息，然后关闭对话框。

（3）添加参与者和用例之间的关联关系。

1）在工具栏中单击 ⌐ 按钮。

2）将光标定位在用例图中的参与者上，单击并将光标移动到用例符号上，然后释放鼠标左键，如图 8.23 所示。

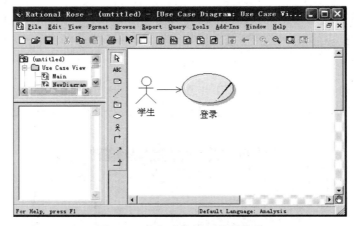

图 8.23　参与者和用例关联关系

若要简要地说明关系，可以执行以下步骤：

1）在用例图中双击关联关系符号，打开对话框。

2）在默认情况下，将显示对话框中的 General 选项卡。

3）在 Documentation 中输入简要说明。

4）单击 OK 按钮，即可接受输入的简要说明并关闭对话框。

（4）创建用例之间的关联。首先单击用例图工具栏中的 ↗ 图标，然后在编辑区的适当位置单击，画出关联。可以双击该关联，修改关联上的信息，并且可以移动关联信息的位置，如图 8.24 所示。

（5）增加泛化关系。

1）从工具栏中选择泛化关系箭头。

2）从子用例拖向父用例，也可从子参与者拖向父参与者。

若要简要地说明关系，执行的步骤同上。

对系统总的用例一般画在 Use Case View 中的 Main 里，如果一个系统可以创建多个用例图，则可以用包的形式来组织。

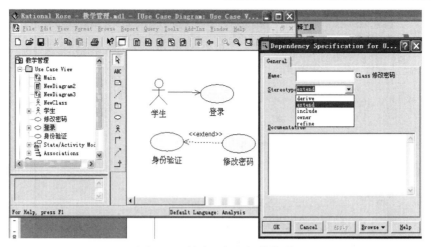

图 8.24　创建用例之间的关联

8.2.2　活动图建模

1. 活动图建模界面

在分析系统业务时可以用活动图来演示业务流，也可以在收集系统需求时显示一个用例中的事件流。活动图显示了系统中某个业务或者某个用例要经历哪些活动，以及这些活动按什么顺序发生。

（1）用于分析系统业务。在浏览区窗口中右击 Use Case View 或者 Logic View，在弹出的菜单中选择 New→Activity Diagram 命令，如图 8.25 所示。

图 8.25　活动图创建界面

（2）用于显示用例中的事件流。在浏览器中选中某个用例并右击，选择 New→Activity Diagram 命令，如图 8.25 所示。

Rational Rose 将在 Use Case View 文件夹下创建 State/Activity Model 子文件夹，文件夹内存放新建的活动图文件，文件的默认名为 New Diagram，右击活动图标，在弹出的菜单中选择 Rename 命令，可以更改创建的活动图名，如图 8.26 所示。

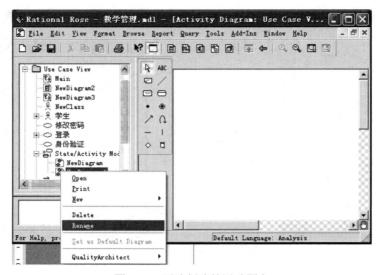

图 8.26　更改创建的活动图名

2. 活动图建模的工具

与活动图主界面对应的模型图工具如图 8.27 所示。

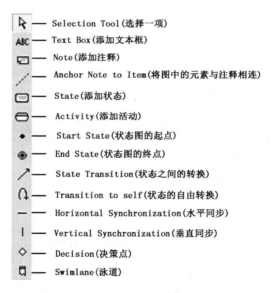

图 8.27　与活动主界面对应的模型图工具

3. 创建活动图

（1）添加泳道。添加泳道的步骤如下：

1）在工具栏中单击 Swimlane 图标。

2）在活动图编辑窗口中单击要放置泳道的位置，泳道就绘制出来了。

3）双击泳道，打开规格说明框。

4）在 Name 文本框中输入泳道的名字。

5）单击 OK 按扭，关闭规格说明框。

6）调整泳道的大小和位置。泳道的设置界面如图 8.28 所示。

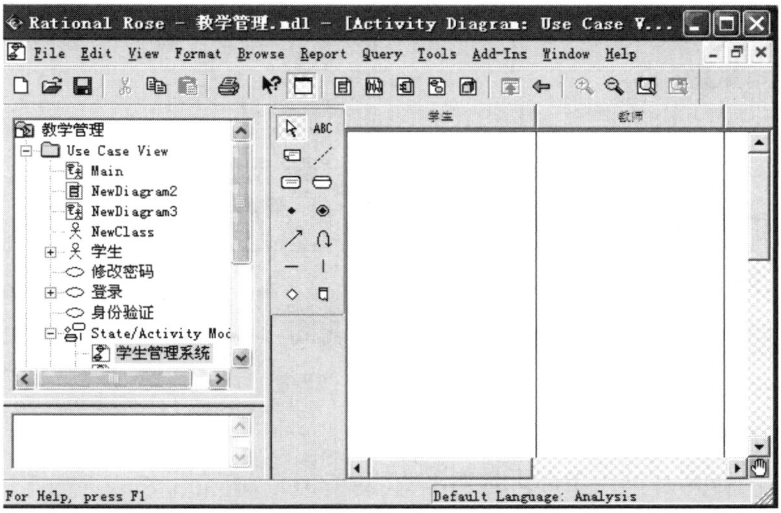

图 8.28　泳道的设置界面

（2）增加初态活动。单击工具栏中的初态图标"●"，然后在"对象"泳道最上方单击，即可为活动图加入初态活动。另外，用相同的方法单击工具栏中的终态图标"◉"，可以为活动图加入终态活动。

（3）增加活动并设置活动的顺序与属性。

1）在工具栏中单击 Activity 按钮，单击活动图标增加各类活动。在 Rational Rose 中可以增加分支判断。要增加分支判断，单击工具栏的图标按钮"◇"，然后在活动图编辑窗口的适当位置单击即可。

2）双击绘图区中相应的活动状态图标，打开属性对话框，选择 General 选项卡，即可修改活动的名字和文档说明；也可以选中要修改属性的活动状态图标并右击，在弹出的快捷菜单中选择 Open Specification…命令，打开属性设置对话框。

（4）添加转移动作。在工具栏中选择 Transition 按钮，然后按住鼠标左键，从动作流开始的活动向目标活动拖动鼠标，在两个活动点之间就会出现一条带箭头的直线，便建立了活动之间的转移。

（5）创建分叉与汇合。首先单击工具栏中的 Horizontal Synchronization 按钮，然后在绘制区域要创建分叉与汇合的地方单击。

（6）创建分支与合并。首先单击工具栏中的 Decision 按钮，然后在绘制区域要创建分支与合并的地方单击。

8.2.3　对象类建模

1. 对象类建模界面

在 Rational Rose 中可以通过多种途径来创建类图。最简单的方法是在浏览区右击 Use Case View 或 Logic View，在弹出的快捷菜单中选择 New→Class Diagram 命令，如图 8.29 所示；或在浏览区中选择一个包并右击，然后选择 New→Class Diagram 命令来创建一个类图。

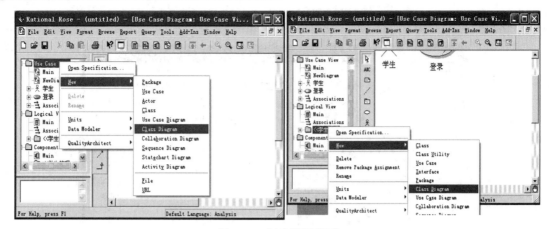

图 8.29　创建类图界面

2. 对象类建模的工具

与对象类主界面对应的模型图工具如图 8.30 所示。

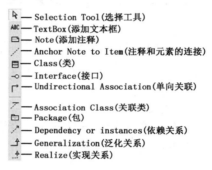

图 8.30　与对象类主界面对应的模型图工具

3. 创建类图

（1）添加类。右击浏览区内的 Logical View，选择 New→Class Diagram 命令。在图形编辑工具栏中单击 钮按钮，此时光标变为"+"号；在类图编辑窗口中单击，任意选择一个位置，系统在该位置创建一个新类，产生的默认名称为"New Class"；将"New Class"重新命名成新的名称即可。创建的新类会自动添加到浏览区的视图中，如图 8.31 所示。

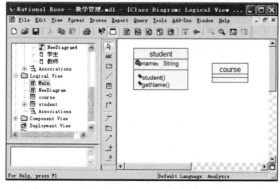

图 8.31　浏览区窗口

（2）创建属性。

1）选择浏览区中的类或类图编辑窗口中的类并双击；或者右击，选择 New→Attribute 命令，打开属性对话框，选择 General 选项卡，如图 8.32 所示。

图 8.32   类的属性设置

2）用户可以在类属性设置标签中对一些属性进行设置。Name 用来设置类的名称，如在 Name 文本框中输入 Course；Type 用来设置类型，如在 Type 文本框中选择 Class；Stereotype 用来设置类的类型，如在 Stereotype 下拉列表框中选择 Entity 选项；Documentation 用来输入该类的说明信息。

3）单击 OK 按钮，即可接受输入的属性信息，然后关闭对话框。

（3）删除一个类。删除类有两种方式：第一种方式是将类从类图中移除；第二种方式是将类永久地从模型中移除。第一种方式只需要选中该类，然后按 Delete 键即可。此时只是从类图的编辑窗口删除了类，该类还在模型中，在浏览区中仍然可以看到该类。如果再用该类，只需要将该类从浏览区拖动到类图中即可。第二种方式是在浏览区选中需要删除的类并右击，在弹出的快捷菜单中选择 Delete 命令，即可将类永久地从模型中移除，其他类图中存在的该类也会一起被删除。

（4）创建类之间的关系。

1）创建依赖关系。选择类图工具栏中的 图标，或者选择 Tools→Create→Dependency or Instantiates 命令，此时的光标变为"+"符号；单击依赖者的类，将依赖关系线拖动到另一个类中；双击依赖关系线，弹出设置依赖关系规范的对话框，在对话框中可以设置依赖关系的名称、构造型、可访问性、多重性及文档等。

2）删除依赖关系。选中需要删除的依赖关系，按 Delete 键或者右击并选择快捷菜单中的 Edit→Delete 命令。从类图编辑窗口中删除依赖关系并不代表从模型中删除该关系，依赖关系在依赖关系连接的类之间仍然存在。如果需要从模型中删除依赖关系，可以通过以下步骤进行：首先选中需要删除的依赖关系，同时按 Ctrl+Delete 组合键，或者右击并选择快捷菜单中的 Edit→Delete from Model 命令。此时依赖关系才被彻底地删除。

创建和删除泛化、关联及实现关系与创建和删除依赖关系操作类似，在此不再做介绍。

8.2.4 顺序图建模

1. 顺序图建模界面

在浏览区内的 Logic View 中右击，选择 New→Sequence Diagram 命令即可新建一个顺序图；也可以在浏览区中 Use Case View 中选择某个用例并右击，选择 New→Sequence Diagram 命令，如图 8.33 所示。

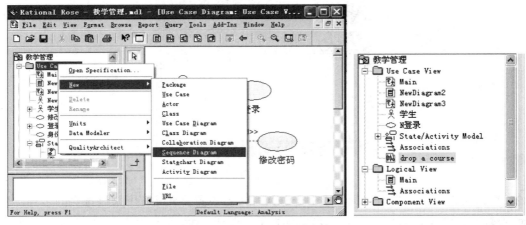

图 8.33　顺序图建模界面

2. 顺序图建模的工具

与顺序图主界面对应的模型图工具如图 8.34 所示。

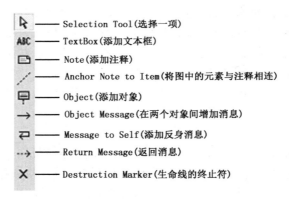

图 8.34　与顺序图主界面对应的模型图工具

3. 创建顺序图

（1）添加对象。在顺序图中放置参与者和对象。顺序图中的每个对象代表了某个类的某个实例。

1）把用例图中的该用例涉及的所有参与者拖到顺序图编辑区中。

2）单击工具栏中的 Object 按钮，单击框图增加对象。可以选择创建已有类的对象，也可以在浏览区中新建一个类，再创建新的类的对象。双击对象，在弹出的对话框中的 Class 里确定该对象所属的类。

3）对象命名：对象可以有名字也可以没名字。双击对象，在弹出的对话框中的 Name 里给对象命名。

在顺序图中可以用不同的方式代表 Actor 和对象，如图 8.35 所示。

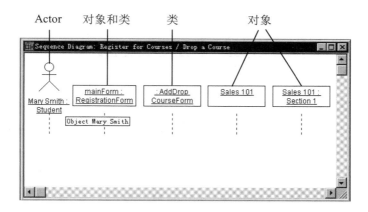

图 8.35　顺序图的对象

可以设置对象的规格说明，如图 8.36 所示。

图 8.36　设置对象的规格说明

在交互图中建立的类可以被放置在 Use Case View 中，它们可以与 Logical View 中的类相关。类在不同视图中的关系如图 8.37 所示。

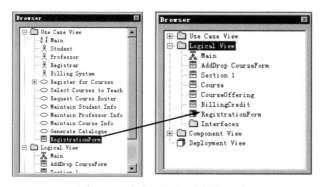

图 8.37　类在不同视图中的关系

（2）创建生命线。当对象被创建后，生命线便存在。当对象被激活后，生命线的一部分虚线变成细长的矩形框。在 Rational Rose 2003 中，是否将虚线变成矩形框是可选的，可以通过菜单栏设置是否显示对象生命线被激活时的矩形框。具体步骤：在菜单栏中选择 Tools →Options 选项，在弹出的对话框中选择 Diagram 选项卡，在 Display 选项组中勾选或取消勾选 Focus of control 复选框，如图 8.38 所示。

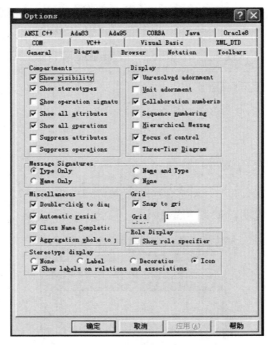

图 8.38　创建生命线

（3）添加消息。

1）选择顺序图的图形编辑工具栏中的图标，或者选择菜单栏中的 Tools→Create→Object Message 选项，此时的光标变为"+"符号。

2）单击需要发送消息的对象。

3）将消息的线段拖动到接收消息的对象中。

4）在线段中输入消息的文本内容。

5）双击消息的线段，弹出设置消息规范的对话框，可以在 General 选项卡中设置消息的名称等信息，消息的名称也可以是消息接收对象的一个执行操作，在名称下拉菜单中选择一个或重新创建一个都可以，称为消息的绑定操作。

6）如果需要设置消息的同步信息，即简单消息、同步消息、异步消息、返回消息、过程调用、阻止消息和超时消息等，可以在 Detail 选项卡中进行设置，还可以设置消息的频率。

（4）销毁对象。销毁对象表示对象生命线的结束，在对象生命线中使用一个"×"来标识。为对象生命线中添加销毁标记的步骤：在顺序图的图形编辑工具栏中选择销毁对象按钮，此时的光标变为"+"符号，再单击欲销毁对象的生命线，此时该标记在对象生命线中标识，该对象生命线自销毁标记以下的部分消失。

8.2.5　通信图建模

1．通信图建模界面

右击浏览器中的 Use Case View、Logical View 或者位于这两种视图下的包。在弹出的菜单中选择 New→Collaboration Diagram 命令，如图 8.39 所示。输入新的通信图名称。双击打开浏览区中的通信图，就新建了一个通信图；也可以在浏览区中 Use Case View 中选择某个用例并右击，选择 New→Collaboration Diagram 命令，创建一个新的通信图。

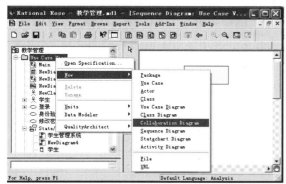

图 8.39　创建通信图的界面

2．通信图建模的工具

与通信图主界面对应的模型图工具如图 8.40 所示。

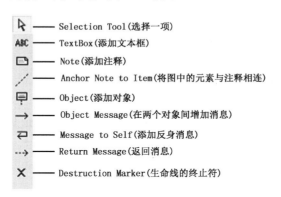

图 8.40　与通信图主界面对应的模型图工具

3．创建通信图

（1）添加参与者和对象。

1）添加参与者。在 Rational Rose 的浏览区树状列表中选择相应的参与者，并拖动到通信图编辑窗口中。

2）添加对象。单击通信图工具栏中的 Object 按钮，然后在通信图编辑窗口空白处单击，即可为通信图添加一个对象。可以选择创建已有类的对象，也可以在浏览区中新建一个类，再创建新的类的对象。还可以在菜单栏中选择 Tools→Create→Object 选项，此时光标变为"+"符号。然后在通信图中单击选择任一个位置，系统在该位置创建一个新的对象。在对象的"名称"文本框中输入对象的名称。此时对象的名称也会在对象上端的栏中显示。双击添加的对象或选中对象后右击，在弹出的菜单中选择 Open Specification 命令，在弹出的对话框中设置对象名称为 Name；设置 Class 属性和 Persistence 属性。用相同方法添加其他对象及其属性。

（2）添加链接和消息。

1）添加链接。选择通信图的图形编辑工具栏中的图标，或者选择菜单栏中的 Tools→Create→Message 选项，此时的光标变为"+"符号。然后单击连接对象之间的链，此时在链上出现一个从发送者到接收者的带箭头的线段，在消息线段上输入消息的文本内容即可。

2）添加消息。单击工具栏中的 Object Link 图标，单击刚添加的链接，即可添加一条消息；或者在链接上右击打开 Link Specification for...属性设置对话框，选择 Messages 选项卡，在列表框中右击，在弹出的快捷菜单中选择 Insert to...选项。双击或右击消息"1："，选择弹出菜单中的 Open Specification for...命令，打开图 8.41 所示的对话框，设置消息的 Name 为"基础信息查询与维护"，可以在 Documentation 处填写相应的详细描述信息，单击 OK 按钮确认修改。

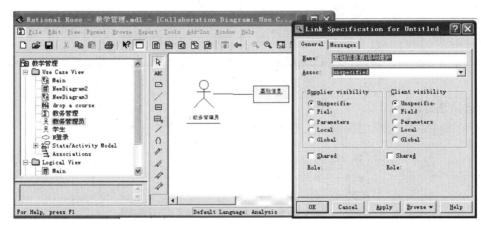

图 8.41　消息的属性设置

（3）完成通信图。依照上述方法添加完所有的对象、链接和消息，完成消息属性的设置，最终得到所要求的通信图。

顺序图与通信图之间可以相互切换。在顺序图中按 F5 键就可以创建相应的通信图；同理，在通信图中按 F5 键就可以创建相应的顺序图。顺序图和通信图是同构的，也就是说，两个图之间的转换没有任何信息的损失。

8.2.6　状态机图建模

1. 状态机图建模界面

在浏览区 Logic View 中选择要建立状态机图的类，然后右击该类。在弹出的菜单中选择 New→Statechart Diagram 命令，为该类创建一个状态机图，并重新命名该状态机图为"学生管理"，如图 8.42 所示。

2. 状态机图建模的工具

与状态机图主界面对应的模型图工具如图 8.43 所示。

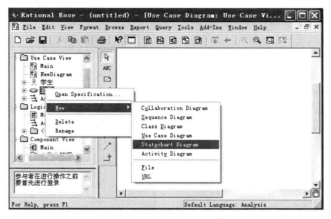

图 8.42 状态机图创建界面

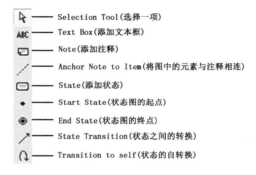

图 8.43 与状态机图主界面对应的模型图工具

3. 创建状态机图

（1）添加状态及属性。在图中增加状态，包括初始状态和终止状态。

1）单击工具栏的 State 按钮，单击框图编辑窗口可增加一个状态，双击状态可进行重命名。

2）选择工具栏的 Start State 和 End State 图标，单击框图增加初始状态和终止状态。初始状态是对象首次实例化时的状态，状态机图中只有一个初始状态；终止状态表示对象在内存中被删除之前的状态，状态机图中可以有 0 个、1 个或多个终止状态。添加状态界面如图 8.44 所示。

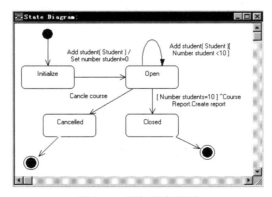

图 8.44 添加状态界面

添加状态规格说明，如图 8.45 所示。

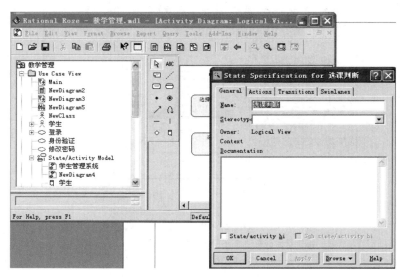

图 8.45　添加状态规格说明

（2）增加状态之间的转移。

1）单击工具栏中的 State Transition 图标。

2）从一种状态拖动到另一种状态。

3）双击转移线弹出对话框，可以在 General 选项卡中增加事件。在 Detail 中增加保证条件等转移的细节。事件用来在转移中从一个对象发送给另一个对象，保证条件放在中括号里，控制是否发生转移，如图 8.46 所示。

图 8.46　选择状态

（3）在状态中增加活动。

1）右击状态并选择 Open Specification 命令。

2）单击 Action 标签，右击空白处并选择 Insert 命令。

3）双击新活动（清单中有"Entry/"），打开活动规范，在 Name 文本框中输入活动细节。

通过关键词 entry、do 和 exit 等的输入，活动被放置在先前状态中，如图 8.47 所示。

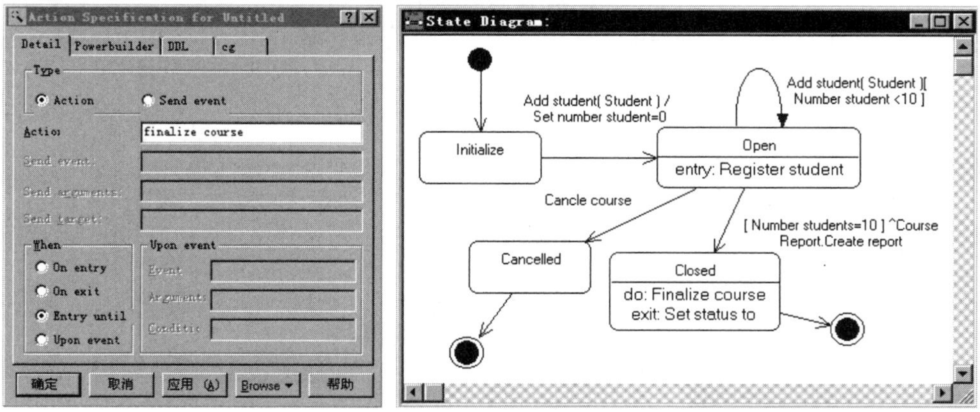

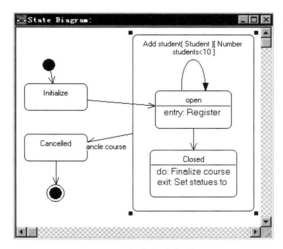

图 8.47　在状态中增加活动

嵌套状态可以用于使复杂的图形简单化，如图 8.48 所示。

图 8.48　嵌套状态的使用

8.2.7　构件图建模

1. 构件图建模界面

在浏览区中的 Component View 中右击 Component View，在弹出的快捷菜单中选择 New
→Component Diagram 命令，并命名新的框图，如图 8.49 所示。

2. 构件图建模的工具

与构件图主界面对应的模型图工具如图 8.50 所示。

3. 创建构件图

可以通过以下两种方式创建一个新的构件图：

（1）右击浏览器中的 Component View 或者位于构件视图下的包。在弹出的快捷菜单中
选择 New→Component Diagram 命令；输入新的构件图名称；双击打开浏览器中的构件图。

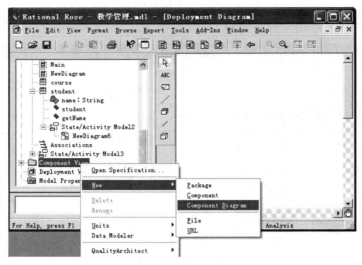

图 8.49　构件图创建界面

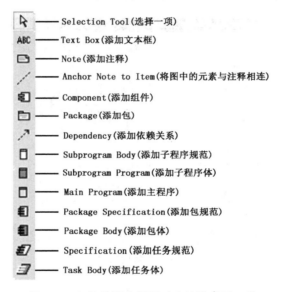

图 8.50　与构件图主界面对应的模型图工具

（2）在菜单栏中选择 Browse→Component Diagram...选项，或者在标准工具栏中单击 图标，弹出图 8.51 所示的"选择构件图"对话框。在左侧的 Package 列表框中，选择要创建构件图的包的位置。在右侧的 Component 列表框中选择 New 选项，单击 OK 按钮，在弹出的对话框中输入新构件图的名称。

在 Rational Rose 2003 中，可以在每个包中设置一个默认的构件图。在创建一个新的空白解决方案时，在 Component View 下会自动出现一个名为 Main 的构件图，此图即 Component View 下的默认构件图。当然默认构件图的名称也可以不是 Main，而使用其他构件图作为默认构件图。在浏览区中，右击要作为默认构件图的构件图，出现图 8.52 所示的快捷菜单，在快捷菜单中选择 Set as Default Diagram 命令即可把该图作为默认的构件图。

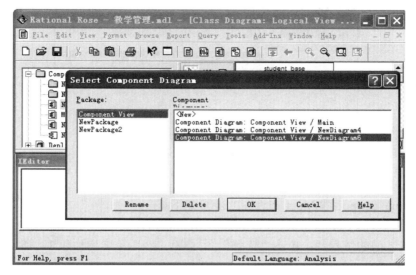

图 8.51　"选择构件图"对话框

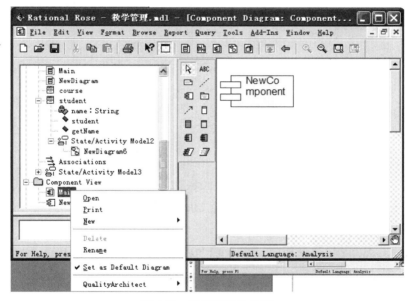

图 8.52　设置默认构件图

可以通过以下方式在模型中删除一个构件图：

（1）在浏览区中选中需要删除的构件图并右击。

（2）在弹出的快捷菜单中选择 Delete 命令。

或者通过下面的方式：

（1）在菜单栏中选择 Browse→Component Diagram ...选项，或者在标准工具栏中单击"构件图"。

（2）在左侧的 Package 列表框中，选择要删除构件图的包的位置。

（3）在右侧的 Component 列表框中选中该构件图，如图 8.53 所示。

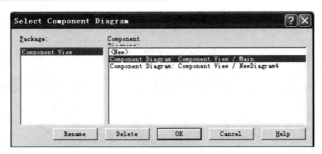

图 8.53　删除构件图

（4）单击 Delete 按钮，在弹出的对话框中确认。

使用 Rational Rose 创建 Main 构件图的步骤如下：

1）在浏览区中的 Component View/Main 中增加各构件包。

2）建立包之间的依赖线。单击"依赖"图标 ↗，然后单击构件包 1，拖动鼠标到要连接的另一个包，就建立了依赖连接线，如图 8.54 所示。

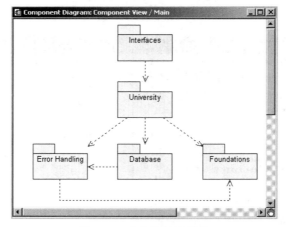

图 8.54　建立依赖连接线

在构件图中加入构件的步骤如下：

1）选择 Component 工具栏按钮，单击 图标增加构件，并命名构件，如图 8.55 所示。

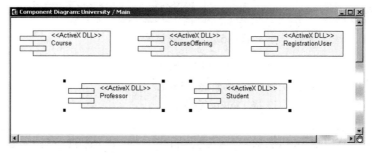

图 8.55　添加构件

2）右击构件，选择 Open Specification for …命令，在 Stereotype 下拉列表框中设置构件版型，如图 8.56 所示。

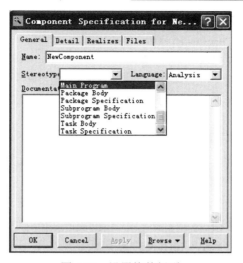

图 8.56 设置构件版型

8.2.8 部署图建模

1. 部署图建模界面

（1）双击 Deployment View。

（2）选择 Processor 工具栏按钮，单击框图增加处理器并命名。

（3）在 Deployment View 中右击处理器并选择 New→Process 命令，命名进程，如图 8.57 所示。

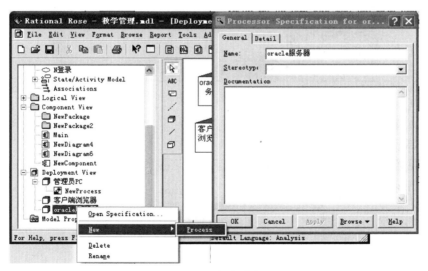

图 8.57 命令进程

（4）在框图中右击处理器，选择 Show Processes 选项，可以在框图中显示该处理器的进程。

2. 部署图建模的工具

与部署图主界面对应的模型图工具如图 8.58 所示。

图 8.58　与部署图主界面对应的模型图工具

3. 创建部署图

（1）添加构件。把设备加入部署图编辑窗口中。

1）选择 Device 工具栏按钮。

2）单击框图增加设备并命名，如图 8.59 所示。

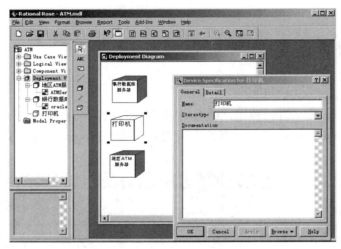

图 8.59　增加设备并命名

（2）添加链接

1）选择 Connection 工具栏按钮。

2）单击要连接的一个处理器或设备，拖动到要连接的另一个处理器或设备。

3）命名连接，如图 8.60 所示。

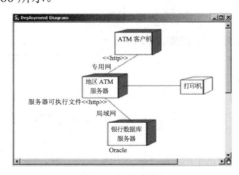

图 8.60　部署图

8.3　用 Rational Rose 生成代码

在 Rational Rose 2003 中，不同的版本对代码生成提供了不同程度的支持，对于前面介绍的三个版本，Rational Rose Modeler 仅可以提供生成系统的模型，不支持代码生成功能。Rational Rose Professional 版本只支持一种目标语言，这种语言取决于用户在购买该版本时的选择。Rational Rose Enterprise 版本对 UML 提供了很多支持，可以使用多种语言生成代码，包括 Ada83、Ada95、ANSI C++、CORBA、Java、COM、Visual Basic、Visual C++、Oracle 8 和 XML_DTD 等。可以通过选择 Tools→Options 选项查看其所支持的语言信息，如图 8.61 所示。

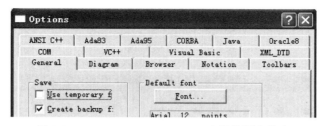

图 8.61　Rational Rose Enterprise 支持的语言信息

使用 Rational Rose 生成代码可以通过以下四个步骤进行（以目标语言为 Java 为例）。

8.3.1　选择待转换的目标模型

在 Rational Rose 中打开已经设计好的目标图形，选择需要转换的类、构件或包。使用 Rational Rose 生成代码一次可以生成一个类、一个构件或一个包，通常在逻辑视图的类图中选择相关的类，在逻辑视图或构件视图中选择相关的包或构件。选择相应的包后，在该包下的所有类模型都会转化成目标代码。

8.3.2　检查 Java 语言的语法错误

Rational Rose 拥有独立于各种语言之外的模型检查功能，通过该功能能够在代码生成以前保证模型的一致性。在生成代码前最好检查一下模型，发现并处理模型中的错误和不一致性，使代码正确生成。

选择 Tools→Check Model 选项可以检查模型的正确性，如图 8.62 所示。

将出现的错误写在下方的日志窗口中。常见的错误包括对象与类不映射等。在检查模型错误时，出现的这些错误需要及时校正。在 Report（报告）工具栏中，可以通过 Show Usage...、Show Instances...、Show Access Violations 等功能辅助校正错误。

选择 Tools→Java/J2EE→Syntax Check 选项可以检查 Java 语言的语法，如图 8.63 所示。

检查出的语法错误将在日志窗口中显示。如果检查无误，会出现一个对话框显示"Syntax checking completed successfully"的提示信息。

图 8.62　检查模型的正确性

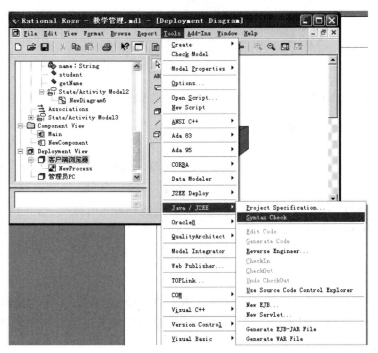

图 8.63　检查 Java 语言的语法

8.3.3　设置代码生成属性

在 Rational Rose 中，可以对类、类的属性、操作、构件和其他元素设置一些代码生成属性。通常，Rational Rose 提供默认的设置。可以通过选择 Tools→Options 选项自定义这些代码生成属性。设置这些生成属性后，将影响模型中使用 Java 实现的所有类，如图 8.64 所示。

对单个类进行设置时，可以通过某个类，选择该类的规范窗口，在对应的语言中改变相关属性，如图 8.65 所示。

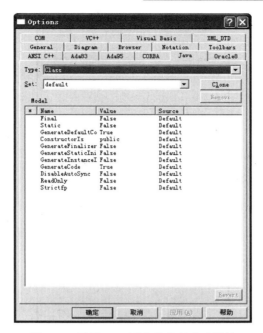

图 8.64　设置 Java 语言的代码生成属性

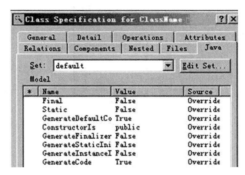

图 8.65　设置单个类的生成属性

8.3.4　生成代码

在使用 Rational Rose Professional 或 Rational Rose Enterprise 版本生成代码之前，一般需要将一个包或构件映射到一个 Rational Rose 的路径目录中，指定生成路径。选择 Tools→Java→Project Specification 选项，打开 Project Specification 对话框，可以设置项目的生成路径，如图 8.66 所示。在 Project Specification 对话框中，在 Classpath 选项卡下添加生成的路径，可以选择目标是生成在一个 jar/zip 文件中还是生成在一个目录中。

在设定完生成路径之后，可以在菜单栏中选择 Tools→Java/J2EE→Generate Code 选项生成代码，如图 8.67 所示。

以图 8.68 中的类模型为例来说明代码的生成过程。在该类模型中，类的名称为 Student，有一个私有属性 name，还包含一个 public 类型的方法，方法的名称为 getName，另外，还有该类的构造函数。通过上面的步骤，对该类进行代码生成，如图 8.67 所示。

图 8.66 设置项目的生成路径

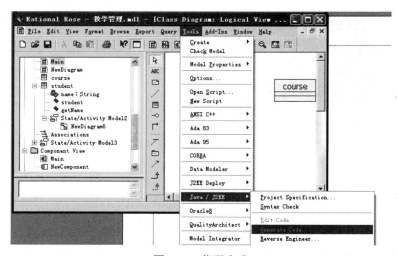

图 8.67 代码生成

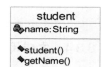

图 8.68 类模型

可以获得的代码（Student.java）如下所示。在程序中，可以一一对应出在类图中定义的内容。

代码 Student.java

//Source file: D:\\Student.java

```
1.     public class ClassName {
2.         private String name;//对应图中的 name 属性
3.         /**
4.          * @roseuid 467169E40029
5.          */
```

```
6.         public Student(){    //对应图中的 Student 方法
7.
8.         }
9.         /**
10.          * @return String
11.          * @roseuid 46723BHD0532
12.          */
13.        public String getName(){    //对应图中的 getName 方法
14.             return null;
15.        }
16.    }
```

在生成的代码中，注意到如下语句：

```
4.    @roseuid 467169E40029
```

这些数字和字母的符号是用来标识代码中的类、操作以及其他模型元素的，便于 Rational Rose 中的模型与代码同步。

8.4　Rational Rose 逆向工程

逆向工程（reverse engineer）是从现有系统的代码逆向生成软件开发周期中原先的模型。其目的是通过生成的模型，了解系统原来的组织和结构，方便团队的讨论和进一步的改进，从而实现了通过 Rational Rose 得到系统代码所对应的 UML 框图（类图、数据模型图、构件图等）。

在 Rational Rose 中，可以收集有关类、类的属性、类的操作、类与类之间的关系以及包和构件等静态信息，将这些信息转化成为对应的模型，并在相应的图中显示出来。下面以 Java 代码逆向工程为例进行介绍。

（1）选择菜单栏上的 Tools→Java/J2EE→Reverse Engineer...选项，弹出图 8.69 所示的对话框。

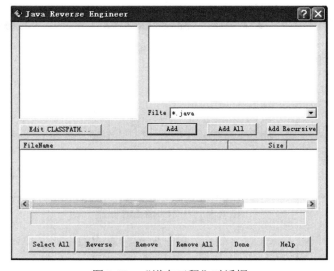

图 8.69　"逆向工程"对话框

（2）单击 Edit CLASSPATH...按钮，弹出图 8.70 所示的对话框，添加逆向工程的代码。

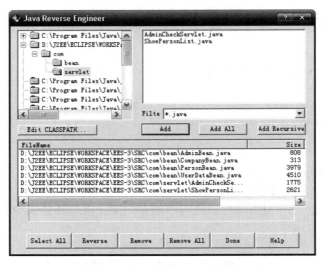

图 8.70　添加逆向工程的代码

（3）单击 Classpaths 栏上的 New（Insert）按钮，新建一个路径。

（4）单击...按钮，添加要进行逆向工程的代码所在的路径。

（5）路径添加完毕，返回图 8.70 所示的对话框，在 Classpath 区的路径中选择进行逆向工程的代码。

（6）单击 Add All 按钮，再单击 Select All 按钮。

（7）单击 Reverse 按钮，开始进行逆向工程。

（8）逆向工程结束，单击 Done 按钮，在浏览区窗口中可以看到树。

另外，可以设置字体和颜色。

（1）设置字体。单击 Font 按钮，弹出图 8.71 左侧所示的"字体"对话框，可以设置字体。

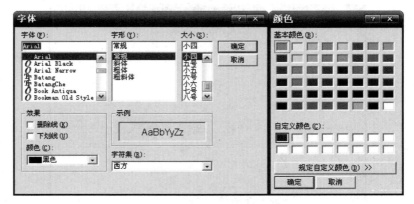

图 8.71　字体和颜色的设置

（2）设置颜色。单击 Line Color 按钮，设置所选对象的边框的颜色，单击 Fill Color 按钮，可以在图 8.70 所示右侧对话框中选择要填充的颜色。

小　　结

　　本章主要介绍了 Rational Rose 工具。Rational Rose 是一种非常强大的建模工具，具有非常多的功能。本章主要介绍了 Rational Rose 的组成，以及如何使用 Rational Rose 绘制 UML 图形。还介绍了正向工程和逆向工程，由于用 UML 描述的模型在语义上比当前任何面向对象编程语言都丰富，因此正向工程将导致一些信息丢失。像协作这样的结构特征和交互这样的行为特征，在 UML 中能被清晰地可视化，但源代码不会如此清晰。逆向工程会导致大量的多余信息，其中的一些信息属于比需要建造的有用的模型低的细节层次。同时，逆向工程是不完整的。由于在正向工程中从模型到产生代码时丢失了一些信息，因此除非所使用的工具能对原先注释中的信息进行编码，否则不能再从代码中创建一个完整的模型。

复习思考题

一、选择题

1. Rational Rose 中，Rose 模型的视图包括（　　）。
   A．用例视图　　　　B．部署视图　　　　C．数据视图　　　　D．逻辑视图
2. 在用例视图下可以创建（　　）。
   A．类图　　　　　　B．构件图　　　　　C．包　　　　　　　D．活动图
3. Rational Rose 建模工具可以执行的任务有（　　）。
   A．非一致性检查　　　　　　　　B．生成 C++语言代码
   C．报告功能　　　　　　　　　　D．审查功能
4. Rational Rose 默认支持的目标语言包括（　　）。
   A．Java　　　　　　B．CORBA　　　　　C．Visual Basic　　D．Delphi
5. 使用 Rational Rose 生成代码的步骤包括（　　）。
   A．设置代码生成属性　　　　　　B．选择待转换的目标模型
   C．生成代码　　　　　　　　　　D．检查 Java 语言的语法错误
6. 类图应该画在 Rational Rose 的（　　）视图中。
   A．Use Case View　　　　　　　 B．Logical View
   C．Component View　　　　　　　D．Deployment View
7. 下列关于接口的说法，不正确的是（　　）。
   A．接口是一种特殊的类
   B．所有接口都是有构造型<<interface>>的类
   C．一个类可以通过实现接口支持接口所指定的行为
   D．在程序运行时，其他对象不仅需要依赖于此接口，还需要知道该类关于接口实现的其他信息
8. 下列关于类方法的声明，不正确的是（　　）。
   A．方法定义了类许可的行动

B．从一个类创建的所有对象可以使用同一组属性和方法

C．每个方法应该有一个参数

D．如果在同一个类中定义了类似的操作，则它们的行为也应该是类似的

9．Rational Rose 2003 的主界面包括（　　）。

　　A．标题栏　　　　　B．状态栏　　　　　C．菜单栏　　　　　D．工具栏

10．Rational Rose 中模型库支持（　　）模型元素。

　　A．类图　　　　　B．结构图　　　　C．部署图　　　　　D．构件图

11．Rational Rose 的建构模型工具能够为 UML 提供（　　）的支持。

　　A．审查功能　　　B．报告功能　　　C．绘图功能　　　　D．日志功能

12．Rational Rose 2003 导入文件的后缀是（　　）。

　　A．.mdl　　　　　B．.log　　　　　C．.ptl　　　　　D．.cat

13．Rational Rose 2003 导出文件的后缀是（　　）。

　　A．.mdl　　　　　B．.log　　　　　C．.ptl　　　　　D．.cat

二、填空题

1．_____、_____、_____和_____是使用 Rational Rose 建立 Rose 模型的四种视图。

2．Rational Rose 建模工具可以执行_____、_____、_____和_____四大任务。

3．构件视图下的元素可以包括_____、_____、_____。

4．系统中只包含一个_____视图，用来说明各种处理活动在系统各结点的分布。

5．构件视图用来描述系统中的各个实现模块及其之间的依赖关系，包含_____、_____、_____和_____。

6．在 Rational Rose 2003 主界面的浏览区中，可以创建_____视图、_____视图、_____视图和_____视图。

7．_____位于 Rational Rose 2003 工作区域的右侧，用于对构件图进行编辑操作。

8．保存模型包括对_____的保存和对创建模型过程中_____的保存。这些都可以通过菜单栏和工具栏实现。

9．Rational Rose 模型文件的扩展名为_____。

三、简答题

1．请说明 Rational Rose 包括的视图及作用。

2．试述如何使用 Rational Rose 生成代码。

3．请简要说明使用逆向工程的步骤。

4．请阐述用例视图和逻辑视图的区别以及各自的使用场合。

5．简单描述 Rational Rose 2003 的安装过程。

6．如何使用 Rational Rose 模型的导出和导入功能？

7．说出 Rational Rose 操作界面由哪几个部分组成以及各个部分的作用。

8．请说明如何实现自定义工具。

四、上机题

1．在"图书流通管理系统"中，系统的参与者为借阅者、图书管理员和系统管理员。借阅者包括编号、姓名、地址、最多可借书数、可借阅天数等属性。图书管理员包含自己的登录名称、登录密码等属性。系统管理员包含系统管理员用户名、系统管理员密码等属性。图书流通管理可以为读者借书、还书、续借、预约图书，图书损坏或丢失要进行罚款。读者可以查阅借书信息、可以进行续借和网上的图书预约。根据这些信息，创建系统的用例图、类图、顺序图、通信图。

2．使用 Rational Rose 生成代码的功能将下面的代码转换成逻辑视图（logical view）中的类图。

```
Class Student{
    Private String id,
    Private String name ,
     Private String sex,
    Public Student(){}
    Public String getName(){
    Return name ;
    }
        Public void setName(String name){
    This.name=name;
    }
}
```

第9章　软件复用与软件构件技术

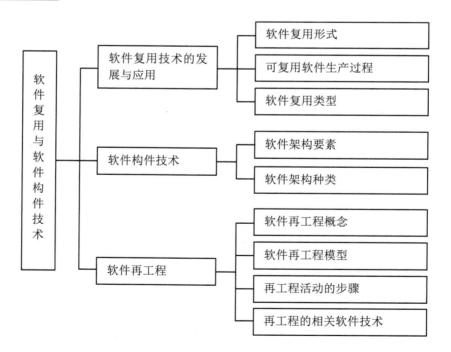

　　软件复用（software reuse）是将已有软件的各种有关知识用于建立新的软件，以缩减软件开发和维护的费用。软件复用是提高软件生产力和质量的一种重要技术。软件复用被认为是解决所谓"软件危机"在技术上可行的、切实的解决方案。早期软件复用主要是代码级复用，被

复用的知识专指程序，后来扩大到包括领域知识、开发经验、设计决定、体系结构、需求、设计、代码和文档等一切有关方面。

随着软件复杂度的与日俱增，传统的把整个软件的源程序拿来静态编译的方法显然不适合了。在这个前提下，产生了软件拼装模式，即把软件分成一个个相对独立的目标代码模块，称为构件或组件。

面向对象技术实现了软件源代码层次的复用，提高了软件开发人员的生产率。构件技术是对面向对象技术的深化，实现了二进制层次上软件的复用，进一步提升了软件开发的效率。根据构件技术，软件系统可以拆分成相对独立的构件，构件之间通过约定的接口进行数据交换和信息传递。构件可以用不同的语言编写，只要符合一组二进制规范即可，从而大大提高了开发的灵活度。

9.1　软件复用技术的发展与应用

软件复用是一种计算机软件工程方法和理论，是指重复使用"为了复用目的而设计的软件"的过程，即是一种由预先构造好的为复用目的而设计的软件构件来建立或者组装软件系统的过程。它是一种系统化的方法，为了复用而进行设计，为了复用而开发，并且要有效地组织和管理这些复用产品，方便人们查找和使用，基于复用产品进行开发。软件复用的基本思想非常简单，即放弃原始的、一切从头开始的软件开发方式，利用复用技术，由公共的可复用构件来组装新的系统，这些可复用构件包括对象类、框架或者软件体系结构等。它的目的是在软件开发活动中，利用已有的、可复用的软件成分来构造和生成新的软件系统，以达到缩减软件开发和维护花费的目的。软件复用技术一般可分为组装技术和生成技术两种类型。组装技术是利用组装方式来实现软件构件的复用，即对已有的软件构件不做修改或少做修改，直接将其插装在一起，从而构成新的目标系统。常见的组装技术有子程序库技术和基于 OO 技术的软件 IC（S-IC）技术。生成技术（sowing reuse）由程序生成器完成对软件结构模式的复用。生成器导出模式相当于种子，从中可生长出新的专用软件构件，如 Visual C++中的 Wizard 等。

9.1.1　软件复用技术的发展

软件复用并不是一个新概念，最早的软件复用可以追溯到子程序库（如数学子程序库）的使用，但正式提出软件复用是在 1968 年德国 Garmish 举行的 NATO 软件工程会议上，Dough Mcllroy 在"Mass Produced Software Components"的论文中首次提出了软件复用的概念，他的设想是利用代码的复用来提高软件的开发效率以及通过软件剩余的构件进行分类和管理，通过制定一系列标准达到软构件自身复用的目的，进一步提高复杂软件系统开发的效率。但由于当时的硬件水平以及软构件的管理不完善，该设想并没有被执行。20 世纪 70 年代中期以后，国际对基于构件的软件复用技术进行了较多的研究与实践，并得到美国、欧洲国家、日本的倡导和支持。一些企业也确实通过软件复用提高了软件产品的生产效率和质量，但是其效果并没有达到最初期望的程度。到了八九十年代，软件复用引起了学术界的广泛兴趣，人们认识到软件复用是优秀软件设计的关键因素之一，并且软件复用已在子程序库、报告生成程序等方面取得进展。总地来说，复用的优势可以总结为提高生产率、减少维护代价、提高互操作性、支持快速原型和减少培训开销等。经过 30 多年的不断研究和发展，软件复用技术逐渐成熟，由探索阶段过渡到应用阶段，出现了一些以复用思想为指导的软件开发方法。

截至目前，软件复用技术共经历了四个标志性阶段，见表 9.1。

表 9.1　软件复用技术的标志性阶段

类别	阶段			
	第一个阶段 萌芽、潜伏期	第二个阶段 再发现期	第三个阶段 发展期	第四个阶段 成熟期
时间	1968－1978 年	1979－1983 年	1983－1994 年	1994 年至今
特征	（1）Dough Mcllroy 提出了软件复用的概念。 （2）Dough Mcllroy 希望通过代码复用实现软件开发的大规模生产。 （3）Dough Mcllroy 设想软件构件可根据它们的通用性、性能及应用平台进行分类，使复杂的软件系统像硬件设计一样，通过标准的构件进行识别、组装。 （4）此后 10 年软件复用研究并未取得实质性进展。	（1）1979 年 Lanergan 对 Rayther Missice Divison 中的一项软件复用项目进行总结，使得软件复用技术重新引起人们的关注。 （2）Lanergan 项目小组分析了 5000 个 COBOL 源程序，发现设计和代码中有 60% 的冗余，因此可标准化并被复用。 （3）研究发现商业、金融等系统的大部分逻辑结构和设计模式都属于编辑、维护、报表等类型的模块，可通过对这些模块重新设计和标准化来得到较高的复用率。	（1）Hed BiggerstuffA 和 Alan Petis 于 1983 年在美国的 NewPort 组织了第一次有关软件复用的研讨会。 （2）1984 年和 1987 年，美国 IEEE Transaction on Software Engineering 和 IEEE Software 分别出版了有关软件复用的专辑。 （3）1991 年，第一届软件复用国际研讨会（IWSR）在德国举行。 （4）1993 年举行了第二届软件复用国际研讨会。 （5）欧洲实施了多个有关软件复用的重点项目，如 ESF（Eureka Software Factory），其主要目标是提供软件复用的工具支持。	（1）1994 年的软件复用国际研讨会议改称软件复用国际会议。 （2）软件复用技术已引起计算机科学界的广泛重视。 （3）面向对象技术的崛起带给软件复用技术新的希望，出现了类库、构件等新的复用方式。其中，微软的 ActiveX 是典型代表。 （5）互联网的全球化为软件复用技术提供了便捷、有效的传播工具，使得软件复用技术在全球范围内被广泛接受。

卡内基·梅隆大学、美国空军运动控制领域以及 IBM 和 Loral Federal System 公司全力研发软件复用技术，他们分别提出了复用成熟的模型、面向特征的领域分析方法以及构件库系统，引领着软件复用技术的发展方向。在国内，杨芙清院士领导开发的青鸟构件库管理系统促进了国内软件复用技术的发展。

随着"互联网+"的发展，软件复用上升到一种宏观的高度，软件复用的开发模式必将取代传统的自给自足的软件开发模式。软件复用被视为解决软件危机、提高软件生产效率和质量的切实可行的途径。

9.1.2　软件复用的形式

可以被复用的软件成分一般称为可复用构件，无论对可复用构件原封不动地使用还是做适当的修改后再使用，只要是用来构造新软件，就都可称为复用。如果是在一个系统中多次使用一个相同的软件成分，则不称为复用，而称为共享；如果是对一个软件进行修改，使它运行于新的软硬件平台，也不称为复用，而称为软件移值。

软件复用不仅是对程序的复用，还包括对软件生产过程中任何活动产生的制成品的复用，如项目计划、可行性报告、需求定义、分析模型、设计模型、详细说明、源程序、测试用例等。按抽象程度的高低，软件复用可以划分为图 9.1 所示的级别。

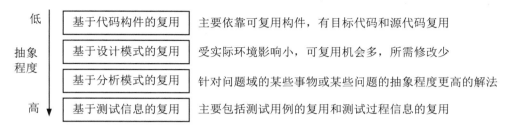

图 9.1　软件复用的级别

（1）基于代码构件的复用。软件构件类似于标准化的传统工业中的零部件，可以是函数、类和构件，封装形式既有代码级又有二进制级。代码复用是软件复用中最常见的一种形式，包括目标代码和源代码的复用。其中目标代码的复用级别最低，历史也最久，如当前大部分编程语言的运行支持系统都提供了连接和绑定等功能来支持这种复用。源代码的复用级别略高于目标代码的复用，程序员在编程时把一些想复用地代码段复制到自己的程序中，但这样往往会产生一些新旧代码不匹配的错误。要想大规模地实现源程序的复用，只有依靠含有大量可复用构件的构件库，如"对象链接及嵌入（OLE）"技术——既支持在源程序级上定义构件以构造新的系统，又使这些构件在目标代码级上仍然是独立的可复用构件，能够在运行时被灵活地重新组合为各种应用系统。

（2）基于设计模式的复用。设计模式是对某类问题的通用解决方案，实际上是一种设计方案和资料的复用。它的复用受实现环境的影响较小，从而使可复用构件被复用的机会更多，并且所需的修改更少。这种复用有以下三种途径：

1）从现有系统的设计结果中提取一些可复用的设计构件，并把这些构件应用于新系统的设计中。

2）将一个现有系统的全部设计文档在新的软硬件平台上重新实现，也就是把一个设计运用于多个具体的实现。

3）独立于任何具体的应用，有计划地开发一些可复用的设计构件。

（3）基于分析模式的复用。分析模式是指领域内一组相似应用的共同抽象，它可以看作一种需求分析模型和资料的复用，是一种比设计模式层次更高的复用技术。可复用的分析构件是针对问题域的某些事物或某些问题的抽象程度更高的解法，受设计技术及实现条件的影响很小，所以可复用的机会更大。复用的途径也有三种，即从现有系统的分析结果中提取可复用构件用于新系统的分析；用一份完整的分析文档作为输入，产生针对不同软硬件平台和其他实现条件的多项设计；独立于具体应用，专门开发一些可复用的分析构件。

（4）基于测试信息的复用。测试信息复用主要包括测试用例的复用和测试过程信息的复用。前者是在新的软件测试中使用一个软件的测试用例，或者在软件做出修改时在新一轮测试中使用；后者是在测试过程中通过软件工具自动地记录测试的过程信息，包括测试员的每个操作、输入参数、测试用例及运行环境等一切信息。这种复用的级别不便与分析、设计、编程的复用级别作准确比较，因为被复用的不是同一事物的不同抽象层次，而是另一种信息，但从这些信息的形态看，大体处于与程序代码相当的级别。

由于软件生产过程主要是正向过程，即大部分软件的生产过程是使软件产品从抽象级别较高的形态向抽象级别较低的形态演化，因此较高级别的复用容易带动较低级别的复用，复用的级别越高，可得到的回报也越大，因此分析结果和设计结果在目前很受重视。用户可购买生产商的分析件和设计件，自己设计或编程，但需要掌握系统的剪裁、扩充、维护、演化等知识。

9.1.3 软件复用的类型与优点

1. 软件复用的类型

软件复用可以分为横向复用和纵向复用两种类型。

（1）横向复用。横向复用是指复用不同应用领域中的软件成分，如数据结构、算法、人机界面构件等。

（2）纵向复用。纵向复用的关键在于领域分析，根据应用领域的特征和相似性，预测软件成分的可复用性。一旦确认了软件成分的可复用价值，便可以进行开发，然后将开发得到的软件制品存入可复用构件库，供未来开发项目使用。

2. 软件复用的优点

在软件开发中，软件复用就是充分利用已有的各项成果，避免重复劳动，增加技术积累，提高软件水平，加快开发速度，保证软件开发质量。其优点主要有以下几方面：

（1）提高生产率。软件复用的最明显的好处在于提高生产率，从而减少开发代价。生产率的提高不仅体现在代码开发阶段，在分析、设计及测试阶段同样可以利用复用来节省开销。

（2）减少维护代价。这是软件复用的一个重要优点。由于使用经过检验的构件，因此减少了可能的错误，同时软件中需要维护的部分减少了。

（3）提高互操作性。一个更专业化的好处在于提高了系统间的互操作性。通过使用统一的接口，系统将更有效地实现与其他系统之间的互操作性。

（4）支持快速原型。另一个好处在于对快速原型的支持，即可以快速构造出系统可操作的模型，以获得用户对系统功能的反馈。利用可复用构件可以快速有效地构造出应用程序的原型。

（5）减少培训开销。最后一个好处在于减少培训开销，即雇员在熟悉任务时所需的非正式的开销。软件工程师将使用一个可复用构件库，其中的构件都是他们熟悉和精通的。软件复用技术将促进软件产业的变革，使软件产业真正走上工程化、工业化的发展轨道。

9.1.4 可复用软件构件的生产与使用

1. 可复用软件构件的开发思路

基于构件的软件开发方法建立在结构化方法中的模块系统和面向对象系统的基础之上，同时吸收和发扬了面向对象、软件复用等技术中的优秀思想，推动了软件产业的发展，也满足了计算机应用新形势的需要。基于构件的软件开发以构件为单位独立地进行设计和实现，从而能够进行大规模的软件生产。以构件模型和构件构架作为系统开发者之间的协议标准，提高了应用系统各部分开发的独立性和并行性。基于构件的软件开发提高了软件系统的灵活性，缩短了开发周期，从而减少了开发及维护费用，提高了生产率。

国际上，软件复用在领域工程、构件及构件库的标准化、构件组装技术、基于复用的软件开发过程和复用成熟度模型等方面取得了重大成功。基于软件构件开发方法的思路,借鉴了传统工业的生产模式。首先,考虑用户的需求,依此设计整体结构框架;然后,根据需要到构件库中选择能够完成相应功能的构件;最后,组装应用系统。如果构件库中不存在所需的构件,就购买、定制或自行开发。基于构件的软件开发基本思路如图 9.2 所示。

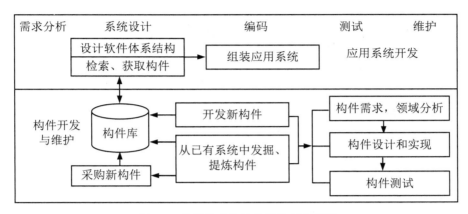

图 9.2　基于构件的软件开发基本思路

2. 可复用软件构件的使用

基于可复用构件的应用系统开发如下:

(1)构件分析与设计。

1)领域分析和需求分析。领域分析和需求分析的主要工作是理解问题域空间,获得领域中每个典型系统的系统需求和构件需求。系统软件的需求界定在本系统,构件需求分析则界定在整个领域。

2)建立系统模型。根据需求分析,利用 UML 技术建立领域中的典型系统分析模型。可以将其概括为三个步骤。第一步进行系统调查,确定系统边界和问题域,标识系统责任。利用用例图进行描述,对每个用例图建立主事件流和其他事件流,依据系统责任取舍其他事件流。第二步对系统的每个用例进行流程分析,也就是确定每个用例的实现流程,设计出每个用例对应的顺序图和通信图。第三步采用面向对象分析方法,结合每个用例对应的顺序图和通信图,建立系统的类图。

3)划分构件。利用分析模型中的类图,综合考虑系统责任、系统体系结构以及开发平台,建立系统的构件模型。需要设计构件、书写需求规范和查询构件库,对已有构件进行复用,对新构件进行设计。设计新构件主要包括接口设计、功能程序框图设计和算法设计等。构件 IDL 文件中每个方法的接口,即参数列表,表达了与构件使用者进行交互的信息。面向某应用领域、通用的接口是保证方法稳定的基础。构件需求规范是对构件名称、功能等的描述,是构件表示的依据,为构件入库、再开发等提供了方便。

(2)构件实现及局部测试。构件实现主要是指构件的代码实现和编译封装,用软件开发工具将设计好的构件转化为可用的软件构件。构件测试主要是纠正实现部分的错误,同时查看构件在功能和结构设计上有无错误,对不满足系统功能和复用要求的构件进行重新设计和实现。

(3)基于构件的应用程序组装。建立应用程序框架,利用构件完成应用程序的相应功能。系统的大部分功能由构件完成,框架的主要作用是提供一个构件活动的场所,并把构件的功能提供给用户。基于构件的应用程序组装，有时看起来并不是一个应用程序，打包好的构件可以在应用服务器上安装，为了达到高伸缩性，这种包可能不止一个。

（4）应用系统整体测试。安装好构件才能运行程序，才可以进行测试。如果测试出问题，首先需要确定框架是否正确使用了构件，然后确定涉及的构件是否能够正常工作。有时构件在局部测试时能够正常工作，但是在真正集成环境下不能工作。此时需要确定故障的原因是构件实现的问题还是设计的问题，从而进行相应的补救措施，以实现应用系统的正常运行。

3. 采用构件编程的优势

面向对象方法是一种基于抽象数据类型的方法，相对来说，采用构件编程有更大的优势，具体如下：

（1）面向对象编程的复用属于白盒复用，是对源代码的复用；而构件复用可以是黑盒复用，使用者可以不对它进行继承、重载等操作而直接使用。

（2）面向对象编程的复用要受到其开发环境的制约，如用 C++产生的类很难在以 Object Pascal 为开发语言的项目中复用，而构件复用不然。

（3）面向对象编程的复用是基于源代码级的，而很多程序员出于技术保密，不会公开其源代码，使得研究成果的复用范围很小。采用构件就不同了，因为构件是一段二进制码，其内部具体实现是无法看到的，可以将成熟的构件当作商品出售，有效地重用他人已有的劳动成果。

9.1.5 可复用软件的生产与复用

软件复用有三个基本问题：一是必须有可以复用的对象；二是所复用的对象必须是有用的；三是复用者需要知道如何使用被复用的对象。软件复用包括两个相关的过程：可复用软件（构件）的开发和基于可复用软件（构件）的应用系统构造（集成和组装）。

1. 可复用软件的生产过程

可复用软件的生产过程主要包括创建可复用的系统模型、可复用的构件和创建构件库等，其主要部分如下：

（1）领域分析。领域分析是识别领域中相似之处和不同之处的过程，主要就是发现在同一领域的系统间发生变化的方面，再就是找到同一领域的系统间保持不变的内容。通过领域分析抽取领域的基本应用体系结构,同时搜集有代表性的公共部分和相似部分以及能够使这些部分在建立软件系统时得到复用的技术。

（2）建立领域中特定的体系结构模型。在领域分析的基础上，构造允许裁剪和扩充的基准体系结构模型，以供领域应用复用。

（3）识别将要建立或准备复用的候选构件。在进行领域分析和确定领域基准体系结构模型的基础上，标识该领域的候选可复用构件。

（4）完成共性/差异分析。候选构件来自不同的软件样本，具有特殊性，不能被广泛复用，为使这些构件具有通用性，需要进行适当的改进。通过比较、分析一组相似构件，可发现它们之间的相同之处和不同之处，保留抽象出的共性而去掉差异的过程即构件一般化、通用化的过程。

（5）再造可复用构件。对具有通用性的构件进行修改，使其成为可复用构件。在此过程中，可复用构件由固定部分和可变部分组成，复用者在使用可复用构件时，只允许通过修改可变部分来达到复用的效果，因此可变部分是实现构件在更多环境下复用的关键。

（6）构件的封装。根据构件库的要求，经过测试，对构件进行封装，将封装好的构件存入构件库，方便使用，同时有利于分类和管理构件库。

2. 基于复用的应用系统构造

借鉴领域工程、应用工程、软件构件技术等相关知识，得到基于软件复用的信息系统开发模型，如图 9.3 所示，其主要实现信息系统分析、设计与实施三个阶段的复用。

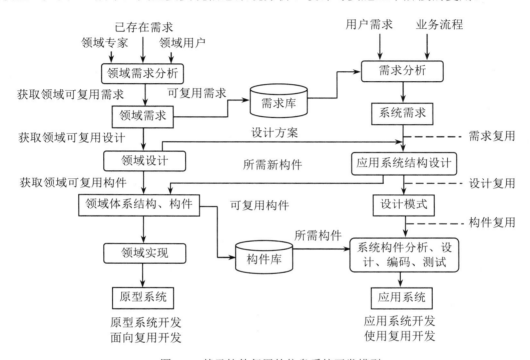

图 9.3　基于软件复用的信息系统开发模型

基于软件复用的信息系统开发模型分为面向复用开发和使用复用开发，即原型系统开发和应用系统开发两部分。涉及的复用主要有需求复用、设计复用和构件复用。原型系统开发主要分为以下三个阶段：

（1）领域需求复用获取。领域专家和领域用户均参与到需求分析中，根据领域内已有的需求定义，进行领域需求分析，获取领域内可复用需求，并将其存入需求库。

（2）领域设计复用获取。根据领域需求分析的结果进行领域设计，获取领域内的可复用设计成分。

（3）领域构件复用获取。此阶段主要进行领域构件的开发，包括构件的分析、设计、编码及测试等，得到领域可复用构件，存入构件库中，方便应用系统开发时应用。

原型系统开发不仅可以获取领域需求、设计及构件等可复用成分，还可以为应用系统的开发提供数据、功能和实现的支持。

应用系统开发的主要工作：首先进行系统的需求分析，然后在可复用的系统设计和构件的基础上进行应用系统的设计和应用构件的开发，最后实现应用系统。应用系统开发的过程依次实现需求复用、设计复用和构件复用三个层次的复用过程。基于复用的应用系统开发可以进一步细化为如下五个阶段：

（1）系统规划阶段。根据用户对系统的开发请求，进行初步调查，明确问题，确定系统目标、总体结构及分阶段实施进度，进行企业的复用现状分析，同时制订复用计划以进行可行性研究。

（2）系统分析阶段。分析系统的业务流程，确定问题域和系统责任，同时分析企业的组织结构，获取领域可复用需求。

（3）系统设计阶段。进行系统总体结构设计、模块结构设计、功能设计和数据库设计，确定和标识对象，归纳出类和接口及企业的可复用资源，将其应用于系统开发。

（4）系统实施阶段。利用可复用资源实现编码和相关人员的培训，文件转换及数据准备，投入试运行。

（5）系统运行阶段。主要进行系统的日常管理、评价和审计等工作，同时分析运行结果并做出相应的处理。

9.1.6 面向对象技术与软件复用的关系

1. 面向对象技术对软件复用的支持

面向对象方法对软件复用技术提供了良好的支持。面向对象方法对软件复用的固有特征的支持，使得其从软件生命周期的前期阶段就开始发挥作用了，从而使面向对象方法对软件复用的支持达到了较高的级别。与其他软件工程方法相比，面向对象方法的一个重要优点是可以在整个软件生命周期达到概念、原则、术语及表示法的高度一致。这种一致性使得各个系统成分尽管在不同的开发与演化阶段有不同的形态，但可具有贯穿整个软件生命周期的良好映射。这个优点使面向对象方法不但能在各个级别支持软件复用，而且能对各个级别的复用形成统一的、高效的支持，达到良好的全局效果。面向对象对软件复用技术提供了概念上的支持和 OOA 方法上的支持。其中在概念上的支持主要有类和对象、封装性和抽象性、继承性、多态性和重载。

面向对象技术的这些特性使其很容易与软件复用技术结合，面向对象技术中类的聚集、实例对类的成员函数或操作的引用、子类对父类的继承等使软件的可复用性有了较大的提高，而且这种类型的复用容易实现，所以这种方式的软件复用发展较快，并且能够使软件开发过程向缩短软件开发周期、降低生产成本和提高软件质量的方向发展。

2. 复用技术对面向对象方法的支持

面向对象的软件开发和软件复用之间的关系是相辅相成的。一方面，面向对象方法的基本概念、原则与技术提供了实现软件复用的有利条件；另一方面，软件复用技术也对面向对象的软件开发提供了有力的支持，如在类库、构件库、构架库、工具和面向对象分析等方面。在面向对象的软件开发中，类库是实现对象类复用的基本条件，有力地支持了源程序级的软件复用，但要在更高的级别上实现软件复用，仅有编程类库是不够的，还必须有分析类库和设计类库的支持。类库可以看作一种特殊的可复用构件库，但只能存储和管理以类为单位的可复用构件，不能存储其他形式的构件；类库可以更多地保持类构件之间的结构与连接关系。构件库中的可复用构件可以是类，也可以是其他系统单位。如果在某个应用领域中已经运用 OOA 技术建立过一个或多个系统的 OOA 模型，则每个 OOA 模型都应该保存起来，为该领域新系统的开发提供参考。当一个领域已有多个 OOA 模型时，可以通过进一步抽象来产生一个可复用的软件构架。

将面向对象技术与软件复用结合是有效的。其主要目的之一在于缩短问题空间中的问题与解空间中的软件实体之间的距离，也就是尽量使问题空间中的问题描述与解空间中的软件描述一致。在问题空间中具有共性的实体，其共性能够在与之对应的软件模块之间反映出来，从而得到共享（复用）。这种关系使得无论在问题空间中还是在解空间中寻找具有共性的事物变得容易了。同时，类与类之间的继承减少了冗余，达到了复用的目的。

9.2　软件构件技术

9.2.1　软件构件技术

构件技术是指通过组装一系列可复用的软件构件来构造软件系统的一种软件技术。通过运用构件技术，开发人员可以有效地进行软件复用，减少重复开发，缩短软件的开发时间，降低软件的开发成本。基于构件的软件复用是迄今为止最优秀的软件复用手段，是支持软件复用的核心技术，并在近几年迅速发展成为受到高度重视的一门学科分支。构件技术的应用必须遵循一些共同的规范，当前流行的有 OMG 的 CORBA、Sun 的 EJB 和微软的 DCOM。

1. 软件构件技术的发展历史

在 1968 年 NATO 软件工程会议上，Dough Mcllroy 在提交的会议论文 "Mass Produced Software Components" 中提出了"软件组装生产线"的思想。从那以后，采用构件技术实现软件复用，采用"搭积木"的方式生产软件，成为软件开发人员的长期梦想。软件复用是指重复使用"为了复用目的而设计的软件"的过程。就软件开发而言，软件复用包括早期的函数复用、面向对象语言中的类的复用，以及互联网时代的完整软件体系的构件复用。

20 世纪 60 年代末到 80 年代初，结构化的软件开发思想占主导地位，当时的复用是函数复用和模块复用。函数通过参数来适应不同应用需求的变化，package 模块也是通过接口规范说明进行连接和组装实现复用。但是，由于结构化存在极大隐患，函数层面的复用能力有限，因此系统结构混乱、效率低、软件成分复用性差。函数复用和模块复用没有解决软件工程的危机。

20 世纪 80 年代起，面向对象的软件开发思想迅速发展起来，通过类的封装、继承和应用，面向对象的软件开发成功实现了代码级的复用。类和封装性实现了数据抽象和信息隐蔽，继承性提高了代码复用性。面向对象技术被公认为当前的主流技术。但是，面向对象的复用脱离不了代码级复用的本质，由于复用的颗粒较低，因此软件开发中的复用的潜力远远没有发挥出来。类复用也没有解决软件工程的危机。

互联网应用时代的到来，提高了应用需求和软件的复杂性。构件技术在互联网时代突飞猛进，已经为实现软件复用的理想、解决软件危机带来了曙光。

1999 年 2 月，美国总统 IT 顾问委员会也在一份报告中列举了大量的事实来论证 IT 技术对社会和国家以及人民生活的重要作用，建议美国政府增加对 IT 技术发展研究的投入。在建议重点支持的四大项目中，软件列在首位。该报告认为软件是信息时代社会的最重要的基础设施，但是在现实中，这个基础却相当脆弱和不可靠。软件应用越来越广泛，而且越来越复杂，但安全、可靠、适用的软件技术发展缓慢，软件的生产能力远远满足不了飞速发展的实际需求。为此，报告建议重点支持四个方面软件技术的发展和研究，第一个就是支持软件开发方法和构件技术的基础研究。

什么是软件构件技术？为什么把它提得这么高？它究竟对软件的开发和应用有什么作用？构件技术的突破对软件产业的发展会带来什么影响？这些都是值得研究的问题。

2. 软件构件技术的发展现状

美国军方与政府资助的项目中，已建立了若干构件库系统，如 CARDS、ASSET、DSRS 等。由 DARPA 发起，美国军方、SEI 和 MITRE 支持的 STARS 项目在此基础上考虑了开放体系结构的构件库之间共享资源和无缝互操作的问题，并于 1992 年提交了开放体系结构的构件库框架（Asset Library Open Architecture Framework，ALOAF）Version 1.2 报告。该报告体现了 STARS 对可复用构件库系统的认识，给出了一个构件库框架的参考模型，实现了 ALOAF 规约作为该参考模型的实例，由此证明以公共元模型为基础，在构件库之间交换信息和创建易于移植的复用工具是可能的和必要的。

中国在构件技术方面处于领先水平，有已经建立并投入使用的构件库，并有大批项目在建设当中。

（1）青鸟构件管理系统（JBCLMS）是北京大学软件工程研究所的研究成果，它的目标是致力于软件复用，以构件作为软件复用的基本单位，提供一种有效的管理和检索构件的工具。该工程已取得了可喜的研究成果。软件复用技术已在国内应用于许多领域，这些应用缩短了开发周期，节省了大量的人力和财力。

（2）中科院软件所软件工程技术研究中心，在首席研究员——冯玉琳博士的带领下，对构件技术深入研究，硕果累累。其中作为知识创新工程成果的信息化基础软件核心平台是其代表。

（3）普元 EOS——面向构件的因特网应用基础平台。经过三年潜心研发，普元把崭新的互联网相关技术与先进的构件复用技术以及可视化开发技术完美地结合起来，创造了一套具有国际领先水平的面向构件的互联网的应用基础平台——EOS，从根本上改变了以代码为基础的软件内部结构，采用前瞻性的面向构件的理念，引起了业界的极大关注。

（4）互联网实验室是我国著名的 IT 研究机构，长期从事构件技术及软件产业的研究，在 2004 年 1 月 16 日其发布了《面向构件的互联网应用基础平台研究报告》，是目前国内较详尽的关于构件技术研究的专业报告。

目前主流的软件构件技术标准有 Microsoft 提出的 COM/COM+、Sun 公司提出的 JavaBean/EJB、OMG 提出的 CORBA。它们为应用软件的开发提供了可移植性、异构性的实现环境和健壮平台，结束了面向对象开发语言混乱的局面，解决了软件复用在通信、互操作等环境异构的瓶颈问题。

现在有很多实用网构软件构件，网构软件构件与传统形式的构件直接被下载到本地系统中集成使用不同，其直接调用网构软件构件以接口形式展现服务。通过网络传输服务内容，完成与系统相互通信。

3. 基于构件的软件复用的关键技术

基于构件的软件复用有三个基本问题：可复用构件的开发，包括可复用构件的分析、设计和实现；可复用构件库的管理，包括可复用构件的分类、编目、封装、维护（增加、删除、修改、检索），而其中最关键的是构件的分类、检索方法；基于可复用构件的应用系统的开发。基于构件的软件复用的关键技术如图 9.4 所示。

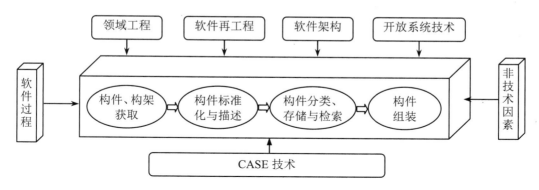

图 9.4　基于构件的软件复用的关键技术

　　软件构件技术、领域工程、实现软件复用的各种技术因素和非技术因素是相互联系的，它们结合在一起，共同影响软件复用的实现。下面简单介绍软件复用的各项技术。

　　（1）软件构件技术。软件构件技术是支持软件复用的核心技术。构件技术就是一种类似于"零部件组装"的集成组装式的软件生产方式，它把零件、生产线和装配运行的概念运用在软件产业中，彻底打破了手工作坊式的软件开发模式。构件是指语义完整、语法正确和有可复用价值的单位软件，包括程序代码、测试用例、设计文档、设计过程、需求分析文档，甚至领域知识等。广义上讲，构件可以是数据，也可以是被封装的对象类、软件构架、文档、测试用例等。一个构件可以小到只有一个过程，也可以大到包含一个应用程序，它可以包括函数、例程、对象、二进制对象、类库、数据包等。构件具有以下特点：一个构件是一个独立的可部署单位，它能很好地从环境和其他构件中分离出来；同时，作为一个部署单位，一个构件不会被部分地部署，第三方也不应该涉及构件的内部实现细节。构件是一个由第三方进行集成的单位，与其他构件一起使用。这就要求构件必须封装其实现细节，并通过定义良好的接口与其环境进行交互。构件是可替换的，构件通过接口与外界进行交互，明确定义的接口是构件之间唯一可视的部分。实现接口的具体构件本身就是可以替换的部分。构件的可替换性为构件的装配者、使用者提供了可选择的空间。

　　（2）软件构架。软件构架是对软件系统的系统组织，是对构成系统的构件的接口、行为模式、协作关系等体系问题的决策总和。研究软件体系结构有利于发现不同系统的高层共性，保证灵活和正确的系统设计，对系统的整体结构和全局属性进行规约、分析、验证和管理。软件构架是对系统整体结构设计的规划，包括全局组织与控制结构、构件间通信、同步和数据访问协议、设计元素间的功能分配、物理分布、设计元素集成、伸缩性和性能以及设计选择等。在基于复用的软件开发中，为复用而开发的软件构架可以作为一种大粒度的、抽象级别较高的软件构件进行复用，而且软件构架为构件的组装提供了基础和上下文，对复用成功具有非常重要的意义。软件构架研究如何快速、可靠地从可复用构件构造系统的方式，取决于软件系统自身的整体结构和构件间的互连，其中主要包括软件构架原理和风格、软件构架描述和规约、特定领域软件构架、构件向软件构架的集成机制等。

（3）领域工程。领域工程是为一组相似或相近系统的应用工程建立基本能力和必备基础的过程，它覆盖了建立可复用软件构件的所有活动。其中"领域"是指一组具有公共属性的系统。领域工程可以从已经存在的系统中提取可复用的信息，把关于领域的知识转化为领域中系统的共同规约、设计和构架，使得可以被复用的信息的范围扩大到抽象级别较高的分析和设计阶段；也可以把领域内的知识转化为可复用的信息，极大地提高了软件复用的层次，也丰富了软件复用的内容。

领域工程包括三个阶段：领域分析、领域设计和领域实现。领域工程的主要活动和产品如图 9.5 所示。

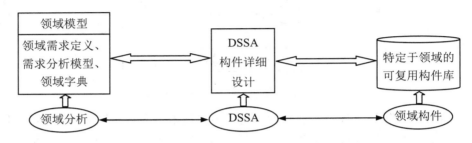

图 9.5　领域工程的主要活动和产品

领域分析：识别和捕捉特定领域中相似系统的有关信息，通过挖掘其内在规律和特征，并对信息进行有效的整理和组织，形成模型的活动。这个阶段的主要目标是获得领域模型。领域模型描述领域中系统应用的共同需求，并尽可能地识别和描述领域变化性。

领域设计：通过对领域模型的分析来获取领域架构 DSSA（Domain-Specific Software Architecture），这个阶段的目标是获得领域构架。DSSA 描述在领域模型中表示的需求的解决方案，它不是单个系统的表示，而是适应领域中多个系统的需求的一个高层次的设计。

领域实现：这个阶段的主要行为是定义将需求翻译到由可复用构件创建的系统的机制，即依据领域架构组织和开发可复用信息，信息可以从领域工程中获得，也可以新开发得到。

这三个阶段是一个反复、迭代、逐步求精的过程。

基于领域工程的软件开发过程包括变化性绑定，特定系统的需求获取，特定系统体系结构的获取和可复用构件的选择与组装。

（4）软件再工程。目前，大量遗留系统仍在运行中，由于其运行多年，经历了长期的用户考验，功能及非功能特性可能确实符合需求，可靠性也有较好保证。与此同时，也有大量的遗留软件系统由于技术的发展正逐渐退出舞台。如何挖掘和整理优秀的软件，得到有用的构件；如何维护一些落伍的软件，延长其生命期等，软件再工程正是解决以上这些问题的主要技术手段。软件再工程是一个工程过程，它将逆向工程、重构和正向工程组合起来，将现存软件系统重新构造为适应新的应用需要的新系统，即对已存在对象系统进行调查，并将其重构为新形式代码的开发过程。最大限度地重用现存系统的各种资源是软件再工程的最重要的特点之一。

（5）开放系统技术。开放系统（open system）技术是在系统的开发中使用接口标准，同时使用符合接口标准的实现。开发系统技术具有在保持（甚至是提高）系统效率的前提下降低开发成本、缩短开发周期的可能。对于稳定的接口标准的依赖，使得开发系统更容易适应技术的进步。当前以解决异构环境中的互操作为目标的分布对象技术是开放系统技术中的主流技术。该技术使得符合接口标准的构件可以方便地以"即插即用"的方式组装到系统中，实现黑盒复用。

（6）CASE 技术。CASE 技术是一种智能化计算机辅助软件工程工具。随着软件工程思想日益深入人心，以计算机辅助开发软件为目标的 CASE 技术越来越为众多的软件开发人员所接受，CASE 工具和 CASE 环境也得到越来越广泛的应用。CASE 工具已成为保证软件质量、解决软件危机的主要手段。软件复用同样需要 CASE 技术的支持。CASE 技术中与软件复用相关的主要研究内容包括：在面向复用的软件开发中，可复用构件的抽取、描述、分类和存储；在基于复用的软件开发中，可复用构件的检索、提取和组装；可复用构件的度量等。

（7）软件过程。软件过程（sottware process）又称软件生存周期过程，是软件生存周期内为达到一定目标而必须实施的一系列相关过程的集合。一个良好定义的软件过程对软件开发的质量和效率有重要影响。

（8）非技术因素。非技术因素包括机构组织、管理方法、开发人员的知识更新、知识产权和标准化问题等。

先进的软件复用技术并不能保证软件复用成功，还需要加强软件复用过程的管理。软件复用过程管理如图 9.6 所示。

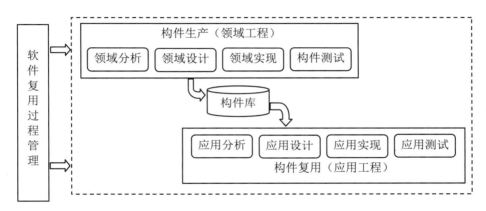

图 9.6　软件复用过程管理

4．软件构件获取方法和技术

Agora 利用 GSE 收集信息，通过 Java 远程调用获取构件的服务接口，然后保存该信息入库。

Extreme Harvest 则直接采用 Internet 作为网构构件库，使用者以构造文本描述词和接口规约作为查询条件，提交给系统进行查询。这种方法使用通用搜索引擎匹配用户的文本描述词来查找构件。采用这种输入方式获取的输出就是目标构件。

SE4SC（Search Engine for Software Component）首先定义并描述了一个网构构件模型——SCDM，采用给定的 SCMA 模型规约统一描述；然后在收集阶段，设计爬虫程序从各大 PS 并结合 Internet 爬取目标；最后通过 SCDM 模型分类、组织这些网构构件，以提供良好的查询服务。

VssE4WS（Vector Space Search Engine for Web Service）选择从 UDDI 站点来获取 Web Service 网构构件和相关描述信息，然后选择向量空间模型理论处理文本以提供查询服务。

OWL-S、DAML-S 扩充 WSDL，通过添加语义信息，将传统 Web Service 形式变为 Semantic Web Services（简称为 SWS），然后利用 SWS 的形式查找 Web Service。

Agora 和 Extreme Harvest 都是基于 GSE 收集资源。VssE4WS 选择面向 PS 爬虫抓取。

SE4SC 则更加丰富，面向 PS+GSE 设计 Spark 程序。最后 SWS 选择智能 Agent 实现 Web Service 的抓取。

9.2.2　软件架构

早在 20 世纪 60 年代，E.W.戴克斯特拉就已经涉及软件架构这个概念了。自 1990 年代以来，由于在 Rational Software Corporation 内部的相关活动的开展，软件架构这个概念开始越来越流行起来。

卡内基·梅隆大学和加利福尼亚大学埃尔文分校在这个领域做了很多研究。卡内基·梅隆大学的 Mary Shaw 和 David Garlan 于 1996 年著写了 *Software Architecture Perspective on an Emerging Discipline* 一书，书中提出了有关软件架构的很多概念，如软件构件、连接器、风格等。加利福尼亚大学埃尔文分校的软件研究院所做的工作则主要集中于架构风格、架构描述语言及动态架构。

1. 软件架构的概念

架构是在构件及其彼此间和与环境间的关系引导设计发展原则中体现的系统的基本结构 [IEEE1471]。架构是系统的组织结构和相关行为；架构可被重复分解为通过接口，互连部分的关系和结合部相互作用的部分；通过接口相互作用的部分包括类、构件和子系统[UMAL1.5]。架构是指在一定的设计原则基础上，从不同角度对组成系统的各部分进行搭配和安排，形成系统的多个结构，它包括该系统的各个构件、构件的外部可见属性及构件之间的相互关系。构件的外部可见属性是指其他构件对该构件所做的假设。

架构目前存在三个层次的概念：一是针对数据存储处理（数据库处理）、基本事务处理等的基础级架构，即系统框架或者系统结构；二是以对于共性功能最大化抽象后封装成类库集合为特征的应用级架构；三是强调应用和应变的，注重内外部环境交互的面向服务级架构，如 SOA 架构。

软件架构是软件产品、软件系统设计中的主体结构和主要矛盾，如图 9.7 所示。任何软件都有架构，哪怕一段短小的 HelloWorld 程序。软件架构设计的成败决定了软件产品和系统研发的成败。软件架构自身具有的属性和特点决定了软件架构设计的复杂性和难度。

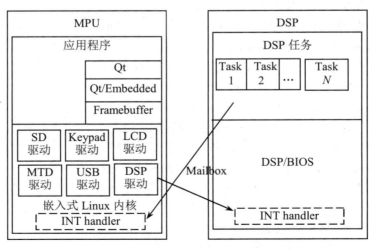

图 9.7　软件架构

软件架构是一系列相关的抽象模式，用于指导大型软件系统各个方面的设计。软件架构是一个系统的草图。软件架构描述的对象是直接构成系统的抽象构件，各个构件之间的连接则明确和相对细致地描述构件之间的通信。在实现阶段，这些抽象构件被细化为实际的构件，比如具体某个类或者某个对象。在面向对象领域中，构件之间的连接通常用接口实现。

在《软件构架简介》中，David Garlan 和 Mary Shaw 认为软件构架是有关如下问题的设计层次："在计算的算法和数据结构之外，设计并确定系统整体结构成为了新的问题。结构问题包括总体组织结构和全局控制结构；通信、同步和数据访问的协议；设计元素的功能分配；物理分布；设计元素的组成；定标与性能；备选设计的选择等。"

构架不仅是结构，IEEE Working Group on Architecture 把其定义为"系统在其环境中的最高层概念"，构架还包括"符合"系统完整性、经济约束条件、审美需求和样式。它不仅注重对内部的考虑，且还在系统的用户环境和开发环境中对系统进行整体考虑，即同时注重对外部的考虑。

在 Rational Unified Process 中，软件系统的构架（在某个给定点）是指系统重要构件的组织或结构，这些重要构件通过接口与不断减小的构件和接口所组成的构件进行交互。

从与目的、主题、材料和结构的联系上来说，软件架构可以与建筑物的架构相比拟。一个软件架构师需要有广泛的软件理论知识和相应的经验来实施和管理软件产品的高级设计。软件架构师定义和设计软件的模块化、模块之间的交互、用户界面风格、对外接口方法、创新的设计特性以及高层事物的对象操作、逻辑和流程。

2. 软件架构的要素

一般而言，软件系统的架构（architecture）有以下两个要素：

（1）它是一个软件系统从整体到部分的最高层次的划分。一个系统通常是由元件组成的，而这些元件如何形成以及相互之间如何发生作用，则是关于这个系统本身结构的重要信息。详细地说，就是要包括架构元件（architecture component）、联结器（connector）、任务流（task-flow）。所谓架构元素，也就是组成系统的核心"砖瓦"。联结器则描述这些元件之间的通信路径、通信机制、通信的预期结果。任务流则描述系统如何使用这些元件和联结器完成某项需求。

（2）建造一个系统所作出的最高层次的、以后难以更改的，商业的和技术的决定。在建造一个系统之前需要事先作出很多重要决定，而一旦系统开始进行详细设计甚至建造，这些决定就很难更改，甚至无法更改。显然，这样的决定必定是有关系统设计成败的最重要决定，必须经过非常慎重的研究和考察。

3. 软件架构的目标

软件架构设计的目标如下：

（1）可靠性（reliable）。软件系统对用户的商业经营和管理来说极其重要，因此软件系统必须非常可靠。

（2）安全行（secure）。软件系统所承担的交易的商业价值极高，系统的安全性非常重要。

（3）可伸缩性（scalable）。软件必须能够在用户的使用率、用户的数目增加很快的情况下，保持合理的性能，只有这样才能适应用户的市场扩展的可能性。

（4）可定制化（customizable）。同样一套软件，可以根据客户群的不同和市场需求的变化进行调整。

（5）可扩展性（extensible）。在新技术出现时，一个软件系统应当允许导入新技术，从而对现有系统进行功能和性能的扩展。

（6）可维护性（maintainable）。软件系统的维护包括两方面：一是排除现有的错误，二是将新的软件需求反映到现有系统中。一个易于维护的系统可以有效地降低技术支持的费用。

（7）客户体验（customer experience）。软件系统必须易于使用。

（8）市场时机（time to market）。软件用户要面临同业竞争，软件提供商也要面临同业竞争，因此，以最快的速度争夺市场先机非常重要。

4. 软件架构的种类

根据人们关注的角度不同，可以将软件架构分成以下三种：

（1）逻辑架构。逻辑架构是指软件系统中元件之间的关系，比如用户界面、数据库、外部系统接口、商业逻辑元件等。如图 9.8 所示是某软件系统的逻辑架构。

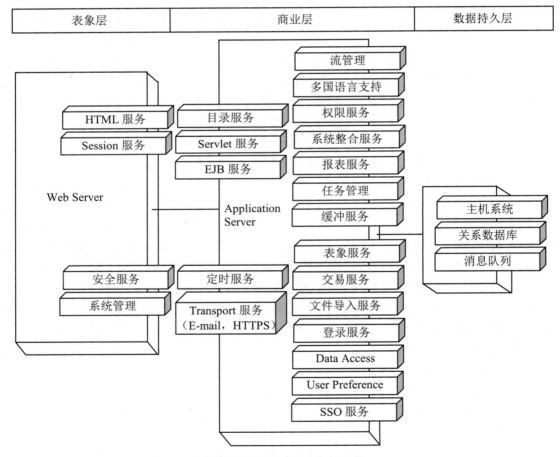

图 9.8　某软件系统的逻辑架构

从图 9.8 中可以看出，此系统被划分成三个逻辑层次，即表象层、商业层和数据持久层。每个层次都含有多个逻辑元件，如 Web Server 层次中有 HTML 服务、Session 服务、安全服务和系统管理等。

（2）物理架构。物理架构是指软件元件是如何放到硬件上的。

（3）系统架构。系统架构是指系统的非功能性特征，如可扩展性、可靠性、强壮性、灵活性、安全性等。系统架构的设计要求架构师必须具备软件和硬件的功能和性能的过硬知识，该工作无疑是架构设计工作中最为困难的。

此外，从每个角度上看，都可以看到架构的两个要素：元件划分和设计决定。首先，一个软件系统中的元件首先是逻辑元件。这些逻辑元件如何放到硬件上，以及这些元件如何为整个系统的可扩展性、可靠性、强壮性、灵活性、安全性等作出贡献，是非常重要的信息。其次，进行软件设计需要作出的决定中，必然会包括逻辑结构、物理结构，以及它们如何影响到系统的所有非功能性特征。这些决定中有很多是一旦确定就很难更改的。一个基于数据库的系统架构有多少个数据表，就会有多少页的架构设计文档。比如一个中等的数据库应用系统通常含有100 个左右的数据表，这样一个系统设计通常需要有 100 页左右的架构设计文档。

构架由许多不同的构架视图表示，这些视图本质上是以图形方式来摘要说明"在构架方面具有重要意义"的模型元素。在 Rational Unified Process 中，典型的视图集称为"4+1 视图模型"。

构架只与以下几个具体方面相关：模型的结构，即组织模式，例如分层；基本元素，即关键用例、主类、常用机制等，它们与模型中的各元素相对；几个关键场景，它们表示了整个系统的主要控制流程，记录模块度、可选特征、产品线状况等。

构架视图在本质上是整体设计的抽象或简化，它们通过舍弃具体细节来突出重要的特征。在考虑以下方面时，这些特征非常重要：

（1）系统演进，即进入下一个开发周期。在产品线环境下复用构架或构架的一部分，然后评估，改进质量，如改进性能、可用性、可移植性和安全性等。向团队或分包商分配开发工作，决定是否包括市售构件。插入范围更广的系统。

（2）构架模式是解决复杂构架问题的现成形式。构架框架或构架基础设施（中间件）是可以在其上构建某种构架的构件集。许多主要的构架困难应在框架或基础设施中进行解决，而且通常针对特定的领域，如命令和控制、MIS、控制系统等。

9.3　软件再工程

9.3.1　软件运行维护遇到的问题

根据软件生存周期的概念，一个软件投入运行只标志开发阶段的结束，而非软件生存周期的终止。软件进入运行维护阶段通常会遇到如下问题：

（1）软件维护费用高。一般来讲，软件运行维护阶段是其整个生存周期中持续时间最长的阶段，只要软件仍在使用，其维护工作就不会终止。据统计，软件维护费用在整个生存期中所占的比例逐渐增大，20 世纪 70 年代占 35%～40%，80 年代占 40%～60%，90 年代上升到70%。美国空军的一个软件项目，其开发费用为每行源程序 75 美元，而维护费用竟达到每行源程序 400 美元。

（2）软件维护难度大。软件难以维护主要反映在以下几个方面：被维护软件文档不齐、质量差，或自投入运行后程序经过多次修改，而文档资料并未随之更新；早期开发的软件采用的是非结构化设计方法，原有软件结构不良或经过多次修补后其组织结构变得模糊不清；在软件开发阶段缺乏对软件可维护性的考虑，软件的可理解性、可扩充性差；由于维护工作中考虑不周，在改正原有错误的同时，在软件中引入了新的问题，即产生了波及影响；软件系统规模很大时，系统复杂，理解工作费时费力。

（3）软件资产数额巨大。随着计算机的广泛应用，正在使用和正在开发的软件数量与日俱增。据估计，美国正在使用的软件已超过一千亿行源代码，这些软件中的大部分生存期需要延长，不仅要保障正常运行，还要根据环境的变化扩充功能，改善性能。同时随着信息技术的不断进步，许多现有系统要适时地移植到性能更强大、符合国际标准的软硬件平台上，继续为用户创造效益。正是为了解决软件在运行维护阶段所遇到的种种问题，近年来人们提出了软件再工程（reengineering）的概念。

9.3.2 软件再工程的概念

软件再工程是指对既存对象系统进行调查，并将其重构为新形式代码的开发过程。最大限度地重用既存系统的各种资源是再工程的最重要特点之一。从软件重用方法学来说，如何开发可重用软件和如何构造采用可重用软件的系统体系结构是两个最关键的问题。不过对于软件再工程来说，前者很大一部分内容是对既存系统中非可重用构件的改造。

软件再工程是以软件工程方法学为指导，对程序全部重新设计、重新编码和测试，可以使用 CASE 工具（逆向工程和再工程工具）来帮助理解原有的设计。

在软件再工程的各个阶段，软件的可重用程度将决定软件再工程的工作量。

（1）再分析。再分析阶段的主要任务是对既存系统的规模、体系结构、外部功能、内部算法、复杂度等进行调查分析。该阶段早期分析的最直接目的就是调查和预测再工程涉及的范围。北京工业大学软件工程研究所研制开发的"软件再工程辅助调查工具——SFRE"正是从整体上支持该分析阶段的再工程自动化工具。重用是软件工程经济学最重要的原则之一，重用得越多，再工程成本越低，所以逆向工程再分析阶段的最重要的目的是寻找可重用的对象和重用策略，最终确定的再工程任务和工作量也将依存于可重用对象范围（重用率）和重用策略。与一次工程不同，再工程分析者最终提出的重用范围和重用策略将成为决定再工程成败以及再工程产品系统可维护性高低的关键因素。如果重用对象都是既存代码级的当然理想，然而可能性有限。但是再工程分析者如果因此而放弃重用，以为"修改他人的代码不如自己重新编写"，就犯了再工程的大忌。因为一个运行良久的既存系统，其最起码的价值是在操作方法和正确性上已被用户接受。而再高明的程序员在软件没有经过一段时间的用户使用验证的情况下，都不敢保证自己的程序正确无误；更何况越是有经验的程序员越懂得对一个处于局部变更地位的程序进行重新编写远比一次工程的原始编程复杂得多，因为他需要对应无数的"副作用"。所以，读文档——即使是"破烂不堪"、读代码——即使是"千疮百孔"，也要坚持住，并从中筛选出可重用对象。

（2）再编码。根据再分析阶段做成的再工程设计书，再编码过程将在系统整体再分析基础上对代码做进一步分析。如果说再分析阶段产品是再工程的基本设计书，那么再编码阶段就如同一次工程，首先产生的是类似详细设计书的编码设计书。但是再工程比一次工程更难以进行过程分割，换言之，瀑布模型更不适应再工程，因其无法将再分析、再设计、再编码截然分开。

（3）再测试。一般来说，再测试是再工程过程中工作量最大的一项工作。如果能够重用原有的测试用例及运行结果，将大大降低再工程成本。对于重用的部分，特别是可重用的（独立性较强的）局部系统，还可以免除测试，这也正是重用技术被再工程高度评价的关键原因之一。当然再工程后的系统总有变动和增加的部分，对受其影响的整个范围都要毫无遗漏地进行测试，不可心存侥幸。

9.3.3　软件再工程的模型

通过对旧系统的程序、数据、文档等资源的分析和抽象，并结合系统用户的需求说明，确定目标系统的需求说明和目标。在原软件系统的基础上构建新的软件系统，以期能达到用户的新需求，同时使软件的可维护性提高。软件再工程的通用模型如图 9.9 所示。

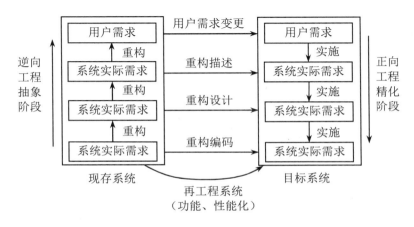

图 9.9　软件再工程的通用模型

1. 传统的软件再工程模型

在面向对象方法出现之前，以传统的结构化方法开发的既存软件在先进国家占 2/3 以上，特别是在数据服务器软件领域，结构化语言的优势显而易见，然而其缺乏对象性和封装性，难以扩展使用，因而软件再工程被提上日程。

对于结构化的分析和设计方法指导下的软件系统，再工程的活动主要包括数据处理环境分析、数据字典分析和程序分析，依次是对数据处理的环境（包括软件和硬件环境）、数据项的意义和标准统一、程序的静态统计、动态执行效果进行分析。在分析部分可以使用"库"的概念，作为分析结果的存储。在结构化方法软件再工程模型中，进行逆向工程时可以采用两种方法，即代码切分和代码重复。代码切分（又称代码分离）是从程序中抽取出完成每个功能涉及的尽量少的代码集，通过不断地发现功能，抽取相应的代码集来达到对源代码的理解。而代码重复是通过发现及分析源代码中的代码部分来逐渐深入理解系统源代码的，可以考察重复的内容并单独提出作为一个功能部分或者是目标系统的一个可重用的部分。结构化软件再工程模型如图 9.10 所示。

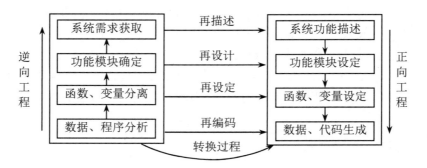

图 9.10　结构化软件再工程模型

结构化方法开发的软件系统经过软件再工程，或者用其他（如面向对象的思想）软件开发方法取代，或者用其他的程序语言再次开发完善，或者改变其运行环境。无论哪种方法都增强了软件的可扩展性和可维护性，是对旧软件系统的一次更新。逆向抽象、重构、正向实施三个再工程阶段可以定位于原系统的局部，也可以全部实施，取决于软件再工程的策略。

2. 面向对象软件再工程模型

软件工程学主流思路从"结构化"到"面向对象"是一大进步，显然面向对象方法克服了结构化方法的很多弊病。软件重用技术也使再工程在各抽象层次上通过充分复用的形式完成向目标系统的转化。整个逆向工程中的抽象和正向工程中的具体化过程是相互衔接的，逆向阶段抽象得到的资源要为正向阶段提供可重用资源，其中的抽象、选取、实例化等工作都要在用户需求下进行。正向过程将充分利用这些可重用资源，产生各层次上的相应系统实现。对于一个面向对象方法实现的系统，实施软件再工程首先要获取功能分析、功能层次、功能需求，在类结构图中进行定位。从现存系统的运行过程中发现系统的具体功能，同时将功能集中到某部分代码集合上。然后可以采用代码调试的方式分析系统中重要代码的功能，将固定功能的代码分离出来。此外，除了对源代码进行分析外，软件设计记录与其他文档资源一样要分析，以得出原软件系统的整体设计视图。面向对象的软件再工程模型如图 9.11 所示。

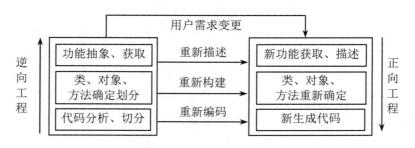

图 9.11　面向对象的软件再工程模型

以构件库为核心的开发方式为面向对象软件再工程提出了新的框架，通过对现存系统的分析和抽象，加强对原系统的理解和对原系统进行代码优化。然后创建适合具体再工程需求并且经过良好封装的构件，放在构件库中。最后建立组装平台，根据用户变更后的需求完成目标系统的转换。以构件库为核心的软件再工程框架采用软件重用的技术，把原系统中可以利用的功能、代码、文档全部封装成构件，这样既实现了重构的功能，也为以后软件的维护带来了方便，增强了软件系统的可扩展性。

3．Web 化软件再工程

随着 Internet 的发展，许多过去的业务领域已经扩展到 Internet 上进行，由于许多既存系统基本不直接支持 Web 访问，因此运用 Web 化再工程的方案对其进行再构时，往往需要使用支持 Web 访问的编程语言重新编写程序以实现既存系统的功能。Web 化再工程也需要对已有系统实施逆向工程，建立适当的再工程模型。利用模型和一些再工程辅助工具对原系统进行二次开发，软件重用技术在 Web 化软件再工程中用来提高软件整体开发效率、保障质量、降低成本。Web 化再工程后的软件系统的可扩展性、负载平衡、容错性等均取决于再工程的实施质量。

9.3.4　实用的重用战略

在判断既存系统应该如何重用时，要明确哪些是可重用对象以及如何使用这些可重用对象。下面以既存 LAN 系统重构成 Web 系统的再工程为例，说明再分析和再编码过程遇到的一些重用问题。

可以将既存 LAN 系统划分成界面、逻辑、数据三个层次。用既存系统的三个层次分别对应典型 Web 系统的表示层、逻辑层和数据层。由此从逻辑上得到对应每个层次的输入和输出，然后为每个层次寻找能够实现最大限度重用的重构方法。

1．界面重用策略

界面模拟方法将基于文本的旧界面包装为新的图形界面。旧界面运行在终端上，新界面可以是基于计算机的图形界面，也可以是运行在浏览器上的 HTML 页面。新用户界面通过一个界面模拟工具与旧界面通信。虽然此方法重用率很高，但是它不修改既存系统，还将旧系统的结构性缺点全部继承下来。

基于客户端的 Web 应用（Applet）。Applet 可以实现从界面、逻辑到数据库的许多功能。完全用 Java 语言重写一个系统是不现实的，重用率也不会很高，这不是软件再工程提倡的。但目前已有许多 Applet 自动转化工具，而且其转化后代码的重用率很高。

基于服务器端的 Web 应用，即重新开发界面。这种方法看上去没有重用既存界面代码，其实不然。首先，界面设计完全可以重用，从而节省设计时间；其次，我们可以将某些界面做成可重用的，以减少工作量。

2．逻辑层包装原则

通过分解逻辑层可以得到可重用和不可重用的两部分代码。可重用部分可直接使用；不可重用部分则应尽量通过各种包装技术按统一标准将其改造成可重用构件，其中包装方法有很多，如对象包装法、部件包装法等。

3．数据层重用策略

数据层通常要求更高的重用率。逻辑与数据休戚相关，如果修改数据库，则逻辑势必不能正常运行，对逻辑部分的重用也就无从谈起。如果一定要修改，也要以保证最大限度的重用为原则，争取做到只增不删，以保证数据的完整性。

9.3.5 软件再工程的过程与好处

1. 软件再工程的过程

软件再工程是一个工程过程，它将逆向工程、重构和正向工程组合起来，将现存软件系统重新构造为新的系统。典型的软件再工程过程模型定义了六类活动，如图 9.12 所示。在某些情况下，这些活动以线性顺序发生，但并非总是如此。如为了理解某个程序的内部工作原理，可以在文档重构开始前先进行逆向工程。

软件再工程范型是一个循环模型，即作为该范型的组成部分的每个活动都可以被重复，而且对于任一个特定的循环来说，过程可以在完成任意一个活动之后终止。

2. 实施软件再工程的好处

实施软件再工程有如下好处：

（1）软件再工程可帮助软件机构降低软件演化的风险。

（2）软件再工程可帮助机构补偿软件投资。

（3）软件再工程可使得软件易于进一步变革。

（4）软件再工程有广阔的市场。

（5）软件再工程可扩大 CASE 工具集（如 Aidedsoft）。

（6）软件再工程是推动自动软件维护发展的动力。

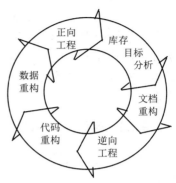

图 9.12 典型的软件再工程过程

9.3.6 软件再工程活动类型级别

根据用户对现有软件改进要求的不同，再工程活动一般可分为系统级、数据级和源程序级三个层次。

（1）系统级。系统级是对现有应用系统的功能规格说明进行再设计，需要全面恢复系统的原有功能规格说明和设计说明，在此基础上根据应用要求修改设计，重新产生可执行程序。

（2）数据级。从现有文件/数据库的物理定义中产生概念与逻辑设计文档，并将这些文档转换成适合新要求的数据结构，如有可能，同时产生访问这些文件/数据库的程序。

（3）源程序级。从现有软件的源程序（或经过反编译工具产生的源程序）中提取出设计说明，经过修改设计，再进行相反的转换，可避免源程序与设计说明的不一致性，同时降低了详细设计的要求。源程序级的再工程活动可看作再编码（encoding）工作，可以将结构化不良的语言（如 BASIC 语言）转化为结构化语言（如 PASCAL 语言等），将 3GL 过程性语言转换成 4GL 非过程性语言。

9.3.7 再工程活动的步骤

软件再工程通常由以下两个阶段组成：

（1）逆向工程（reverse engineering）阶段。通过分析、理解现有软件，恢复其设计信息并抽象成为高层次的表示。

（2）正向工程（forward engineering）阶段，即软件开发过程。对逆向工程提取出的软件的设计表述进行评审，再设计，产生新的目标程序。在一些情况下，如现有软件的各项设计文档完备、精确，再工程活动可以不需要经历逆向工程的部分过程。

软件再工程的方法和技术很多，在实际再工程中，可以从不同角度运用再造、再构、再结构化、文档重构、设计恢复、程序理解等方法和技术。

再造（rebuilding）就是以提高可维护性为目的，研究对系统整体进行重新构建的方法。可以通过三种方式实现：一是完全废弃旧系统，二是保留既存资产的再工程方式，三是两者结合。在三种方式中，可以使用软件重用技术让淘汰率和成本得以控制。

再构（refactoring）就是不改变既存软件的外部功能，仅修改软件的内部结构，使整个软件功能更强、性能更好。

再结构化（restructuring）就是在同一抽象级上对软件表现形式的变换，比如从原来的 C/S 模式转换到 B/S 模式。

文档重构（redocumentation）就是由源代码生成更加易于理解的新文档。

设计恢复（design recovery）就是要恢复设计判断及得到该判断的逻辑依据。

程序理解（comprehension）就是从源代码出发，研究如何取得程序的相关知识。

重用是软件再工程的灵魂，软件再工程可以在不同层次重用原软件系统的资源。重用完善而具有一致性的文档、可读性很高的可维护性程序，软件再工程的发展离不开软件重用技术的采用和发展。

9.3.8　软件再工程的相关软件技术

（1）逆向工程。逆向工程是对现有的目标软件系统进行分析与理解，包括：分析、识别系统整体结构、各个组成成分及其相互关系；提取软件的设计信息；以其他或更高级的形式表示系统。类似的软件工程活动也采用其他术语，如设计恢复（design recovery）、程序理解（program understanding）等。

逆向工程主要包括以下两个层次：

1）反汇编、反编译。反编译是编译的逆过程，它可将机器代码或汇编语言程序翻译成为与原有程序功能相同的高级语言形式，是比较成熟的技术。

2）设计信息提取。从已有的设计文档和源程序出发，抽象出原有的设计思想，即恢复软件的功能规格说明和设计说明，是设计和编码的逆过程。通常该过程需要具有原应用系统的问题领域知识。

逆向工程的关键在于对目标系统的理解，一般对系统的理解可以分为四个层次：程序设计语言层、控制结构层、通用算法层、问题领域层。

（2）正向工程（软件开发方法）。关于软件开发方法及开发环境、工具方面的书籍资料已有许多，下面仅简要介绍较新的三种。

1）4GL。4GL 为非过程性语言，用户无须具备系统软件与高级语言的知识，只要编写出系统规格说明，用 4GL 编译程序进行编译就能生成可运行的程序。

2）OOP（面向对象的程序设计）。与传统的面向过程的程序设计以功能划分模块的方法不同，OOP 是按处理对象（实际事物的抽象模型）划分模块。OOP 将部件级的软件对象结合起来，构成应用软件，在进行维护时只需更换、扩充或添加部件，不影响系统的其他部件和整体结构，可显著降低开发和维护成本。

3）CASE。CASE 对再工程的主要支持是帮助用户分析存储于 CASE 字典中的系统描述，这些分析可用于程序、子系统以及整个系统。一些综合 CASE（I-CASE）可满足整个软件生存周期的需要，包括维护阶段和逆向工程。目前实现完全自动化的再工程是不可行的，千差万别的应用领域的再工程离不开人的理解、判断、设计、决策能力。软件的再工程不仅要具有软件工程知识，更重要的是具备特定问题领域知识。

小　　结

软件复用是提高软件质量和生产效率的可行方法。领域工程、构件技术、设计模式和应用框架是目前软件工程中较流行的软件复用技术。正确理解软件复用的有关概念，系统掌握软件复用的有关技术是成功实施软件复用的前提。

软件复用的主要思想：将软件看成由不同功能部分的"构件"组成的有机体，每个构件在设计编写时可以被设计成完成同类工作的通用工具，这样，完成各种工作的构件被建立起来以后，编写特定软件的工作就变成了将各种不同构件组织连接起来的简单问题，对软件产品的最终质量和维护工作都有本质性的改变。软件开发人员只需要做与自己相关的构件，编译通过后就能拿来与其他模块组装在一起使用了。通过装卸实现某个功能的构件，就可以实现对系统的灵活升级。

面向对象思想与技术的成熟是以软件复用为主要目的，通过对系统进行面向对象的分析、设计并用面向对象的语言实现生产出来的软件系统是可以复用的。面向对象的技术与软件复用技术结合，是一种提高软件开发效率、缩短软件开发周期和提高软件质量的有效途径。

复习思考题

一、选择题

1. 软件复用的形式有（　　）。
　A. 代码复用　　　　　　　　　　B. 分析模式复用
　C. 设计模式复用　　　　　　　　D. 测试信息复用
2. 面向对象技术为软件复用提供了（　　）。
　A. 概念上的支持　　　　　　　　B. 方法上的支持
　C. 语义上的支持　　　　　　　　D. 数据方面支持
3. 面向对象编程重用属于（　　）。
　A. 白盒复用　　B. 黑盒复用　　C. 语义复用　　D. 信息复用
4. 软件复用的核心技术是（　　）。
　A. 软件构件技术　　B. 领域工程　　C. 软件架构　　D. 开放系统技术
5. 领域工程包括的三个阶段是（　　）。
　A. 领域分析　　B. 领域设计　　C. 领域实现　　D. 领域测试
6. 重用策略有（　　）。
　A. 界面重用　　　　　　　　　　B. 逻辑层包装原则
　C. 数据层重用　　　　　　　　　D. 物理层重用

二、填空题

1. 软件复用的级别分为_____、_____、_____、_____。
2. 软件复用的类型有_____、_____。
3. 软件复用的技术有_____、_____和_____。
4. 面向对象程序的基本特征是_____、_____、_____和_____。
5. 面向对象的三要素是_____、_____和_____。

三、名词解释

软件复用再工程　架构　可复用构件

四、综合题

1. 软件复用有哪些优点？软件复用技术有哪些？
2. 软件复用的过程管理包括哪些内容？
3. 简述软件再工程的过程模型。
4. 实施软件再工程有什么好处？
5. 传统的软件再工程与面向对象的软件再工程有什么区别？

参考文献

[1] Grady Booch，James Rumbaugh，Ivar Jacobson. UML 用户指南（第 2 版修订版)[M]. 邵维忠，麻志毅，马浩梅，等译. 北京：人民邮电出版社，2013.

[2] 沈备军. 解读软件工程知识体系 SWEBOKV3[J]. 计算机教育，2014，04：1-2.

[3] James Rumbaugh, Iver Jacobson, Grady Booch. The Unified Modeling Language Reference Manual[M]. 2nd ed. Boston: Addison Wesley, 2004.

[4] 付喜梅. 浅析软件工程知识体系结构[J]. 电脑与信息技术，2018，26（05）：31-33.

[5] D Jeya Mala S Geetha. UML 面向对象分析与设计[M]. 马恬煜，译. 北京：清华大学出版社，2018.

[6] Grady Booch, James Rumbaugh, Iver Jacobson. The Unified Modeling Language User Guide[M]. 2nd ed. Boston: Addison Wesley, 2005.

[7] Joey George Dinesh Batra, Joseph Valacich, Jeffrey Hoffer. Object-Oriented Systems Analysis and Design[M]. 2nd ed. New York: Pearson Education, Inc, 2007.

[8] Wendy Boggs, Michael Boggs. Mastering UML with Rational Rose 2002. Sybex, 2002.

[9] Bruce Powel Douglass, David Harel. Real-Time UML:Developing Efficient Objects for Embedded Systems[M]. 2nd ed. Boston: Addsion Wesley, 2000.

[10] 吕云翔，赵天宇，丛硕. UML 面向对象分析、建模与设计[M]. 北京：清华大学出版社，2018.

[11] 侯爱民，欧阳骥，胡传福. 面向对象分析与设计[M]. 北京：清华大学出版社，2015.

[12] 邹盛荣. UML 面向对象需求分析与建模教程[M]. 2 版. 北京：科学出版社，2019.

[13] 夏丽华，卢旭. UML 建模与应用标准教程[M]. 北京：清华大学出版社，2018.

[14] Object Management Group. Unified Modeling Language Specification[EB/OL]. [2009-07-10]. https://www.omg.org/uml/.

[15] Scott W Ambler. The Object Primer: Agile Model-Driven Development with UML2.0. Cambridge Press，2004.

[16] 高雯. UML 面向对象分析与设计教程[M]. 北京：清华大学出版社，2018.

[17] 李代平. 面向对象应用技术[M]. 北京：清华大学出版社，2018.

[18] 夏丽华. UML 建模、设计与分析从新手到高手[M]. 北京：清华大学出版社，2019.

[19] 杜德慧. UML 建模分析与设计-基于 MDA 的软件开发[M]. 北京：机械工业出版社，2018.

[20] 田林琳，李鹤. UML 软件建模[M]. 北京：北京理工大学出版社，2018.

[21] 王先国. UML 基础与建模使用教程[M]. 北京：清华大学出版社，2018.

[22] 陈东升. 软件复用技术研究[J]. 硅谷，2008，08：1-2.

[23] ABOUT THE MODELING LANGUAGE SPECIFICATION VESION 2.5[EB/OL]. [2020-01-20]. https://www. omg.org/spec/UML/2.5.